2022 黑龙江省社会科学学术著作出版资助项目

中国民族乐器尺八的文化传播探究

孙旸／著

哈爾濱工業大學出版社
HARBIN INSTITUTE OF TECHNOLOGY PRESS

图书在版编目(CIP)数据

中国民族乐器尺八的文化传播探究/孙旸著. —哈尔滨:哈尔滨工业大学出版社,2022.8
ISBN 978-7-5767-0412-9

Ⅰ.①中… Ⅱ.①孙… Ⅲ.①民族器乐-管乐器-文化传播-研究-中国 Ⅳ.①TS953.22

中国版本图书馆 CIP 数据核字(2022)第 174748 号

中国民族乐器尺八的文化传播探究
ZHONGGUO MINZU YUEQI CHIBA DE WENHUA CHUANBO TANJIU
孙 旸 著

策划编辑 闻 竹
责任编辑 佟 馨
封面设计 郝 棣
出版发行 哈尔滨工业大学出版社
社 址 哈尔滨市南岗区复华四道街 10 号 邮编 150006
传 真 0451-86414749
网 址 http://hitpress.hit.edu.cn
印 刷 哈尔滨久利印刷有限公司
开 本 787mm×960mm 1/16 印张 14.25 字数 248 千字
版 次 2022 年 8 月第 1 版 2024 年 5 月第 1 次印刷
书 号 ISBN 978-7-5767-0412-9
定 价 99.00 元

前　言

尺八是中国民族乐器，传入日本后经过历史变革，从古典乐器演变为现代乐器。文学中，尺八是作家寄托思想的转义符号，反映时代，抒发心境；艺术中，尺八象征着人们内心的终极追求目标；心理学中，尺八是治疗心理疾病的辅助工具；在当代人的心中，尺八是一种执着、一种寄托、一种传统、一种慰藉。尺八兼具古典与现代特征、乐器与法器双重身份、雅与俗的文化特征、受皇族与士大夫及市井百姓的共同青睐，适合独奏又因可以合奏、伴奏而再度兴起。其音色既可以静气凝神，又可以修身养性。在数百年的历史进程中，尺八似乎一直在变，但细细看来，其实一直都未曾改变，它的多变性正是因为它的不变性，这也是尺八特有的文化属性。

本书以马克思主义文化观为指导研究乐器方面的尺八，在历史学、文学、艺术等多学科视域下探究尺八承载的精神文化内涵，最终探索精神文化发展指向的人的发展，“文化即人化”，进而论证民族乐器尺八在中国及他国的传承具有科学性、合理性以及历史必然性。民族乐器承载民族文化，从历史中走来，本书充分研究梳理民族乐器尺八的国内外传承。从辩证角度来看，马克思主义可以指导我们继续发扬民族乐器的文化精神，我们需要始终坚持以马克思主义为指导，坚持以科学的态度对待民族乐器及文化，将理论与当代社会相结合，创新式地推进民族乐器文化的创造性转化及发展。

作者

2022 年 6 月

目　录

第一章　绪　　论

第一节　尺八概述

尺八属笛类吹管乐器,起源于中国传承于日本,后延传至美国等国,在国际上越来越有影响力。在中国,尺八的历史应追溯到几千年前的“骨笛”,尺八亦称“尺八管”“箫管”“竖笛”“南音洞箫”等,其实有些仅是形制上类似,不同于真正的尺八。尺八明确作为乐器名称最早记载出现于唐代,《新唐书·吕才传》记载:“贞观时,祖孝孙增损乐律,与音家王长通、白明达更质难,不能决。太宗诏侍臣举善音者……侍中王珪、魏徵盛称才制尺八,凡十二枚,长短不同,与律谐契。”据此,吕才作竖笛中有一尺八寸,曰尺八。但尺八作为乐器的文献记录却早于此。1930 年《林罗山文集》载:“我邦尺八,形制者择奇生之竹,挑截本末,规摹护矩,间一节,上短下长,锪硐其中,虚如解谷,而无底,四孔在面,一孔在背,炳表点修,皖里顺扑,大于笛稍短而竖吹之焉。”据考证,尺八出于汉,八大魏晋古墓中出土过形制相似的尺八。尺八发扬于隋唐,唐朝时期作为宫廷乐器的国乐极其盛行,由遣唐使传至东瀛,作为皇家礼乐,曲风豪放。宋代尺八不仅是宫廷乐器,在民间俗乐中亦有广泛传播。自宋代以后,关于尺八的记载就较为鲜见了,有传由于其谱过难、其音苍凉、其宫廷气质难以符合大众审美等而不易流传。而后,仅在元、明一些诗词歌赋中偶被提及。明末至清,尺八这一名词,几乎绝迹于中国各种历史典籍中。尺八的演变和流传甚至消亡都与每个时代的社会文化和民族精神息息相关,近年来在中国又有兴起的势头。

对于日本尺八最早源于中国应该是毋庸置疑的,多处史书记载内容可以作为佐证。

日本多部史书称尺八是贞观年间魏国的吕才所创设的,后世认为尺八是尺寸的限定,所以被称为尺八。《类聚三代格》记载了大同四年(809 年)和嘉祥元年(848 年)的内容,其中提到尺八,雅乐寮所属中有尺八师和尺八生,掌握杂乐。定雅乐寮杂乐师,唐乐师十二人(横笛师、合笙师、箫师、筚篥师、尺八师、箜篌师、筝师、琵琶师、方响师、鼓师、歌师、舞师),高丽乐师四人(横笛师、箜篌师、莫目师、舞师),百济乐师四人(横笛师、箜篌师、莫目师、舞师),新罗乐师四人(琴师、舞师各二人),度罗乐师二人(鼓师、舞师)。《源氏物语》也提到尺八并非日常游戏类的物品,从而说明其曾是宫廷贵族专有的奢侈品。《续世继》曾记载有人吹奏过尺八,为此尺八是在断绝许久后,在保延三年(1137 年)的宫廷宴会上再次兴起,但也可以推断之后又一次断绝。根据《虚铎传记国字解》的记载,许多老者晚年喜欢把玩尺八。《林罗山文集》也记载一休宗纯避世时喜爱吹奏尺八,后世尺八的调子,一般认为是始自自称"不人"的人。还有民间传说这样记载,庆长时期,一名叫大乌一兵卫的男子与他人争论到高潮时,吹起尺八。我们从中可以推断,当时尺八已经流入民间,百姓可以自由吹奏。

尺八东传日本后峰回路转,在日本奈良、平安朝时期已入主宫廷雅乐。南宋时期[南宋绍熙二年(1191 年)至元朝至顺元年(1330 年)]、日本的镰仓时代,日本大量留学生来到中国,和尚觉心在杭州护国寺听到尺八曲《虚铃》,甚喜,拜师学曲将其带回日本,主要流传在日本的寺庙中。到日本明治时代,尺八音乐开始由寺院,武士流向民间,后还与现代演奏形式和乐器结合。

尺八传入日本的发展过程大致分为雅乐尺八、一节切尺八、普化尺八和现代尺八。当今所流传的现代尺八则直接传承自近代的"普化尺八"。从贵族到普世,尺八不仅是一种乐器,更是代表国家传统礼乐文化、社会制度、传统儒道思想的综合体的器物。尺八既是中国文化的承载物,更是中国文化对外传播的代表物。而后,尺八传入欧美各国,走向国际舞台。近年重回大众视野,在各国再次掀起研究尺八、学习尺八的热潮。

第二节 关于尺八的研究现状

一、国内研究述评

国内研究成果主要是专著及硕博论文,数量不多、汇编为主。论文研究发展较晚、个性突出,近年来研究更为扎实,史学性突出,对存在的争议问题有突破性研究,但研究维度和角度有待扩展。

国内对尺八的研究划分为以下四个阶段。

1. 起步阶段

20 世纪 90 年代以前，我国的尺八研究多是零散的论文，如石应宽(1983)等以介绍为主，主要是对尺八产生源头的几种可能性及尺八消失原因的猜测性结论的分析总结。王大浩(1983)、陈强岑(1985)等注重对尺八改革的研究。此阶段虽有研究者开始关注尺八，但是研究还未成体系，论证性不足，属于初步探讨阶段。

2. 系统研究阶段

20 世纪 90 年代出现了系统的研究成果，虽不丰富，但却是尺八研究的小高峰。其中最具价值的是傅湘仙(1994)、孙以诚(1999)对于日本尺八的传承、流变及与中国尺八的关系做了较详细的分析和论证，从史学的角度为尺八重新确定了身份及历史地位。这一阶段，虽然学者开始探讨尺八传承到日本的演变，但主要还是侧重尺八在中国的研究。

3. 比较研究阶段

21 世纪以来，研究者徐元勇(2002)、任敬军(2011)等从多方面探析尺八在日本得以传承的原因、比较分析中日尺八异同。开始注重同类乐器的比较研究，如陈正生(1999)、俞飞(2010)、王金璇(2010)致力于对有关南音洞箫与尺八的流脉、称谓、历史演变、两者的异同等辨析性、考证性问题进行研究。此阶段将尺八置于音乐学领域的研究居多，但艺术影响史方面的研究并不完善。更多学者仍然致力于解释尺八相关的历史性，而忽略了尺八未来的发展性。

4. 特色研究阶段

2010 年以来，国内学者对尺八的研究虽然没有统一的方向或体系，但却显示出明显的个性化研究特色。主要体现在五个方面：一是辨析式考证研究。围绕国内外学术界争论的话题，王金璇(2016)通过《虚铎传记国字解》考证了尺八的起源，王金璇(2020)还讨论了尺八传入日本的朝代问题。二是乐器法的研究。主要侧重乐器本体论、吹奏法、制作法、日本古典曲谱、音色音律等的研究，如柏洋(2014)、方晓阳(2019)、刘祥焜(2018)等的研究。三是历史性的断代式、节点式研究。如陈正生 (2017)等着重研究吕才尺八的相关问题。四是文学性的尺八研究。笔者(2015)从符号学的角度，分析了日本文学中尺八的意象。陈汝洁(2017)针对关于尺八的文学诗歌等进行剖析。五是复兴产业的讨论。刁小林(2016)开始讨论尺八的音乐产业回归之路。

总体而言，国内的研究多是立足于本国的基础研究，对中国尺八的历史流变做了扎实的考证，但立足于乐器学、他国视角、文化史学等多角度多层次的研究尚待进一步深化。

二、日本研究述评

日本除了明治时期以前的古文献及尺八谱本研究以外，从明治维新开始，大致可以分为四个研究时期。

1. 明治、大正的历史化梳理期

在大量古本的释注、影印版的出版后，1871 年后，尺八研究在日本开始被重视。较早的论考类研究从松本操贞（1895）、佐藤鲁堂（1898）的小论到小林柴山（1916）的尺八通解，直至栗原广太（1918）已经开始对尺八的相关方面进行系统考证。这一阶段，大多为历史性相关资料的梳理，研究方向单一却很扎实，可作为先行研究的理论参考。

2. 昭和、平成的多元化探究期

尺八跻身于现代日本民族乐器的同时也掀起了尺八研究的热潮。在史学视域下，河本逸童（1926）较早就曾对尺八的由来做过梳理和增补。更多研究综合了尺八的历史、流派、代表人物、本曲及相关杂论。月溪恒子（1992）从尺八的古典本曲研究到尺八本体研究，尤其是在乐器资料调查方法上做出了实践性尝试。上野坚实（2002）和山口正义（2005），主要侧重于中国古代尺八大约在唐代（日本奈良时代）东传日本后的发展研究。日本学界比较肯定尺八与中国思想的关系，寺尾善雄（1982）和冈田富士雄（2002）等认为现代日本尺八的源头是“普化尺八”。同时，日本学者田岛直士（2000）也开始分析尺八对日本的影响及原因。岸本寿男（2003）开始从音乐与医疗的角度研究尺八。该时期的研究呈现出多方面、多角度、多学科视角的研究特点，研究成果较完善。

3. 平成末至令和初的专业化考证期

以高桥雅光（2019）、小岛正典（2019）、田泽梓（2018）为代表的研究，更侧重于细节性探究，集中在尺八的制作、吹奏方法、古典本曲研究上，更日本化地研究尺八。而另一个方向，如椎野礼仁（2018）是带着国际化的视野，研究尺八作为日本音乐与国际音乐的融合。

4. 令和以来的国际化推广期

2020 年以来，日本研究者与音乐家更重视尺八的治愈功能及尺八的宣传推广。《邦乐杂志》（2020）以专辑形式刊登了尺八研究的系列文章，呈现出宏观国际化、微观细节化的特点，创新了人物、奏法、知识、乐谱等研究视角。

综上所述，中国学者更注重强调尺八的源头，对于尺八传入日本后的历史发展脉络、本体研究有待补足，延续性研究不突出。日本学者更倾向于、侧重于尺八传入后作为日本器物及尺八与中国思想的关系研究，而忽视了对文化本质及本源的探究，模糊了源头文化的现代存在性及对目标文化的影响。中国尺八发展的两条历史脉络的演变、传承、影响研究较为薄弱，文化交流范畴内的研究仍需补足。宏观上缺少尺八相关文献梳理和解读性研究。从“尺八的文化史”理论本身的构成和意义来讲，目前的研究有待深入挖掘和阐释的空间还很大。

本书的研究设定在以文学和艺术领域里的尺八为研究对象，少量相通的命题延展到影视学、心理学、教育学等领域，突出尺八在文化上的独特表征，努力呈现尺八的型、行、形等的系统性和内在逻辑。本书综合“中国乐器研究”“中国文化基因的传承与当代表达研究”等研究方向，力求将现代思维与传统民族文化相结合，锁定多重属性的乐器尺八为研究对象。以尺八流传的历史朝代为经，补充尺八的史学性研究，可为尺八研究提供参考资料，为从他国视角研究中国乐器的历史发展提供可行性研究方法及思路，为中日交流史研究提供参考。再以各个时期尺八的文化特征分析为纬，融合乐器学、历史学、文献学、传播学、文艺学、民族学等多学科视角，论证乐器传承与社会政治、经济、文化的关系，并为其发展提供科学路径；为单学科的专门化及跨学科多元化研究开创新角度；为本国的民族乐器及承载文化传承的策略与路径提供参考意见；为新时代建构用科技传承乐器及文化的融合型产业化道路提出建议。

第三节 尺八研究中的文化观

自古以来，文化与哲学就是紧密相连的。马克思在对黑格尔、费尔巴哈等人的哲学思想进行批判时，形成了对文化的深刻认识。马克思在不同的历史时期，一直坚持以历史唯物主义与辩证唯物主义为思想基础，坚持发展科学文化理论，最终形成历史唯物主义的马克思主义文化观。马克思认为人们通过劳动实践理解文化的形成和发展，明确了文化存在的自然前提，文化是人类本质的对象化。随着社会的进步，马克思主义文化观也在文化建设的实践中得以丰富和发展。

任何一个国家，任何一个时代，人们都是通过生产劳动获取物质生活资料，并在此基础上形成本民族的带有时代印记的政治、艺术等。1833 年恩格斯在马克思墓前说：“马克思发现了人类历史的发展规律……直接的物质的生活资料的生产，从而一个民族或一个时代的一定的经济发展阶段，便构成基础，人们的国家设施、法的观点、艺术以至宗教观念,就是从这个基础上发展起来的。"[①]研究文化必须建立在社会生产生活的基础上,同时,文化的形成和发展也必然反映时代特征。那么,文化的研究归根结底是研究人,文化的表现是人的生产实践的反映,人的实践产物是文化的载体。就如同"思想本身根本不能实现什么东西。思想要得到实现,就要有使用实践力量的人"[②]。所以,我们研究的文化学即人学,通过研究人及其行为分析文化的特征,从而为人类提供和分享文化成果,挖掘民族文化,树立国民自信。文化的进步,代表文明的进步,为国民提供最佳的权益保障,促使国民更好地理解和认识宝贵的民族文化及思想。马克思主义文化观明确人民的主体性,文化的发展需要依靠人民的力量,文化的发展也可以更好地为人民服务,文化具有多重价值,显性的经济价值与隐性的文化价值并重。

中国在改革发展的历史征程中,各届领导人一直都在强调精神文明与文化的重要性。党的十八大以来,以习近平同志为核心的党中央更加强调加强精神文明建设。习近平同志强调:"把精神文明建设贯穿改革开放和现代化全过程、渗透社会生活各方面……大力弘扬中华民族优秀传统文化"[③]"社会主义文艺,从本质上讲,就是人民的文艺"[④]。由此可见,迈进新时代,面对新变革,置身新格局中,我们更要重视文艺的研究,走入民间,走进历史,挖掘、整理、研究、创新、传承优秀的文化传统,这是中国化的马克思主义文化观最好的实践。坚持中国特色的社会主义道路,要求我们在研究文艺作品时以人为本,开拓创新地沿着"走进去—走出来—走出去"的思路,弘扬中华民族优秀传统文化,更好地为社会及人民服务。

文化的研究有诸多分支,传统民族乐器文化承载的民族特征及研究意义不容忽视。以尺八为例,中国尺八在发展甚至消亡的过程中,承载着中国文化,反映不同时期的历史文化特征。中国尺八传到日本,在日本的演变传承中不仅反映日本本土的历史文化特征,同时也无法改变地承载着中国文化,最终形成尺八文化。因而,研究尺八及其文化属性,必须以马克思主义文化观为理论依据和研究手段,揭示尺八文化的时代性与民族性,展现尺八文化的本质及价值,激发国民乃至全世界对民族乐器的重视。

---

① 习近平:《论党的宣传思想工作》,北京:中央文献出版社,2020:33.

② 《马克思恩格斯文集》(第一卷),北京:人民出版社,2009:320.

③ 习近平:《论党的宣传思想工作》,北京:中央文献出版社,2020:133.

④ 中共中央组织部党建研究所:《党的建设大事记(十八大—十九大)》,北京:党建读物出版社,2018:210.

第四节 研究主要内容及创新之处

中国民族乐器尺八起源于唐代，后传承与流变于日本，成为日本三大民族乐器之一。后来，尺八又从不同途径传到美国、法国与澳大利亚等国家和地区，开始进入国际音乐视野。尺八在传承与流变中不仅实现了跨文化传播，也展现出其承载的中国文化属性。

本书综合“中国传统艺术创造性转化与创新性发展研究”“中国器乐研究”“中国文化基因的传承与当代表达研究”等选题方向，对尺八文化传播进行深层研究。从中国和日本两个方面分别对尺八相关的研究文献做系统梳理，对中国尺八在本土及传入日本后的传承、流变、发展、影响等做史学性研究。并从中国文学、日本文学、艺术学等视域研究尺八的形象传播意义，从尺八具象和精神层面对尺八的多重属性做整体解析。探析尺八承载文化本体的同一性与差异性，深度挖掘中国思想的传播与影响力。

本书采用了多种研究方法。运用考证法，侧重查找相关历史记载、研究文献，考证中国尺八在中国及传入日本后的传承与流变等。通过个案研究法，对与尺八有特殊关系的年代、流派、人物等做具体形象及特性分析。通过研究古籍文献，探寻尺八在日本的传承轨迹，分析现状与影响。尺八流传在他国的不同历史时期，反映着时代的文化特征，研究尺八文化史也是变向补足尺八史。本书从不同领域和学科研究尺八，多视角反观尺八的文化特征，挖掘尺八本体承载的文化内涵。中国尺八传入他国后得以传承、发展、变化，其承载的不变的中国思想渗透在他国方方面面，甚至成为精神支柱之一，具有跨越时空、超越国度的永恒魅力。日本在接受尺八、传承尺八的过程中，受中国思想影响的原因有直接原因和间接原因、内因和外因，影响表现具有显性特征和隐性特征，形成思想及行为既有独特性，又有共同性，兼具传承性。

研究尺八在日本的传承影响史，尤其是对精神层面的影响，是当下文化传承研究中值得反思的问题，具有思想借鉴价值。多学科多元化探究中国器物在他国的传承及影响的综合研究确实是一个崭新的方向。本书从具体到抽象、从物质到文化、从全史到断代史、从宏观到微观，内容上囊括了中日两国尺八文化史的重要史实，结构上层次清晰，脉络清楚。

综上，本书是建立在史学基础上的文化研究，侧重乐器思想文化及传承方面的研究，以图对当下的新文化建设有所裨益。

第二章　尺八在本土的传承及演变

中国尺八的发展演变反映了不同朝代的政治和经济情况,反言之,正是不同朝代的政治、经济、文化影响了尺八的发展。但文化的生产与发展又与社会发展有着不平衡性,我们需从本体入手,进行系统探讨。

论乐器尺八,先要谈乐,“乐”在先秦文献中就已经出现,但那时“乐”非统称的“音乐”,而是能够产生乐感的舞蹈、诗歌、音乐都可称为“乐”。在中国各朝代官修的史书中,“乐”有四种名称,被称为“音乐志”(《隋书》《旧唐书》),“乐书”(《史记》),“礼乐志”(《汉书》《新唐书》《元史》),“乐志”(《晋书》《宋书》《南齐书》《魏书》《旧五代史》《宋史》《辽史》《金史》《明史》《清史稿》)。

本章所谈及的“乐”,着重于使听者为之感染的广义的“乐”。任何一个时代的特征都会从当时的音乐中表现出来,同时音乐的演变也会受时代的变革与人的思想的影响。尺八也是通过音色传递的“乐”色与时代共情。其因音色幽远、深邃,而又幽怨、苍凉,带着矛盾而复杂的“乐”辗转于各个朝代。

第一节　从尺八出世审视东汉文化

据考证,汉代无尺八这一名称的明确记载,但汉代应算是开始出现尺八的朝代。在横笛与竖笛并行时,把竖笛称为尺八。因而为尺八溯源应该从东汉开始,可以说东汉时期(25—220 年)的民间就有了类似尺八的样式,或者说后期被正名为尺八。

我们从史书记载中可以进一步确定乐器的形制、属性和功能。汉代至南北朝时期的竖吹乐器主要是外削斜切口,这与尺八的形制基本类似。但因为其外形较长,所以当时的文献资料常称其为“长笛”,在乐器中占有主要地位,不仅在雅乐、宴享音乐中充当重要的礼仪的乐器,而且在民间的音乐中也起到活跃气氛的作用,经常有独奏、合奏、伴奏等多种形式。后汉马融在《长笛赋》中,正式具体地区分尺八与长笛:“长笛,空洞无底,剡其上孔五孔。”称尺八为日月笛,应该是根据其外形和吹口形状像日月而得。沈括《梦溪笔谈》也曾记载:“马融状长笛,空洞无底,剡其上,五孔,一孔出其背,似今之尺八也。”这说明宋代的尺八与马融所记载的后汉的长笛在形制上类似。换言之,我们可以将汉代的尺八理解为长笛的一种,论尺八应从长笛论起。

一、雅俗共用

长笛多出现在雅乐中。雅乐因为其高端、典雅,多用于大型场合。在西周的“制礼作乐”里最早出现雅乐,作为宫廷礼乐的一部分。正是因为其中主要乐器是编钟和编磬等悬挂式乐器,雅乐又常被称为“乐悬”或“宫悬”制度。《周礼》曾这样记载:“王宫悬,诸侯轩悬,卿大夫判悬,士特悬”,这种严谨的等级制度明确地划分出使用乐器者的等级,并且有规范的排列顺序。晋之前在雅乐中使用长笛的情况,在史书资料中没有清晰的记录,但是到了西晋时期,通过《宋书・律志》的相关记载可以判断出其在雅乐中使用并且能够推断出使用的情况。《宋书・律志》荀勖与列和的对话中也提到了十二笛。

荀勖对列和说根据十二律制造出十二支笛,并且一空对应一律,从而演奏音乐。但关于尺寸问题,同书亦载:“黄钟箱笛,晋时三尺八寸,元嘉九年,太乐令钟宗之减为三尺七寸。十四年,治书令史奚纵又减五分,为三尺六寸五分。太蔟箱笛,晋时三尺七寸,宗之减为三尺三寸七分,纵又减一寸一分,为三尺二寸六分。姑洗箱笛,晋时三尺五寸,宗之减为二尺九寸七分,纵又减五分,为二尺九寸二分。蕤宾箱笛,晋时二尺九寸,宗之减为二尺六寸,纵又减二分,为二尺五寸八分。”

这里可以肯定的是,在晋之后的宫廷雅乐乐器中存在长笛这种乐器。有史书记录,长笛主要用在“食举之乐”,食举之乐是皇帝在用膳或者举办宴会时演奏的音乐。汉代马融《长笛赋》记载:“挢揉斤械,刬掞度拟,锪硐隤坠,程表朱里,定名曰笛,以观贤士。陈于东阶,八音俱起,食举雍彻,劝侑君子。”由此可知,长笛在很早就用在食举之乐上,谓之俗。杜佑的《三朝上寿有乐议》记载:“郭琼云:明帝青龙二年(234 年),以长笛食举第十二古置酒曲代《四会》。”汉代的类似尺八的长笛用在雅乐与食举之乐中,体现出其欣赏性、高雅性与实用性。

二、融合共进

汉代的长笛也因其音色特殊,既可独奏不失韵味,也可合奏彰显独特,亦可伴奏融入其中。这点恰恰又是尺八所特有的,而且可以说是尺八能在日本传承的重要原因之一。

(一)独奏

唐代房玄龄等著《晋书·桓伊传》记载东晋时期的桓伊,在音乐方面有着独特见解,尤其擅长吹奏笛子,而且在笛子上改革创新,自创三调,擅长独奏。

"伊性谦素,虽有大功,而始终不替,善音乐,尽一时之妙,为江左第一。有蔡邕柯亭笛,常自吹之。王徽之赴召京师,泊舟青溪侧。素不与徽之相识。伊于岸上过,船中客称伊小字曰:'此桓野王也。'徽之便令人谓伊曰:'闻君善吹笛,试为我一奏。'伊是时已贵显,素闻徽之名,便下车,踞胡床,为作三调,弄毕,便上车去,客主不交一言。"①

遗憾的是,在中国史书资料里,笛子的相关名称并没有被细致分类,常把横笛和竖笛统称为笛,并且有时把竖吹的笛错误记录成横吹的笛。根据南宋王应麟的《玉海》中"(晋)伏滔《长笛赋》序:余同僚桓子野有长笛,传之耆老,云:蔡邕所制",再有明陈耀文撰《天中记》中"余同僚桓子野有长笛,传之耆老,云:蔡邕所制也"所记录,桓伊善于使用的乐器形式是竖笛,和民间主流乐器长笛形式一致,并且可能跟尺八的形制相似。

汉代桓伊也因吹奏笛子出神入化而受孝武帝赏识,其人性情洒脱、忠君爱民。他吹奏的"柯亭笛"堪称一绝,创作的《梅花三弄》流传千古,这是他任刺史期间做出的贡献。桓伊的品性气质,以及对音乐的执着,似乎与尺八的特征及所承载的文化息息相关。

除此之外,中国古代盲乐师在此期间独奏时使用的也是长笛或者说尺八。汉代蔡邕所作的《瞽师赋》:"夫何蒙昧之瞽兮,心穷忽以郁伊,目冥冥而无睹兮,嗟求烦以愁悲,抚长笛以摅愤兮,气轰狂锽而横飞。"盲乐师因其身体与职业的特殊性,内心难以言表的"孤独"与尺八独有的苍寂之音可谓绝配。独奏的长笛体现更多的是孤独的心境与匠心独具的心智。

(二)合奏

因为文字典籍里笛子的记载是不够清晰的,要明确了解器乐演奏的形式,最可靠的是图像资料,自古留存的画作都是最好的证明。

在汉画像砖、汉画像石中,便有用长笛和其他乐器共同演奏的画面,大体有三种组合:第一种为埙、笛、长笛、琴、排箫;第二种为竽、长笛、排箫、琴(江苏沛

① 《毛泽东评点二十四史》(第三十卷),北京:中国档案出版社,1996:775~776.

县出土东汉早期画像石);第三种为长笛、鼗。在甘肃嘉峪关、酒泉魏晋墓画像砖中,与长笛组合的乐器有三种:一种是长笛与阮咸(嘉峪关西晋六号墓);第二种是长笛与琵琶(嘉峪关西晋三号墓、一号墓);第三种是长笛、琵琶、琴、细腰鼓(甘肃酒泉丁家闸五号墓)。南北朝时期是长笛和琵琶的组合。

由此可知,汉代时期长笛基本是与我国传统乐器组合,如长笛和琴、笙、箫、埙、鼗等。但是到了魏晋南北朝时期,长笛开始慢慢地和外来乐器组合,涌现出与琵琶、细腰鼓等西域乐器组合的新形式。无论是传统乐器还是外来乐器,长笛能够与其合奏,不仅可以表明其在汉代的地位,同时也可证明长笛具有较强的融合性与包容度。

(三)伴奏

这里的伴奏,多指为民间音乐舞蹈、百戏、相和歌的伴奏。

盘鼓舞是汉代常用舞蹈之一,常使用笛来伴奏。把数量不一的鼓或者盘分布在地上,表演者在鼓、盘上表演,或环绕着鼓、盘表演,表演者穿着长袖舞衣,在鼓、盘上不断地上下跳跃,舞衣的长袖和冠带飘扬,动作潇洒。鼓、盘的数量、摆放的地方没有统一的要求,但是这个舞蹈常使用的是七盘,因此史书资料中称其为七盘舞。此外,汉魏时期广为流传的相和歌,根据史书资料记载其使用的伴奏乐器有笙、笛、筑、瑟、琴、筝、琵琶等七种,时而还会使用第八种节鼓。

《宋书・律志》曰:"令太乐郎刘秀、邓昊等依律作大吕笛以示和,又吹七律,一孔一校,声皆相应。然后令郝生鼓筝、宋同吹笛,以为《杂引》《相和》诸曲。"再如《长笛赋》也记载着有长笛为相和歌伴奏的内容,序言中记载:"融既博览典雅,精核数术,又性好音,能鼓琴吹笛……吹笛为《气出》《精列》《相和》。"《气出》和《精列》都是为古相和歌的作品,所以说此时伴奏的笛很可能是长笛。

综上,汉晋南北朝时期的竖笛的吹口多为外削斜切式的长笛,它在朝廷中的礼仪性大型场合使用,同时也在舞蹈、百戏和相和歌中伴奏使用。长笛在整合方面多变与灵活,组合形式有与少量乐器组合的小型合奏乐,也有与笙、排箫、埙、编钟、琴、鼓等大量乐器组合成的大型合奏乐。在中原地域出土的画像石显示,乐队编制的主要乐器是中国传统乐器。但是在魏晋时期的陕西、甘肃等地出土的图像资料中,其显示长笛和琵琶等胡乐器的共同演奏情况更为普遍,这样的共同演奏呈现出十六国时期甘肃地胡汉音乐融合的场景,为以后隋唐音乐发展打下基础。

汉代的长笛(尺八)融合度高而且是实用的代表。更值得一提的是,其自身所带有的可以伴奏合奏的融合精神，即便传入日本后被改良成民族乐器，本质的尺八属性与精神也未曾改变。长笛在汉代的雅俗共用、融合共进正体现了汉代的包容性。

第二节 从尺八盛行感受唐代文化

唐代，尺八被吕才正名，也使得唐代成为尺八发展的鼎盛时期。在出土的许多唐代宫廷燕乐画像中，出现过尺八和阮咸、琵琶、箜篌等各类乐器共同演奏，形式包含合奏、独奏、伴奏等，广泛且灵活。这与汉代长笛的表现形式区别不大。《韩熙载夜宴图》和敦煌壁画中都曾出现过尺八。乐器之间的曲风大不相同，尺八曲风跟其他乐器相比略显旷达，充分展现了唐代豪放自如的文化特点。

唐代，音乐受到极大的重视，长笛、尺八、短笛等形制的乐器纷纷登场。莫高窟第220窟《乐舞图》中显示唐贞观十六年(642年)的题记，在北面壁上有《东方药师净土变》，中间有舞伎四人，两侧都配有乐队。左侧十五人，所奏乐器有羯鼓、毛员鼓、答腊鼓、䨲鼓、拍板、横笛、尺八、筚篥、笙、贝、竖箜篌，另有一人要盘歌唱；右侧十三人，所奏乐器有腰鼓、都昙鼓、毛员鼓、拍板、方响、横笛、筚篥、排箫、筝、阮咸，也有一人要盘歌唱。这幅乐舞图虽然并非整体的画面，但足以窥见唐代宫廷表演中的阵容。尺八的参与及唐代的金碧辉煌的文化气质一目了然。

尺八在唐代第一次被正名后，吕才还编过舞曲《功成庆善乐》，后世称作《九功舞》。但谈论唐代尺八，还是要先从长笛说起，从中我们看见的更多的是唐代乐制的科学性与严谨性。

一、雅乐与十部乐中的长笛

隋统一大业后，把雅乐重新定义。《隋书・音乐志》记载："高祖既受命，定令：宫悬四面各二虡，通十二镈钟，为二十虡。虡各一人。建鼓四人，柷、敔各一人。歌、琴、瑟、箫、筑、筝、掐筝、卧箜篌、小琵琶，四面各十人，在编磬下。笙、竽、长笛、横笛、箫、筚篥、篪、埙，四面各八人，在编钟下，舞各八佾。"《隋书》卷十四中记载，隋高祖继位后，明确制定宫廷雅乐的规范和运用长笛的方式。根据《隋书》可知，在当时的雅乐队编制中，有雅乐组和吹管组。雅乐组包括长笛与编钟、编磬、建鼓、柷、敔、琴、瑟、箫、筑、筝、掐筝、卧箜篌、小琵琶、笙、竽、横笛、筚篥、篪、埙等各乐器。吹管组包括笙、竽、横笛、箫、筚篥、篪、埙等，吹奏乐器各用八人，排置于编钟下。两组组合，成为雅乐队。

隋高祖开皇初(6 世纪下半叶)，制定出七部乐：国伎、清商伎、高丽伎、天竺伎、龟兹伎、安国伎、文康伎。在大业鼎盛时期(605—618 年)，将国伎和文康伎更名为西凉和礼毕，同时又增设康国伎和疏勒伎，扩展到了九部乐。

《隋书》卷十四、十五具体记载：

清商伎乐器有钟、磬、琴、瑟、击琴、琵琶、箜篌、筑、筝、节鼓、笙、箫、篪、埙等十四种。

西凉伎乐器有钟、磬、弹筝、挡筝、卧箜篌、琵琶、五弦、笙、箫、大筚篥、横笛、腰鼓、齐鼓、担鼓、铜钹、贝等十六种。

龟兹伎乐器有竖箜篌、琵琶、五弦、笙、笛、箫、筚篥、毛员鼓、都昙鼓、答腊鼓、腰鼓、羯鼓、鸡娄鼓、铜钹、贝等十五种。

天竺伎乐器有凤首箜篌、琵琶、五弦、笛、铜鼓、毛员鼓、都昙鼓、铜钹、贝等九种。

康国伎乐器有笛、正鼓、加鼓、铜钹等四种。

疏勒伎乐器有竖箜篌、琵琶、五弦、笛、笙、箫、筚篥、答腊鼓、腰鼓、羯鼓、鸡娄鼓等十一种。

安国伎乐器有箜篌、琵琶、五弦、笛、箫、筚篥、双筚篥、正鼓、和鼓、铜钹等十种。

高丽伎乐器有弹筝、卧箜篌、竖箜篌、琵琶、五弦、笛、笙、箫、小筚篥、桃皮筚篥、腰鼓、齐鼓、担鼓、贝等十四种。

礼毕乐器有笛、笙、箫、篪、铃槃、鞞、腰鼓等七种。

可见，隋建立的九部乐里都使用笛这种乐器，据记载，隋唐西凉乐的乐器数量最多，大体有十六种，笙、箫、筚篥、横笛等构成吹奏乐组，这其中不乏钟、磬、弹筝、挡筝、卧箜篌、笛、箫等典型的中原传统乐器，更重要的是，融合了诸多西域乐器，竖箜篌、琵琶、五弦、筚篥、横笛、腰鼓、齐鼓、担鼓、铜钹、贝等。中国的乐器发展一样经历着从独奏到合奏，乐器间也在力求融合，最大限度地扩大音乐的使用效果和影响范围。

二、新制燕乐中的尺八

贞观十四年(640 年)，张文收制的《景云河清歌》中出现燕乐，而后多用于宴会中，作为诸乐之首演奏。初唐的十部乐在中唐时又细致分为四类：清乐(南北朝以来的南朝系古乐），坐立部伎（又称二部伎，将宴飨乐编成坐部伎和立部伎），四方乐（周边国的乐伎），散乐（曲艺、奇术、怪兽的面具伎、戏剧等百戏）。燕乐便是坐部伎六部之首。

在801年成书的杜佑《通典》中也记录了这件事，并记载了燕乐中使用长笛、尺八和短笛的史实。“贞观中，景云见，河水清。协律郎张文收采古朱雁天马之义，制景云河清歌，名曰：燕乐。奏之管弦，为诸乐之首。”“乐用玉磬一架、大方响一架、挡筝一、筑一、卧箜篌一、大箜篌一、小箜篌一、大琵琶一、小琵琶一、大五弦琵琶一、小五弦琵琶一、吹叶一、大笙一、小笙一、大筚篥一、小筚篥一、大箫一、小箫一、正铜钹一、和铜钹一、长笛一、尺八一、短笛一、揩鼓一、连鼓一、鞉鼓二、浮鼓二、歌二。”《通典》记录乐器二十七种，规模之大，从中可以窥见唐太宗时期对音乐的重视。

尺八与长笛开始作为独立的乐器出现，关于唐代燕乐的演奏情况在其他正史史料中也有相同的叙述。后晋刘煦所撰《旧唐书》（卷二十九，音乐二），宋欧阳修撰《新唐书》（卷二十一，礼乐志），由唐玄宗发起，张说等撰《大唐六典》（738年成书）等也均有类似记述。

《大唐六典》的“天八”，应该是尺八。通过比较，我们可以确定在《大唐六典》《通典》《新唐书》的记录中，燕乐里的乐器都含有尺八，仅《旧唐书》里没有资料记录。唐燕乐里尺八这个乐器是伴奏乐器，用在大型燕乐，供参会者欣赏娱乐，如同“凡大燕会，则设十部之位于庭，以备华夷：一曰燕乐会，有景云乐之舞、庆善乐之舞、破阵乐之舞、承天乐之舞”①。这里更多的是一种欢愉的场面，也代表着唐代豪放洒脱的文化特征。

三、宫廷与民间的尺八

南唐周文矩绘制的《合乐图》，画面大概描绘了五代时期宫廷在使用尺八的场景。这幅图呈现的是皇室贵族在花园观赏女乐表演的画面，画卷的左侧是皇室贵族和仆人，右侧是正在表演的宫廷女乐队，乐队又分为两部分。在乐队的正中间有一面建鼓，一个乐人举起槌正在敲鼓，建鼓的两边有两组乐人，右侧表演使用的乐器是琵琶、竖箜篌、筝、方响、笙、羯鼓、筚篥、拍板等八种，左侧表演使用的乐器中，值得注意的是用尺八替换了筚篥，剩余的乐器完全一致，乐队整体编制充分体现了双管编制。还有一点比较明显，两组共十八人组成的演奏队

① 杜寒风：《语言文学前沿 第7辑 文学与艺术专辑》，北京：知识产权出版社，2017：155.

相比于《通典》中记载的规模已经开始减少。

尺八在隋唐时期的宫廷音乐中应用很普遍，在民间的音乐中也十分流行。在敦煌莫高窟的第445窟，有一幅壁画是民间“嫁娶图”。此图显示的主要是屏风两侧，内有高朋满座，中间有一女子翩翩起舞，画面右侧有一组乐人正在演奏，有坐奏，有站奏。有四人，其中便有吹奏尺八者。隋代侯白撰写的《启颜录》中曾记载某日侯白与友人偶遇村民“正在礼席”，受邀入席，宴席结束后，“主人将筝及琵琶、尺八与白，令作音乐”。同样可以佐证尺八已然成为当时民间的常用乐器。

隋唐五代时期的尺八，不管是在宫廷音乐中还是在民间音乐中应用都是非常频繁的，这也是尺八发展的顶峰时期。尺八之所以发展如此顺利也许正是因为它具有传承性和融合性，外观上能够不断发展，衍生出长度不同的尺八，在功能上体现出仪式性和娱乐性，用在宫廷雅乐、宫廷娱乐和宴享活动等场合。在使用上更是灵活多变，大型器乐合奏、小型器乐合奏、独奏、伴奏，深受皇室贵族的喜爱。众所周知，唐明皇十分擅长音律，能够演奏羯鼓，也可以吹奏尺八。尺八盛行于唐代，与帝王贵族的喜好、尺八本身的形制密不可分，它既高贵又非曲高而和寡，成为宫廷音乐的必备。林信胜在《林罗山文集》中记载：“唐太宗贞观年中有起居郎吕才者，善知音律，依破阵乐舞图教乐工百二十人，披甲执戟而习之，以寓偏伍鱼丽之兵法，又造尺八十二枚而献之，太宗大嘉焉，于是景云见河水清，协律郎张文牧制景云河清歌，名曰燕乐奏之管弦为诸乐之首，其乐器若干，数尺八居其一矣。”[①]在唐朝善舞善歌的时代，尺八成为宫廷的乐器之一。又曰：“太宗以武功定天下，以文德绥海内宜乎，承贞观太平之乐也，而奏其乐舞，必用尺八，则其见重于唐，与笙、簧、箫、笛之类何择哉。”此记载再次肯定尺八在唐代的地位，也反映出唐代豪放包容的文化背景。虽然唐代盛行的是一种融器乐、歌、舞为一体的艺术形式，但其中乐器的独立性及被认可度不可小觑。一种乐器的盛行，不仅依赖于乐器本体特征，更需要与之配合的歌与舞。换言之，尺八这种乐器能够在唐代得以盛行，是因为唐代对歌舞的重视，这是乐器得以发展的载体。

① 孙以诚：《中国尺八考——中日尺八艺术研究》，杭州：西泠印社出版社，2011：74.

第三节 从尺八没落反观宋代文化

宋代从出现“教坊大乐”开始促进了歌舞曲艺的发展，随之伴奏乐器从唐代宫廷乐器走入民间，出现了丝竹乐的“细乐”“清乐”“小乐器”，吹打乐的“鼓笛曲”等，最终在宋代形成了吹奏、拉弦、弹拨、打击乐器的完整分类格局。尺八分三节四段，分别象征天、人、地三才和秋、夏、春、冬四时，宋尺八的五孔，象征木火土金水五行及仁礼信义智五常。[①] 由此可见，进入宋代，尺八的意蕴更为丰富，宋人将尺八的形制特点赋予了文化内涵。宋代的民间音乐活动开始活跃，还出现了专门乐器演奏的民间社团（乐社）。顺势潮流，宋代尺八从宫廷走入民间，但从进入宋代，尺八开始走上被替代、被取代的道路。

一、宫廷中的尺八被长笛取代

在宫廷中，长笛逐渐又取代了尺八的位置。在宋元时期，《宋史》《元史》等正史中正规记载长笛。

《宋史》卷一百二十九中载大晟雅乐乐器有：“竹部有三，曰长笛，曰篪，曰箫。其说以谓，笛以一管而兼律吕，众乐由焉。三窍成龠，三才之和寓焉。六窍为笛，六律之声备焉……”

《元史》卷六十八中载：“登歌乐器……笛一，断竹为之，长尺有四寸，七孔，亦号长笛。缠以朱丝，垂以红绒绦结，韬以黄囊。”

《元史》卷七十一中载：“大乐署，令一人，丞一人，掌郊社、宗庙之乐。凡乐，郊社、宗庙，则用宫县，工二百六十有一人；社稷，则用登歌，工五十有一人；二乐用工三百一十有二人，代事故者五十。前祭之月，召工习乐及舞。祀前一日，宿县于庭中。东方、西方，设十二镈钟，各依辰位。编钟处其左，编磬处其右。黄钟之钟起子位，在通街之西。蕤宾之钟居午位，在通街之东。每辰三虡，谓之一肆，十有二辰，凡三十六虡。树建鞞应于四隅，左柷右敔，设县中之北。歌工次之，（三十二人，重行相向而坐。）巢笙次之，箫次之，竽次之，龠次之，篪次之，埙次之，长笛又次之。夹街之左右，瑟翼柷敔之东西，在前行。路鼓、路鼗次之。”

上面的史书资料显示，宋元时期的宫廷雅乐中确实存在长笛，是外削斜切式的竖笛和内挖式竖笛同时存在。

---

① 林克仁：《中国箫笛史》，上海：上海交通大学出版社，2009：55.

辽国是与北宋并立的北方民族政权国家之一,《辽史·乐志》记载:"辽国大乐,晋代所传。杂礼虽见坐部乐工左右各一百二人,盖亦以景云遗工充坐部;其坐、立部乐,自唐已亡,可考者唯景云四部乐舞而已。玉磬、方响、筝、筑、卧箜篌、大箜篌、小箜篌、大琵琶、小琵琶、大五弦、小五弦、吹叶、大笙、小笙、(觱)篥、箫、铜钹、长笛、尺八笛、短笛。以上皆一人。毛员鼓、连鼓、贝。以上皆二人,余每器工一人。"①

《辽史》中有关于辽国大乐器与唐代景云四部乐舞之间关系的记载,"大乐器:本唐太宗七德、九功之乐。武后毁唐宗庙,七德、九功乐舞遂亡,自后宗庙用隋文、武二舞。朝廷用高宗景云乐代之,元会,第一奏景云乐舞。杜佑通典已称诸乐并亡,唯景云乐舞仅存。唐末、五代板荡之余,在者希矣。辽国大乐,晋代所传。杂礼虽见坐部乐工左右各一百二人,盖亦以景云遗工充坐部;其坐、立部乐,自唐已亡,可考者唯景云四部乐舞而已"。"玉磬,方响,搊筝,筑,卧箜篌,大箜篌,小箜篌,大琵琶,小琵琶,大五弦,小五弦,吹叶,大笙,小笙,觱篥,箫,铜钹,长笛,尺八笛,短笛。以上皆一人"。

这里的辽国宫廷大乐传自后晋,属于宴享之乐,"用之朝廷,别于雅乐者,谓之大乐",长笛、尺八笛、短笛用于大乐中,给皇室贵族提供休闲。从辽代大乐的传承和组合乐器的使用情况来看,其与唐代燕乐联系极多。

根据《辽史》的记载,辽代宫廷中的《景云》四部乐舞是唐代燕乐四部的遗制,大乐使用的乐器是继承了唐代燕乐的乐器。虽然《辽史·乐志》与《新唐书》和《旧唐书》所记载的乐器有不一致的地方,但从整体上说,辽大乐使用的乐器和唐张文收所制燕乐乐器基本相同,所以辽大乐传承的是后晋,实际上的源头是唐乐。清嵇璜在其《续文献通考》亦评价称:"辽乐多出于唐……","今观辽乐,工、器并同,则所谓大乐者,正唐初燕乐也"。

由此可见,尺八在宋代的宫廷并没有延续唐代的辉煌,宋代宫廷乐中更倾向于长笛。而同期的辽国延续唐乐,常使用尺八笛。

二、民间的尺八

到了宋代,尺八被人们称为箫管。宋代陈旸在 1101 年所著的《乐书》具有百科全书的性质,完成后贡献给朝廷。该书称乐器是由雅、俗、胡三部分组成,同时表明尺八属于俗部,在卷一百四十八记载:"箫管之制六孔,旁一孔加竹膜

① 陈秉义,杨娜妮:《中国古代契丹—辽音乐文化考察与研究》,上海:上海三联书店,2018:123.

焉,足黄钟一均声,或谓之尺八管或谓之竖笛或谓之中管,尺八其长数也,后世宫悬用之,竖笛其植[值]如笛也,中管居长笛、短笛之中也,今民间谓之箫管,非古之箫与管也。"

箫管是竖吹的笛子,指孔的数目是六个,而且加贴有竹膜,这种箫管还有尺八和中管两种叫法,根据一尺八寸的长度叫尺八,它的长度介于长笛和短笛之间,关键性吹口部位类型无法精准判别,所以又叫中管。可能在宋人的眼中,箫管、尺八、中管、竖笛实为一物。中管一说在唐代早已有之,例如《旧唐书·音乐志》中提到:"笛,汉武帝工丘仲所造也。其元出于羌中。短笛修尺有咫,长笛、短笛之间谓之中管。"但雅乐的乐器中并不含有箫管。

宋代孟元老的名著《东京梦华录》中,主要描写北宋都城东京开封的整体城市风土人情。其卷六中描写了在正月十五元宵佳节表演的节目中的箫管:"正月十五日元宵,大内前自岁前冬至后,开封府绞缚山棚,立木正对宣德楼。游人已集御街,两廊下奇术异能,歌舞百戏,鳞鳞相切,乐声嘈杂十余里。击丸蹴鞠,踏索上竿;赵野人倒吃冷淘;张九哥吞铁剑;李外宁药法傀儡;小健儿吐五色水,旋烧泥丸子;大特落灰药;榾柮儿杂剧;温大头、小曹嵇琴;党千箫管;孙四烧炼药方。"南宋吴自牧《梦粱录》中,描写南宋都城临安。其中也有一段嵇琴与箫管合奏的细乐形式:"若合动小乐器,只三二人合动尤佳,如双韵合阮咸,嵇琴合箫管,锹琴合葫芦琴,或弹拨下四弦,独打方响。"宋代,箫管在民间并不陌生,也可以理解为,尺八(箫管)当时已经融入市井,从宫廷走入民间,从正史走向文学,更多地反映了当时世人对尺八这种乐器的接受程度,同时也体现出宋人的细腻与对系统性的重视。宋代的尺八,走入民间,承载了更多宋代文化思想与风俗。

三、宋后尺八的消亡

宋代以后,记录尺八的史书资料越来越少,仅有文人在诗作中偶有提到。至明末时期,吹口类型为外削的尺八类乐器正式消亡,被吹口类型为内挖式的洞箫类乐器彻底取代。也有学者提到,唐人乐器有名尺八者,今不复有。这明确表明唐代的尺八到明代已经没有再出现,虽说一家之言只能作为旁证,但也的确能够看到尺八在宋以后的落寞。

如今福建南音洞箫,也有民间称之为尺八,但已不是唐宋时期的尺八,"尺八"仅是尺寸的代名词。清代学者陈元龙也曾指出:"今所谓箫止一管六孔,马端临云:名尺八管。尺八,其长数也,一名竖笛,一名箫管。"这与魏晋以来民间乐师习惯以尺寸来命名乐器有一定的关联。论述中的长笛、短笛、箫笛、尺八之间可能都有模糊的交集或者重叠，所以从关于这些的史料记载中至少可以洞见尺八在中国历史发展中的演变深受时代变迁影响，每个阶段的变化无不是各时期历史文化的缩影。由此更能窥见两汉、唐、宋、元、明、清不同朝代的鲜明的时代性。

第四节　从尺八复兴思考现代文化

1999年11月26日，日本兴国寺主持山川宗玄得知护国寺信息后，亲自带领弟子赶往杭州，和日本尺八界人士共同建立“尺八追溯团”，共48人在护国寺开展寻本挖源活动，形成中日交往的一段佳话。其中“明暗对山流”的第四代传人塚本平八郎在乐器厂首次见到顾问赵松庭。赵松庭为塚本介绍了循环换气法，塚本拜赵松庭为师，成为其关门弟子。赵松庭有一愿望，希望塚本日后能把尺八和尺八的演奏技法带回中国，因为尺八的发源地是中国，但在中国失传已久。塚本立即同意。两年后，赵松庭逝世，塚本在接下来的十年中，平均一年两次来中国免费教学和赠送尺八。这段佳话不仅展现了中日友好交流，也拉开了现代尺八的复兴序幕。

新时代，国家从政策、法律的层面予以干预与支持，从教育、宣传的层面长期渗透，使得承载优秀传统文化的民族艺术得到大力传承，也体现出现代文化的包容与开放。

《国务院关于公布第一批国家级非物质文化遗产名录的通知》（国发〔2006〕18号）收录民间音乐72项、传统戏剧92项、曲艺46项。《国务院关于公布第二批国家级非物质文化遗产名录和第一批国家级非物质文化遗产扩展项目名录的通知》（国发〔2008〕19号）收录传统音乐67项、传统戏剧46项、曲艺50项。《国务院关于公布第三批国家级非物质文化遗产名录的通知》（国发〔2011〕14号）收录传统音乐16项、传统戏剧20项、曲艺18项。《国务院关于公布第四批国家级非物质文化遗产代表性项目名录的通知》（国发〔2014〕59号），其中，第四批国家级非物质文化遗产代表性项目名录中，收录传统音乐15项、传统戏剧4项、曲艺13项；国家级非物质文化遗产代表性项目名录扩展项目名录中，收录传统音乐19项、传统戏剧15项、曲艺4项。

2011年《中华人民共和国非物质文化遗产法》（2011年2月25日第十一届全国人民代表大会常务委员会第十九次会议通过）正式实施并对中国传统音乐的相关法律保护问题做出规定，迈出了利用法律的手段保护传统音乐的第一步。“第三条：国家对非物质文化遗产采取认定、记录、建档等措施予以保存，对体现中华民族优秀传统文化，具有历史、文学、艺术、科学价值的非物质文化遗产采取传承、传播等措施予以保护。”“第十八条：国务院建立国家级非物质文化遗产代表性项目名录，将体现中华民族优秀传统文化，具有重大历史、文学、艺术、科学价值的非物质文化遗产项目列入名录予以保护。”

十六大政府工作报告指出：“扶持对重要文化遗产和优秀民间艺术的保护工作。”十七大政府工作报告指出：“弘扬中华文化，建设中华民族共有精神家园。”“推进文化创新，增强文化发展活力。在时代的高起点上推动文化内容形式、体制机制、传播手段创新，解放和发展文化生产力，是繁荣文化的必由之路。”十八大政府工作报告：“建设社会主义文化强国，必须走中国特色社会主义文化发展道路，坚持为人民服务、为社会主义服务的方向，坚持百花齐放、百家争鸣的方针，坚持贴近实际、贴近生活、贴近群众的原则，推动社会主义精神文明和物质文明全面发展，建设面向现代化、面向世界、面向未来的，民族的科学的大众的社会主义文化。”十九大政府工作报告指出：“社会主义文艺是人民的文艺，必须坚持以人民为中心的创作导向，在深入生活、扎根人民中进行无愧于时代的文艺创造。”

2020 年 11 月 3 日，《中共中央关于制定国民经济和社会发展第十四个五年规划和二〇三五年远景目标的建议》全文发布，其中“繁荣发展文化事业和文化产业，提高国家文化软实力”部分特别强调了文化事业与产业发展的重要性。中国乐器行业 2020 年度行业科技大会确定 2021 年为中国乐器行业“科技创新年”，同期发布的中国乐器行业《“十四五”发展规划》指出，以“乐器成为家庭标配，音乐成为生活刚需”为愿景，为成为“乐器制造强国”不懈努力。

中国化的马克思主义文化观指导我们努力使政治、经济、文化相互扶持、相互促进，共同发展。政策支持民族艺术传承、经济产业构建多维度传播渠道、学术科研深度挖掘文化内涵、多媒体融合展现文化价值，使得尺八再次回到中国民众、学者的视野中，并且带动一批年轻人学习吹奏尺八，建立了民间研究会、组织机构，运用微博、微信、微视频宣传与交流，互相学习切磋。

本章主要研究了中国方面尺八的发展脉络及映射的不同朝代文化特点，对尺八的起源、发展轨迹和历史遗存等问题进行了整理和分析。20 世纪中下叶以后，大部分学术界人士声称中国古代尺八始终存在，始终遗存在福建南音乐器的洞箫里。但通过史书资料的分析对比，也有学者认为二者并不是同一个事物，它们最大的不同之处在于乐器的吹口形式，古代尺八的吹口形式是外削斜切式,传到日本并且传承到今天的尺八依然还是外削斜切式,但南音洞箫的吹口形式是内挖形。这两种不同的吹口形式,产生的物理效果或者说音色是完全不同的,单凭这点便不可相提并论。

吹口形式是外削斜切式尺八的名字第一次出现是在《唐六典》《通典》《旧唐书》《新唐书》等唐代史书资料中,由于相关史书资料记录得不是很完整,所以研究尺八的起源和历史发展轨迹、文化内涵等还需要进一步考证与丰富。本书采用新的研究思路,在马克思主义文化观的视域下,将尺八发展与政治、经济、文化相结合,对尺八的传承与演变问题进行重新研究和讨论。根据现存资料进行分类整理分析,确定类似尺八这种乐器早在汉代就已经产生,在中原大地上广泛传播使用,直到唐代,这个乐器才成为边棱类竖笛的主要乐器,得到正式的命名。西汉京房在宪笛的原型上改造为前四后一的五孔尺八,让其实现吹奏宫、商、角、徵、羽五音的目标,西晋荀勖在此基础上改良新增一附孔形成前五后一的形制,让其能够吹奏宫、商、角、变徵、徵、羽、变宫的七音,这个形制慢慢固定下来,一直传承到隋唐时期。当时西域文化逐渐进入本土,乐调增多,尺八也因为满足不同音乐作品的演奏需要而发展为长度不同的形制。汉晋南北朝时期的尺八主要应用在宫廷的雅乐、食举之乐等礼仪性场合中,在民间俗乐中也有一定的影响力,演奏的形式多种多样,为诸多艺术形式伴奏。其发展的历史轨迹到隋唐时,尺八在原有的基础上发展,在宫廷和民间达到了发展的顶峰时期,应用的场合不仅传承前朝雅乐的礼仪场合,还被应用在隋唐的大型宫廷燕乐里,九部乐、十部乐的西凉乐中;尺八在张文收新制的燕乐四部乐舞中、南蛮国进献的异域乐队《南诏奉圣乐》中等都有参与,皇宫贵族与民间大众对其也是十分喜爱,同时也为文人墨客创作诗篇提供了素材。当然,尺八在隋唐发展更源自隋唐豪爽开放的时代特征。

宋元以后由于音乐文化整体形势的转变,尺八渐渐退出历史的舞台,即使在史书资料上还能看到长笛、尺八等名字的文字记录,但已经不能清楚地判别出乐器的吹口形式是不是外削斜切式了。通过图像学的研究手段,可以判定宋元时期竖笛的吹口是内挖式和外削斜切式同时存在,而且当时竖笛吹口形式占主导地位的是内挖式。并且,通过史书资料也可以知道尺八这个词在当时的含义已经发生改变,不是专门特指吹口形式为外削斜切式的竖笛,而是用来泛指长度为一尺八寸的竖笛。因此,只有传承唐燕乐的辽代大乐能够确定使用尺八,除此以外的任何场合使用的长笛、尺八吹口形式都不能得到清晰的判断。可以肯定的是,尺八这一乐器在明代彻底消亡,被当时极为流行的吹口为内挖式的洞箫类乐器取代，至于尺八的最终衰亡的多种推测本文也有所阐述。深层原因应是随着宋元时期的经济、政治、文化转型，人们审美情趣、审美需求也随之发生了改变。宋元时期的文化由宫廷开始走向民间，人们不再对宫廷音乐情有独钟，转而投向戏曲、曲艺、小曲的民间音乐形式。诸多推测有待证实，如同尺八在中国历史的发展过程也有待进一步探索一样。尺八从中国古代传入日本，而后经日本传入美国、法国、澳大利亚等国家，使尺八从中国走向世界。如今，在我国，尺八又通过政府支持、民间组织与协会的助力、学者的研究等多种形式渐渐复兴，再次回到中国民众的视野中。

第三章　尺八在日本的传承及演变

对于中国尺八流传到日本的研究，首先要参考日本的三大乐书，分别是室町时代的《体源抄》、镰仓时代的《教训抄》、江户时代的《乐家录》。《体源抄》和《教训抄》里记载了考证尺八最重要的证据。最初平安时代，尺八从中国传入日本的雅乐，在日本成为宫廷雅乐的主要乐器。在日本奈良时期建成的正仓院，现今仍保存着八支由不同材质制成的尺八，所用材质有玉、牙、竹、石四种。从保存到现在的唐尺八外形来说，它的构造和南音洞箫较为一致，一共有六个孔，分布形式是前五后一。唐代尺八主要是三节四目，一目三孔，主要是外切口型吹口。古代的尺八和现代的尺八不同，尺八刚刚传入日本时，是古代尺八的形制，短小而精致。最大的区别是，古代尺八是五孔，现代尺八是六孔。并且现代的尺八发不出太大的声音，声音轻，音阶也发不出那么多，有的古代尺八，更为粗大，甚至连半音阶都能够发出来。现代尺八相比雅乐的尺八竹管偏细，声音也细。日本的圣德太子十分喜欢尺八，时常吹奏，他经常使用的尺八现珍藏在日本的法隆寺。因为古代宫廷演奏常常大范围地使用尺八，把尺八当作合奏的乐器，这也正是正雅乐的体现，所以尺八在当时极其流行。后来仁明天皇在日本当朝执政，对雅乐进行了修订，极力推行乐制改革，也正因如此，古代尺八不再被广泛应用，慢慢退出了人们的视线，最终古代尺八走向消亡，逐渐演变成现今的日本尺八。

第一节　尺八在日本的演变历程及类型

为了探究尺八在社会各阶层能够流传的内因，我们还需要重新回到历史中，在文化、社会、历史因素中探讨源头文化与目标文化的关系。尺八在日本大体分为五种。

1. 雅乐尺八

到平安时代初期尺八一直在雅乐中被使用。因为在古代使用，又名“古代尺八”,实物在日本的正仓院保存,又名“正仓院尺八”。六孔,前五背一。孔的大小比天吹、一节切尺八、普化尺八和多孔尺八偏大。

2. 天吹

相传有“天仙吹奏的尺八”之意,其实关于天吹的起源、记录、传承都是一个谜,现在基本绝迹了。萨摩尚武,武士盛行,最鼎盛时期是16世纪后叶。据传,庆长五年(1600年)在关原合战的时候,岛津家臣北原肥前守被德川方捕获,处以刑罚。这时北原肥前守吹起了天吹,那美妙的声音感动了德川家的武士们,救得自己一命。这段关于天吹的佳话广为流传,天吹也从江户时期传承至明治时期,天吹的研究者鹿儿岛县的白尾国利也曾努力地教曲,推动天吹的传承。

天吹的吹口形状也和其他种尺八不太一样。但从形状和孔制看几乎就是尺八的一种。它用细扁平的布袋竹制成,三个竹节,管长30厘米左右。五孔,前四背一。天吹本来是由吹奏者自制,所以严格地说,天吹的管制尺寸、手握幅度、指幅等都根据吹奏者个人各异。

天吹是三节、四段、五孔。三节和四段的特点与日本法隆寺所藏隋代的笛,以及正仓院所藏的唐尺八的选材标准几乎一致。五孔,却是我国宋、元、明时代的尺八样式。三节象征着天、人、地三才。四段由上至下也可以理解为秋、夏、春、冬四季。如果是自下而上,有学者将五孔分析成木、火、土、金、水的五行,似乎理解为仁、礼、信、义、智五常也不牵强。这段理解与《兔园小说》中记载尺八的规制中的解释有相似之处,但该书是1811年出版,比天吹兴起时间晚许多,也仅做参考。无论象征为何意,不可否认的是,尺八的标准其实在制作或者说设定之时就已经渗透着浓厚的中国思想。

3. 一节切尺八

一节切尺八常被直接称作一节切,因为竹子只有一节而得名。指孔跟天吹一样是五孔。在室町时代各种长度的一节切盛行,称为广义一节切。16世纪末到17世纪,一节切因按照黄钟的筒音为标准而盛行,称狭义一节切。而后日渐衰减,在19世纪前半叶一时复活,后来消亡。

4. 普化尺八

普化尺八是现代使用最多的尺八样式,取自竹根最粗的部位,五孔。也有学者认为天吹、一节切和普化尺八是同祖型分开而成。

5. 多孔尺八

多孔尺八是在普化尺八上多加孔数而成,昭和初年(1926年)以后出现,有七孔尺八、九孔尺八、金属制尺八三种。

一、古代—中世:雅乐尺八文化

古代日本善于摄取外国盛行的文化,逐渐形成本国之道。为了保护国家礼仪的庄重化,专门制定了各式音乐样式,国家治部省专设“雅乐寮”,雅乐的乐舞和乐人,在其部门的管理下尽其职能。大同四年(809 年)三月二十八日,雅乐寮在制定乐师编制的过程中,规定尺八师一人,而后增至三人。但嘉祥元年(848 年)九月二十二日,《类聚三代格》中记录的雅乐寮乐师编制显示,尺八师从三人减为二人。《令集解》中记载,尺八师减少为一人。现在日本流传下来的传统艺能几乎都是从雅乐的基本形式演变而来。

到了仁明天皇(833—850 年)期间,雅乐进行了大变革,删除了与民众欣赏水平相远的乐器,其中就包括尺八。至此古代尺八渐渐退出历史舞台。

但古代尺八的确参与到各种文化现象中,如人们用尺八娱乐,上至贞保亲王,下至黎民百姓;尺八也参与进其他乐器的合奏中;室町时代,尺八作为护身之用早有记载。当时很多人不准持刀,自然就把尺八作为武器挂在腰间。尺八使用厚重而坚硬的竹子制成,又有半月形的切口,想象成武器护身也不足为奇。

正仓院的所藏宝物螺钿枫琵琶,在琵琶捍拨上有一幅“骑象奏乐图”,画面上有骑白象的胡人四个,吹横笛、吹尺八、拍打细腰鼓、甩袖而舞。正仓院宝物“墨绘弹弓”中画有唐装装扮的人有数百人,或爬舞,或跳丸,或耍剑,还有人在一旁耍杂戏和助兴伴奏,或坐奏,或站奏,这其中便有吹奏尺八的两个人。

另外,日本至今还保存有一种关于唐乐舞、散乐和杂戏的古图录,藤原通宪的原著《舞蹈图》(又称《信西古乐图》,全名《信西入道古乐图》,日本古乐书称《舞图》《唐舞图》《唐舞绘》),经过考证,在这部图录中亦有描绘唐乐师吹奏尺八的形象,而这里的尺八也是雅乐尺八。

天平胜宝八年(756 年)五月,圣武上皇驾崩。光明皇后为了给其祈福,将天皇遗爱的物品赠予奈良的东大寺。当时的正仓院是东大寺大佛殿的旁边的仓库,用来收藏这些赠品宝藏。其中有:

①刻雕竹制尺八(全面花鸟人物的雕刻,长 43.78 厘米);

②桦卷竹制尺八(全管都是一点点细细卷起的桦,长 38.48 厘米);

③白竹制尺八(整体平滑只有三个竹节,长 38.3 厘米);

④白玉制尺八(全面平滑,长 34.9 厘米);

⑤雕石制尺八(整体是唐草模样的雕刻,长 36.0 厘米);

⑥象牙制尺八(雕刻了三条竹节,长35.2厘米);

⑦竹制尺八(白竹制,内面削三个节铭刻"东大寺",长39.3厘米);

⑧竹制尺八(白竹制,无雕刻节三个,长40.7厘米)。

正仓院的尺八都是六孔尺八,表五内一。正仓院虽然保存了尺八的实物,但遗憾的是,尺八的音乐没有完全保留下来,乐谱、尺八的奏法和乐曲也没有很好地传承下来。前文提到,日本在9世纪中期的时候,进行了宫廷音乐制度改革,考虑日本民众趣味和日本宫廷实情,缩减整理外来音乐及乐器,如竽、雅乐尺八等。还有一个原因也是许多学者公认的,那就是雅乐尺八和龙笛被视为是一种重复的存在,日本决定保留龙笛而放弃雅乐尺八。据传龙笛是经过丝绸之路传入日本,是欧洲的长笛演变而来,日本人视龙笛为本民族乐器。

此后的平安时代,在诸书中也出现了尺八的记载。《古事谈》(1215年)、《体源抄》(1512年)都曾记载相关内容。《龙鸣抄》(1832年)记载,清和天皇的皇子,南宫贞保亲王因为是雅乐圣手,以尺八的谱为线索,再兴了尺八曲《王昭君》等。由此可以推测,直到10世纪前半叶,雅乐尺八都在持续传承。平安时代末期、后白河天皇的时代,在保元三年(1170年)正月的宫廷内宴上,敕命尝试着用长尺八吹奏。《今镜》中记载了此事,这也被认为是最后一次雅乐尺八的演出。

雅乐尺八,因为多用于宫廷演奏,而后加之外来乐器冲击而渐渐被取代。这一历史事实,可以让我们从侧面感受到古代日本对外国文化的渴望与畏惧。最终,雅乐尺八被龙笛取代也证明了日本人想要保住本民族乐器的思想和动机。

二、中世—近世:一节切尺八文化

中世纪取代雅乐尺八登场的便是天吹、一节切尺八、普化尺八。

当时日本人对中国物的崇拜与尊重,也是日本人源自本来生活环境中的独自精神文化与意识的走向,这里也体现了日本人文化创造的独立性。

最早的"一节切"是专有名词,一休宗纯在《狂云集》、隆达小歌中都曾反复使用"一节切",可见一节切在广义上早已经被应用。但江户以后的文献里多半直接称"尺八",17世纪以后,才有称"一节切尺八",这也是为了区分一节切和普化尺八。《教训抄》(1233年)卷八中提到的短笛就是我们说的尺八,这也是尺八又谓之短笛的原因。《体源抄》(1512年)称:早先,关于尺八的事,由贺茂承担。宫城道雄纪念馆藏的宗勋著的《短笛秘传谱》(1608年),据说是最早明确记载一节切尺八的著书。

一节切尺八不仅出现在文学作品和史料记载中,也出现在日本战争的传说中。相传在元龟三年(1572年)十月,武田信玄要经过远江出兵西征。将在十二月末率领部下在三方原与敌军大战,驱逐德川家康。翌年一月,进一步包围了野田城,马上占领京畿。大军来到了野田城的笼城,就在此刻,包围的军队几乎夜夜都能听到野田城上传来悠悠笛声。武田信玄受到笛声的感染,一晚在邻近城下之处设座倾听,结果受到火铳的袭击。信玄负伤退下阵去,武田军也因此撤回,不过几日,一代枭雄武田信玄因而病故。这是一个悲伤的故事,但不可否认的是,信玄听到的从城上传来的笛声便是一节切的声音。

当时,一节切尺八多用在猿乐、田乐和"手"和"乱曲"中。

尺八应用在田乐也是有历史记载可以考证的。德阿擅长田乐,《阴凉轩日录》文正元年(1466年)二月十七日条目记载:德阿,住在浦上吹奏尺八,其声优美。同是文正元年(1466年)二月二十七日条目记载:田乐德阿来问,同永阿来吹尺八,慰寂寞也。(田乐德阿来的时候,同永阿吹尺八,慰藉寂寞。)从这两段记载不仅可以看出尺八被田乐所使用,似乎也能感受到尺八一直以来都是寂寞的慰藉。

《体源抄》里也曾记载:其他流派的敦秋也是量秋弟子,田乐增阿是量秋弟子,量秋逝世后师从敦秋学习。上面文献记载的是田乐师增阿和德阿擅长吹尺八的情景。田乐受到猿乐的影响,加之原本是因为农民祈福农事而用,后来田乐也从民间祭祀变成一种艺术形式,田乐师当时受到保护。田乐运用尺八,也可以证明尺八已经与农民的生存农事紧密相连,这也许为日后尺八再次复兴,以纯音乐的姿态走入百姓生活埋下了伏笔。

尺八在"手"和"乱曲"中的使用同样可以考证。《山科教言卿记》应永十五年(1408年)三月二十四日一条目载:入夜,一起听早歌……,以尺八演奏取音。同书还记载,入夜,聆听着白拍子,吹尺八。这里的尺八用于早歌和白拍子的伴奏。而后尺八从独奏走向合奏,也便是流传至今的三曲合奏。但从一节切尺八便可以看出尺八合奏的本质特征早已显露。

而后,一节切开始渐渐消亡,《洞箫曲》(1669年)记载:"抑当流尺八者,宗佐老翁相传高濑备前守,备前守传实相坊并尼子宫内少辅,实相坊传教院,教院传大森宗勋大居士,宗勋传愚以,愚以传惠海,是相传村田宗清,仍一流之仪。"尺八从当时有名的尺八者传给宗佐老人开始传到村田宗清,仍是一流的形式。

《糸竹大全纸鸢》(1687年)也记载了这一传承过程。以前有位奇人,从传给宗佐老人开始,之后传给高濑备前守,高濑备前守又传给实相坊并尼子宫内少辅,实相坊又传给教院,教院传给安田城长,城长传给宗勋,在宗勋一代得到复兴,涌现出今世的是宜、竹同、中指、一音等名家,都是尺八妙手。

同样,《糸竹初心集》(1699 年)亦有此类记载。以前有位奇僧,初传给宗佐老人,之后代代相传至今,然后宗佐传给高濑备前守,备前守传给三井寺的日光院,日光院又传给安田城长,城长又传给大森宗君。此宗君是以前豫州的大森彦七的后代,织田信长时期为官,信长公逝世后隐遁,最后成为尺八妙音中兴的开山之人。

《雍州府志》(1688 年)记载:"近世吹之有两流,所谓宗左流、西实流是也,宗左弟子有理庵,宗勋者,而于尺八也世称美之,其次谓宗捃,今西实流绝,凡弄尺八者多出自宗勋者也,尺八之发好音者,多有称号是谓名管。"这里也强调多半的尺八圣手都是出自宗勋一流。尺八的圣手多有称号。

以上四部著书都记载了尺八传承过程,因其类似,可以证明尺八在这一过程的传承没有分歧之处。一节切尺八在皇族、贵族、武士、乐师、连歌师等各个阶层受到欢迎,是贵族与平民共享的乐器,18 世纪开始没落。

在斋藤月岑(1804—1878 年)1847 年出版的《声曲类纂》第一卷中有一幅插图,这幅插图是以《宽永正保年间六扇古画屏风图选萃》为原型创作的双联页插图。插图一面绘制了街道的情景,另一面是一个男子站在歌舞伎舞台上的成人式前的情景。在街巷的那个画面里,有十五人吹奏不同的乐器。其中吹尺八的男子应该是被邀请来的嘉宾。文字说明是"吹一节切尺八"。从这幅画可以推断,不同阶层的人在一起聚会,合奏乐曲,使用三弦、胡琴、尺八三种乐器的合奏形式,似乎早在 1620—1640 年间便已流行起来了 。

18 世纪前,一节切尺八在日本相当流行,18 世纪开始,一节切尺八急速衰退,19 世纪初几乎消失。文政年间江户的町医者神谷润亭曾尝试复兴。他将一节切改名为"小竹",在古传曲上加三十多曲自己创作的曲子。《糸竹古今集》还曾把这些努力复兴的活动进行总结梳理,并编辑了目录。但遗憾的是,19 世纪后半叶,一节切绝迹。

三、近世—近代:普化尺八文化(17 世纪—19 世纪末)

随着德川家康统一政权的出现,庆长八年(1603 年),江户幕府使日本国内安定化。这一时期工商业经济发展繁荣,也开始有了日本独特的国民文化。城市中心以町人为主,町人社会使艺能广泛流传,渐渐地便使得尺八高级的娱乐性逐渐变成大众所接受的文化。

(一)普化尺八的发展演变

日本吹奏尺八的专业人士不占少数,许多日本尺八乐的名流和弟子都是专门吹奏尺八的人培养出来的。这些专业人士的贡献不仅如此,他们还搜集整理了日本传统的尺八乐典,创作了新曲并配有曲谱等。但是值得注意的是,以农业经济为基础的德川幕府,崇尚质实,排斥奢华华美的商业主义,由于限制尺八吹奏外曲,更激发了人们想要与琴、三味线等合奏的兴趣,所以一时间,反倒兴起了尺八教与学的热潮。尺八本应是全民的尺八,每个人都应享受尺八音乐韵律,德川幕府当初的规定实际是政治上的缺陷,也许这也侧面证明了后来明治政府的贤明。

初代荒木古童(1822—1908年)在14岁的时候,就曾跟一位名为五柳的旗本的隐居之人学习了尺八的外曲,如《潮汲》《安宅》等。由此可以看出,在江户后期,其实尺八跟胡琴、三味线一样,已经走入百姓人家,成为一般百姓也可以掌握的艺能。

本书参照日本学者上野坚实的梳理和考证进行分类与简单介绍,将这些古典本曲归纳为两大类,其中第一类又明确分为八小类。[①]《虚铎传记国字解》载:“寄竹以行脚之志告暇,且请道路每户发此音,以为往来,使世人知此妙音,学心曰:善哉,志也。于是直发纪州,到于势州朝熊岳上虚空藏堂,下通夜抽凝丹诚,跪拜,及五更,将少就眠,显然有灵梦:海上掉小船,独赏明月,须朦雾蔽而月色暗暗焉。雾中管声发,而廖廖妙音不可言焉,须臾,而管声断,朦雾渐渐凝结,而为团团焉一块块中又管声发,奇声妙音,世之未可得闻之者,梦中大感之,欲将虚铎模仿之。则忽焉眠觉,雾块船掉尽无迹,唯管声之认于耳而已,寄竹大奇之,调弄虚锋摹拟梦中所闻二曲,大得其趣,于是直归于纪州,告梦及所得音于师,且请命此二曲。”其中还对本曲雾海篪和虚空篪做了解释。

---

① 第一类:本手:1. 三虚灵古传三曲:《虚铃》《虚空》《雾海篪》;2. 修行曲:如《伊豆铃慕》《九州铃慕》《苇草铃慕》《京铃慕》《律虚灵》《琴三虚灵》《铃虚空》《吟龙虚空》等;3. 调子:《一二三调》《大和调》《调子调》《寿调》;4. 破手:清弹物,《三谷清弹》《秋田清弹》《传清弹》《佐山清弹》;5. 狮子物:《目黑狮子》《云井狮子》《界狮子》《吾妻之曲》;6. 鉴赏用:《巢笼》《鹿之远音》《夕暮》《凤将雏》;7. 其他:《瀑布落》《下叶》《波间》;8. 此外还有用于托钵时的旋律信号:如《大路》《卖艺》《布施》《钵返》《呼竹》《受竹》。第二类:本曲内容:三虚灵古传三曲:《虚铃》《虚空》《雾海篪》;本手:《铃法》《阿字观》;托钵用:《钵返》《通过》《门付》;调子:《一二三调》;音乐内容:《鹿的远音》《鹤的巢笼》《龙落》;派手:《下叶》《菅垣》。

普化尺八是在尺八发展过程中最传奇而又最波折并充满故事性的阶段，最终看似没有延续，实则华丽转身，从未间断，直至现代。功劳源自时代独有的特点、尺八自身的优势以及吹奏尺八者们不懈的努力，让尺八从独奏走向合奏、从贵族走向大众、从近代走向现代。

日本尺八自开始向民众开放，兴起了各大尺八流派，但由于各派尺八的构造不同，吹奏出的音律也有所不同。明暗流尺八吹口的挡气边的弧度很浅，而琴古流的尺八吹口的挡气边却没有弧度，都山流吹口的挡气边幅度宽而且深。

(二)从独奏走向合奏的尺八

1. 尺八取代胡弓加入三曲

(1)尺八与胡弓的关联性。

胡弓和尺八本是两种种类不同的乐器，将二者合奏应该也有人尝试过，就好像筝和三味线、筝和尺八、笛和鼓，但凡能够合奏的乐器都会尝试组合进行合奏。但是胡弓和尺八有一些不同，因为二者更多的是互换关系，至少在音乐史中是这样的关系。也就是说，同样的曲子，胡弓可以弹奏，尺八可以吹奏。胡弓的曲目与尺八的曲目也有共通之处。可以在尺八曲中加入胡弓曲，反之亦可。

现在的合奏主要是指三弦、筝、尺八的合奏，但胡弓、筝、三弦合奏也的确曾经盛行一时。尺八与胡弓的互换性被人们所承认，主要从尺八和胡弓的音类似说起，但单纯只是音的类似却不足以说明二者的互换关系。因为论音的类似，尺八与横笛之间互换也许效果更好。琵琶和三味线之间也是如此。日本对于各种类似的乐器之间的差异性实际上是尊重并且保护的，所以说胡弓和尺八是一个例外。

物理性的音响类似是最重要的基础。深度探讨，尺八和胡弓在传承环境上虽不能说完全相同，但却有着诸多相似之处。一方面，二者都是近世之前便已出现，经过近世成长而来的。二者都曾是底层技艺，胡弓被门付艺使用，尺八流传到民间，起初是靠乞讨为生的人使用的乐器。另一方面，胡弓当时主要作为盲人音乐节的乐器使用，最后形成了自己独有的曲目，胡弓的本曲。尺八后来也从底层阶段脱离出来，创作了高格调的本曲。二者本曲制定时期也几乎是相同的，共通点也不少。在某种程度上说，二者都与具有内敛性格的特殊的专家们、阶级性的武士、富足的町人、文人学者等上层阶级有着深厚的联系。他们的音乐更多的不是给他人欣赏，而是吹奏者自我享受自创的音乐，从中体悟快乐。从这点上说，二者又是相通的。

胡弓与地歌、筝曲有着不可分的紧密联系这一点在演奏家心中是达到共通共识的。尺八乐也是，跟三味线、剧场音乐等一样与给他人欣赏的艺术关系不大，可以说是与一种家庭音乐的地歌紧密相连发展起来的。关于外曲，胡弓和尺八都是以三弦、筝为中心，是一种三角关系，但却没有相互追逐相互排斥，而是和平共存。作为家庭音乐，一般是以个人的教养或趣味为中心。以上这些历史背景，是探讨胡弓和尺八关系，或者说尺八为什么可以替代胡弓，成为三曲之一时，不能逃避的。

在器乐的性能和技法方面，二者也有相似之处。指板上没有按弦位置的突起线、音节上下的滑音是胡弓的重要特色。根据指孔开闭的尺八，利用下颚的上下位置、手指的依次开合而吹出的滑音是尺八的特色，同时也称为音节上下。两种乐器本身都不具备滑音功能，但都能用自身的条件演奏出同样，甚至更有特色的滑音，从这一点上来说，尺八和胡弓自身的努力有目共睹。胡弓的敲打是前打音的技法，如果快速连续击打就形成三重的效果。尺八通过指孔瞬间开合的技法同样也可以奏出这样的效果。胡弓的重音跟尺八不是完全一样，而且不均匀的音色变化也跟尺八有别。除了这个方面，几乎胡弓能弹奏的音尺八也能吹奏，反之亦然。

所以说，在三曲合奏里，尺八和胡弓担任的角色几乎一致。如果无视二者音量和音色的差别，使用哪一种乐器在三曲中效果都是一样的。

1763 年成书的《雅游漫录》中记载了尺八与三弦合奏的情况。1788 年成书的《俗耳鼓吹》描述到，一向宗静荣寺的住持白狮，用一尺二寸的尺八与原富五郎的三味线合奏了《道成寺》一曲。在 1782 年发行的流石庵羽积的地歌的文献《歌系图》所载的插图中，明显可见是普化尺八与三味线和筝的合奏场面。《八千代狮子》的注中提到："原来的尺八曲通过胡弓的政岛检校传给三弦藤永检校，流传于世。"这应该是尺八和胡弓直接相关记载的唯一资料。这里明确记载了胡弓和尺八之间的曲目交流。

胡弓和尺八的本曲同名的有《荣狮子》《下叶》《鹤的巢笼》，似乎从中也能看到一些关联性，这是证明两种乐器交流史实的有力证据，但其他方面的佐证的确还不够。

综上，尺八能够合奏，其实是取代了胡弓。传统三曲原本是胡弓、筝、三弦，能够吹奏三者的人绝不占少数，但由于胡弓的伴奏总是与之格格不入，渐渐退出。而此时也许是人们对用尺八吹奏外曲充满期待，在明治维新前后开始尝试用尺八合奏。最先尝试的是荒木古童，而后关西的近藤宗悦、中京的兼友西园都是尺八的胜手，都为尺八的合奏起到推进作用。但此推进的第一人当属荒木竹翁，其曾创作百十首曲子。这是一种思想的改革，也是对艺术的一种执着，更体现出日本人善于改变、善于吸收他文化的特点。如果当时固执地坚持尺八只能吹奏本曲，也许我们今天也听不到这么多尺八名曲，更不会有三曲合奏的那种优雅而又幽玄的日本代表音乐。追溯到源头，为什么尺八可以代替胡弓，因为古代人们在胡弓上下的功夫之大是现代乐器所不具备的，或许可以大胆猜测，虽然从乐器的角度，胡弓有着无法参与合奏的缺陷，但从人们对音乐的情感而言，胡弓所持有的情感，恰恰是尺八所能吹奏或是唤醒出来的，所以二者可以异曲同工。二者的互换关系的研究还有待于继续深入。日本古典时期对尺八和胡弓相似性记录的物性证据非常少，只能从胡弓和尺八各自的历史中寻找痕迹，不明确的地方还有很多。这些无法像剧场音乐那样清晰地被记录，与同样的地歌、筝曲相比，层次不明点也很多。胡弓不是检校官门的表演，也未在普通百姓中普及，自身也未确立记谱法，歌词集的刊行更是少之又少，诸多原因限制了胡弓的发展，近世以来胡弓衰落。

（2）尺八与胡弓在三曲合奏中的作用。

“本曲”（乐器本来的曲目或是只有某乐器能演奏的曲目）和“外曲”（和其他乐器合奏的曲目）都是根据曲种进行分类的用语。但是按照这种分类标准，不是日本的全体邦乐都适用，仅限于具有种目的可以这样分。这种限定种目的其实只有尺八乐和胡弓乐两种。尺八乐和胡弓乐是只有本乐器能演奏出的曲目，在邦乐中作为独立的种目存在，称为尺八乐、胡弓乐。后来合奏成三曲，作为外曲发展。而这种外曲，不是从其他乐器的曲中盗取成自己的特色，而是彼此保留特色，保留差异性。那么，在三曲中，尺八或者说胡弓的作用如何？

①演奏和三弦相同的旋律。

②在旋律中加入小装饰。这种装饰法以前打音、后打音、缩进、滑音等居多。

③在三弦的大间隔（音与音之间的间隔很长）处，模仿筝或者歌声音的动作。

④独立地演奏不同的旋律，但这种情况很少。

⑤在对打部分，依据筝的旋律，与三弦对立。

⑥节奏上看与筝和三弦是一致的。

从旋律上看，尺八和胡弓的作用不是很大，但在音色方面，也就是持续音的效果，目前来看作用非常大。与西洋的三重奏不同，因为主要接近于合奏，持续音掩盖了拨弦断续音的间隙，隐藏了拨弦音的微妙的余韵，一定会有一种不甘心，补充点也很大，一定程度上增添了只有三弦和筝的演奏趣味。

在这里笔者还想延伸一点，关于竹制尺八，其实在日本有过许多种材质尺八的尝试，如贝克莱特制尺八、樱木尺八、枫木尺八、常绿树制尺八、铝制尺八、纽姆制尺八，最后也只能说是外形不同的尺八，仅此而已。因为竹子的精妙是不可取代的，吹奏时发出的声音的召唤力更是其他材质无法比拟的。换言之，竹制尺八本身承载着那根竹子生长时期的历史和文化，吹奏出的音韵能唤醒一代人对历史和文化的记忆，这就是尺八最大的魅力。

2. 三曲合奏的发展时期

胡弓加入的三曲衰败，尺八加入的三曲盛行，这是不争的事实。本部分试图从三曲合奏具体的变迁轨迹来探讨尺八的特殊性。

第一个时期是三曲合奏产生期，三曲合奏的起源无法明确，据推断，应该是地歌、俗筝、普化尺八的发生期，主要指筑紫筝、一节切尺八的盛行期加入三弦进行合奏。尺八独占的起始时期虽然没有明确的记载，但许多学者都认为是18世纪中叶开始。这个时期大体是三曲合奏的第二个时期。这个时期虽然没有使用尺八，但进行得也很艰难。在很多专业人士看来，与其避开他人耳目偷偷地将尺八加入三曲合奏，还不如用胡弓更方便。于是，《八千代狮子》的胡弓、三弦合奏在这个时期成立。这也暗示了尺八与三弦关系的疏远。

第三个时期是胡弓和尺八的并立期，这个时期是18世纪末到19世纪初。峰崎勾当在创作端歌物的同时，也确立了自己的手事物，19世纪初手事物在京都特别盛行。新兴的手事物似乎不能与胡弓搭配。无论是三弦配三弦，还是三弦配筝，开始与复杂华丽的乐器合奏，以及盲人音乐家们也热衷于此，所以无形中就排挤了胡弓。这个时期，地歌、筝曲都在显著地发展，而胡弓却停滞不前。

话虽如此，胡弓加入的三曲合奏也绝不会衰亡。地歌的歌本《歌曲时习考》的绘画中就有胡弓的三曲合奏。这本书在数次改版后，仍然保留了这个合奏图，却没有尺八加入的合奏图。在胡弓保持这种停滞的状态的同时，尺八却有了很大的变化。从音乐的角度而言，这正是尺八追求音乐性成熟的标志。18世纪末，市井中就出现了许多教授尺八的教室，琴古流、一闲流等流派也在此时应运而生。所以这时尺八与其他乐器合奏似乎也是历史的必然，常理之中。天明二年(1782年)的《歌系图》里便有尺八加入的三曲合奏图。可见这个时期，尺八和胡弓同时与三弦和筝合奏，得以盛行和推广。

第四个时期是胡弓和尺八的交换期，19世纪中叶至末叶，以明治维新为中心前后大约70年间,也是三曲较大的变动时期,发生了许多重要的事。

这个时期,地歌、筝曲等一直以来合奏的形式继续流行,开始出现以八重崎检校为代表的华丽的筝手,并有推广三弦原曲将其放到前面的倾向。并且,从光崎检校到吉沢检校开始推进筝曲的复兴,完全逆转了三弦和筝的位置,这次努力,使得筝进入了优位的明治新曲时代,可以说,第四个时期是筝的优位时期。

筝的优位性也是使三曲合奏能够盛行的内在要因。地歌三弦的感觉与剧场音乐的三味线在拨弦音上有很大的不同,外加诸多条件,使两者间产生很多不同,这时尺八的加入受到了欢迎。

此时再看胡弓的情况,在江户,藤植流和松翁流结成山田流筝曲,在三曲合奏中极为盛行。根据史料记载,江户时代,筝曲和尺八没有密切接触,山田流也是专门用胡弓进行合奏。进入明治时期,藤植流的山室保嘉非常活跃,那时期的胡弓合奏多半都是他的演奏。

尺八的三曲合奏首先在大阪兴起,以近藤宗悦为代表。此后的关西尺八界几乎都是近藤宗悦的流派的组织。幕末的江户,琴古流和一闲流演奏的尺八主要与长呗合奏,三曲合奏未推行。尺八向普通百姓推广和外曲合奏的活动等都相对于晚于关西。

明治四年(1871年),这时的地歌、筝曲等完全作为家庭音乐得到普及,许多检校也变成了音乐家,对尺八界的影响就更为深刻。尺八的普及相对还比较弱,在东京也不明显。在琴古流等人的努力下尺八乐作为音乐被允许保留并普及,这时,宗悦流开始以手本进行三曲合奏的活动。这次运动的中心人物便是二世荒木古童,接下来会详细介绍。当时东京的山田流筝曲跟尺八没有关系,也就是说,三曲合奏的促成没有琴古流等的功劳。但荒木却从山室保嘉等人的胡弓中学到了许多知识。

关西的尺八界原本就有三曲合奏的传统,新时代转移到东京也发展得很顺利。在明治中期的关西,宗悦流的末期以外曲为中心,诸多流派辈出。因为在第四个时期的末期,尺八的三曲合奏已经相当盛行,使尺八作为乐器能够再生是尺八界全体同仁的努力。这与胡弓的状况有明显不同。

纵观三曲演奏的整体发展过程,尺八由于其历史的特殊性,不断地改革转变,走上了一条替代演变的道路。而胡弓在整个时代发展中总是被隐性排斥,没有得到应有的发展机会。

3. 适应都节音阶的特点

还有一点需要深度探讨，就是尺八与都音节。都节音阶中的“都节”的名称，最早是上原六四郎在明治二十五年（1892 年）著的《俗乐旋律考》的绪言中第一次使用。也有学者认为这本书是日本对音阶的第一次科学性的研究。在此书的序言中提到都节音阶是“与俗筝、长歌以及京坂地方的所谓地歌并称为尺八的本曲”。一节切和普化尺八虽然在管长和宽度方面有所不同，但发音原理和音阶基本是一致的，是指孔全开的吹法。

从现在的古典本曲来看，实际的尺八音乐的音阶基本都是都节，做成的半音，毋庸置疑都是 meri 的技巧。比如，在筒音为宫的情况下，第一孔和第四孔会发出 meri 音。由于 meri 音是根据指孔的半开情况和气息的变化而做成的，虽然不容易察觉，但是细微的变化还是能够感觉到的。比如，只使用第一孔就可以从筒音中发出短三度以内的任何高度的高音。所以说，尺八对于浮动的中音也是相当灵活的乐器。

非常有意思的是，本来我们以为尺八不能使用都节，但事实上换成都节的吹奏却非常适应，这是一个悖论，却也有存在的合理性。meri 音是要缩紧嘴唇和吹口的距离才能发出的，所以只能发出微弱的声音，并且音色较暗，是一种充满容器的沉闷感的声音。但是，用尺八吹奏都节的时候，展现 meri 音的地方，几乎都是五声的商音和羽音，分别是对宫和徵的下行导音。这些音里使用了 meri 音，由于音色的不同，不安定感会更加强烈，如果想要一种安定感，就需要明亮而强烈的宫音和徵音的不断加强。也就是说，因为下行导音的音色上被增强，所以便有了半音程的下行导音，这便是都音阶的特色之一。而尺八的 meri 音正是将这种特色发挥出来。

因此，可以说尺八适合都音阶。到了现代，为了除去 meri 音的吹奏较难和音色的不均匀性，虽然设计了金属版的尺八 okraulo（1935 年日本人发明的，类似于尺八的发音方式，类似于长笛的金属乐器）、七孔或九孔的尺八，最终还是不能普及，最后广泛使用的还是以前的五孔尺八，也是因为上面提到的不想失去 meri 音的特性。

本来近世邦乐的三种乐器和都节是没有关系的。但是因为主要的三味线，或者说从它的前身琵琶开始就很适应都节，加上尺八和筝都具有适应都节的柔软性，因而三者合奏，不仅增大了变现力，而且凸显了合奏的特色，为日本音乐界，乃至世界音乐界奉献了美妙而富有日本文化特质的乐曲。

四、近代—近现代：多孔尺八文化（19 世纪末至今）

德川政权没落后，日本新政府为求生存和发展，选择西洋的制度、技术和文化受容的近代化的发展方向。这种方向的彻底改变，也带来了诸多变革，文艺也随着这段历史而发生转变。

明治四年（1871 年），两位琴古流派的尺八大家吉田一调和荒木古童积极争取，向政府请愿，最终让尺八以普通乐器的身份保留下来。从那时起，尺八进入近代尺八时期。

按一筒切似尺八而短，其长一尺八分，止一节，故名之，近世之制，与尺八同类异音，游兴之具。从现代尺八的形制上来看，现代尺八与普化尺八非常相似，二者都是吹口外削斜切式；指孔数均为前四后一的五孔；均取自竹之根部制成，在根部保留三个紧密的竹节；乐管中间形成三个竹节的样式。但二者也有不同之处：现代尺八的吹口嵌入了牛角（或象牙或鹿角），而普化尺八没有；现代尺八运用了中继技术，而普化尺八没有；另外，现代尺八还在管内涂上了生漆。

第二节　尺八在日本传承的人物及流派

在日本，在尺八界，做出贡献的重要人物不少，本部分从个人到群体进行梳理与介绍。

一、关键支撑——皇族与士族

圣德太子执政时期正好是中国隋朝建立，朝鲜半岛强大之时，圣德太子极其重视向中国学习。当然音乐的交流也在其中，尺八当时在隋朝又是盛行之物，深受皇族喜欢，随之传入日本受到太子的青睐也是情理之中。

镰仓时代，1233 年乐人狛近真完成的乐书《教训抄》卷四苏莫者条目中这样记载：圣德太子经过河内的龟濑时，他在马山玩着尺八。

狛朝葛成书的《续教训抄》第十一册中记载：有一次，圣德太子在马驹山，手持尺八吹奏苏莫者之乐曲，一管尺八。圣德太子喜欢尺八，出行时愿意在马背上吹奏，而且其音色唯美动听，悠闲自得的美景跃然纸上。

在百济王义慈到圣武天皇（701—756 年）时，就有人进献五管尺八，宫中设有雅乐寮和尺八吹奏师。

清河天皇（850—880 年）皇子保亲王喜欢吹奏尺八曲《王映君》。

后白河天皇(1127—1192 年)的宠臣藤原通宪著有《信西入道古乐图》。

后醍醐天皇(1288—1339 年)皇子怀良亲王(1329—1383 年)喜欢让人吹奏尺八。山崎美成的《本朝世事谈绮正误》有此记载。

南朝忠臣楠木正成的三儿子正仪的儿子正胜曾吹奏尺八巡访诸国,感悟人生。

后阳成天皇(1517—1617 年)也热衷于尺八。

德川时代,武士不仅是佩刀舞剑的将士,也是藩主财务的管理者,甚至是日本艺能的专家和推动者。士与尺八的关系充满着神秘感与故事性。尺八中有武士的悲情、有侠士的豪情,尺八代表日本武士的精神与性格,日本武士也将情感与信念融入尺八中,带着尺八走上了战场。

松山松谦齐曾收藏一个尺八名为"凤鸣"(由建仁寺第二百七十五世的河清祖流命名,是名工文阿的作品),永禄七年(1564 年),铁叟景秀曾作《凤鸣尺八记》来记录这个故事。永禄七年(1564 年)正月,左近将军清原助种的儿子,曾在宫中内宴的时候,根据古谱吹奏尺八。与我国唐朝皇帝对尺八的喜爱而推动尺八的发展一样,日本尺八能够快速得以发展,重要的关键支撑便是皇族与贵族的喜爱,大力推广与渗透。无论中国还是日本,皇族对尺八的传承起到了决定性作用。尺八作为乐器并非大众化,加之音色的独特,既高贵又清冷,略带质朴的气质,对于皇族而言的确是首选。

二、中坚力量——主流派与分流派

日本尺八之所以传承至今,与尺八的流派及创立的各种协会的努力密不可分。也许正是因为其作用的重要性,尺八相关的流派、协会纷繁复杂,支派众多,本部分先做系统梳理,然后集中对主要的三大流派进行分析。

(一)日本尺八流派总述

明暗流:虚竹了円创立。

明暗真法流(渡边鹤山):传承本曲,从渡边鹤山、尾崎真龙传到弟子胜浦正山终断。

宗悦流(近藤宗悦):幕府末期由近藤宗悦兴起的尺八新流派,俗称关西流、明暗宗悦派。与三曲相连,以关西为中心拥有庞大的势力,为众多著名演奏家和之后的尺八发展做出了贡献。近藤宗悦拜尾崎真龙为师,学习明暗真法流,再加上三曲尺八的伴奏,打造了关西外曲的基础。但过于注重三曲与俗曲,忽视了本曲,而未吹奏流传。

松调流(藤田松调):藤田松调是近藤宗悦的弟子,大正初期开创松调流。

竹保流(酒井竹保):酒井竹保是藤田松调门下第一代竹保,其母亲是古筝和三弦的爱好者,对他影响很深。竹保学习过松调流约十首本曲,而后由于抄写外曲没有得到师傅认可,师徒产生误会,竹保在大正六年(1917 年)二月二十日创办竹保流。而后自己重新修改古谱,自创文字谱系统。综合明暗流、都山流,并与现代接轨,注重节奏感,善于与西方乐器合奏。但此时仍旧是松调流的支派。

传承流祖作曲的新本曲同时,也传承明暗流的古典本曲。酒井竹保还向胜浦正山及其弟子源云海学习,习得近六十首明暗流曲目,最后都纳入竹保流,总计传颂曲七十多首,参加表演一百五十四次。1929 年发行《竹保流尺八乐》的半年刊,至 1985 年总计一百零三期。第二代酒井竹保更为活跃,主要在 1964—1977 年间。1984 年初代竹保逝世。1985 年,第二代竹保弟弟酒井松道邮寄给每位竹保流授证成员一份东西,告知接任,希望得到支持,并要求大家填写详细资料的回执,在 1985 年 4 月 15 日寄回,否则除名。其受到许多人反对,这些反对的人后被除名。实际上没有竹保三代,只有第三代宗家酒井松道。竹保流四代目则是酒井松道的儿子酒井竹道,五代目为酒井松道的孙子酒井竜海。福本卓道向第二代酒井竹保学习。

明暗尺八道友会:由竹保流除名的一批初代竹保的徒弟创立。

千笛会(藤由越山):高桥空山在向宫川如山学习的同时,也从胜浦正山、小林紫山等人那里学到了东西。高桥空山的弟子藤由越山主办了千笛会。

西园流(兼友西园):据传,六代名古屋的岩田律园,在从父亲岩田祥园学习西园流的同时,从琴古流的第一代川濑顺辅那里得到了各种各样的援助,还向谷北无竹和浦本浙潮学习。

明暗对山流(樋口对山):西园流兼友西园门下的樋口对山(本名铃木孝道)的流派。樋口对山还向泷川中和(一闲流)、荒木竹翁(琴古流)、尾崎真龙(真法流)等人学习了古典本曲,三十六世看守是对山的弟子小林紫山。昭和三十六年(1961 年),通过向紫山的弟子无竹学习,三十八世看守小泉止山等人设立了明暗导主会,是全国各地的明暗尺八分道场里免许皆传导主。三十九世看守福本闲斋是止山的弟子。四十世看守芳村宗心(明暗忘竹会,现任会长酒井玄心)是紫山弟子明珍宗山的弟子。四十一世看守儿岛一吹是三十七世看守谷北无竹的弟子,也向三十八世看守小泉止山学习。另外,富森虚山是小林紫山的弟子,明珍宗敏是明珍宗山的弟子,小泽一山是小泉止山和儿岛一吹的弟子。高桥吕竹在谷北无竹及其弟子佐藤如风的门下,还向山上月山、后藤桃水、矶让山等学习。

宗谷派(宫川如山):宫川如山最初跟随胜浦正山(真法流)学习,后来进入樋口对山门下,并进一步向长谷川东学学习。谷狂竹是宫川如山的弟子。吹奏孟宗竹三尺六寸管,熊本的西村虚空,是谷狂竹的弟子,也是二世宗家。

明暗露月派(津野田露月):津野田露月向樋口对山、胜浦正山、浦山义山学习并居住在熊本。

九州系博多一朝轩:1624—1643 年,一应(一翁)开山。1951 年,津野田露月等人竭尽全力购买了新房,一朝轩再兴,其女儿光代继承津野田露月的尺八修炼,成为了二十世一光。现在光代的丈夫矶让山继承了二十一世。

古典尺八研究会:樱井无笛从中村掬风那里传承了一朝轩的曲子,从谷北无竹、小林紫山等处也学习到了明暗本曲。门田笛空从入琴古流之后入樱井无笛门下,继承此研究会。

根笹派锦风流(乳井月影):这一尺八流派除了本曲津轻十调之外,还传承外曲三曲,实现了其他地区所没有的独自发展,创造了"口耳相传"「コミ吹き」和"小锯手"「チギリ手」两种独特的技巧。传播过程说法不一,一说为毛内云林(有右卫门茂干、鳗鱼行状)→吉崎八弥好道→伴勇藏健之→乳井月影→永野旭影、津岛孤松、折登如月等;另一说是杰秀看我→栗原荣之助→吉崎八弥好道→伴勇藏健之→乳井月影→永野旭影、津岛孤松、折登如月等。但乳井月影调整了先行曲的形式,影响力较大。

全国古典尺八乐普及会(竹内史光):第一代是川濑顺辅门下的竹内史光,在师傅介绍下,得到谷北无竹传授的对山流本曲,跟折登如月和乳井建道学习了根笹派锦风流,向小山峰啸等学习了越后明暗,又跟大阪的广泽静辉也学习了古典本曲。中部本曲同好会举办了 13 年,但在 2002 年的第 29 次闭幕。

奥州系布袋轩派:仙台布袋轩的流派。最后的住持是十三代看主长谷川东学,他的弟子是小野寺源吉。浦本浙潮(政三郎)(东京慈惠会医科大学教授,日本民谣协会第一任理事长)向小梨锦水和宫川如山等人学习本曲。后藤桃水(被称为日本民谣协会第一代顾问、民谣之父)向小梨锦水和胜浦正山(真法流)学习本曲。

奥州系越后明暗寺派:开山是加贺的武将菅原吉辉,之后的堀田隼人号为的翁文仲。世世代代自称堀田姓,最后的住持是十五代堀田侍川(龙志)。他的弟子斋川梅翁(本名藤本梅吉)将传承曲《三谷(下田三谷、越后三谷)》和《铃慕(下田铃慕、越后铃慕)》,传给了小山峰啸。另外,神保政之助和老师堀田侍川共同作曲的是《奥州三谷》(通称《神保三谷》),传承给浦山义山和引地古山。

明暗苍龙会:冈本竹外的会派。三桥贵风和德山隆曾向冈本竹外学习。

海童道:海童道祖是1911年出生于福冈,独立成为海童道的鼻祖。他追求呼吸法和声音的关系,开拓独自的境界。海童道祖在向中村掬风学习的同时,还交换了浦本浙潮和九州系及奥州系的本曲。

此外,还有奥州系松严轩派、卧龙轩派、莲芳轩派、喜善轩派、伊豆龙源寺派、久留米林棲轩派、长崎正寿轩派、普续轩派等诸多会派。

琴古流(黑泽琴古):黑泽家的继承人到第四代就中断了(第五代放弃继承),之后,以"组成琴古流"或者"继承琴古流的想法"的社中会派的形式一直延续至今。

一闲流(宫地一闲):第一代黑泽琴古的弟子宫地一闲兴起的流派之一,在现代与琴古流再次融合。根据琴古流尺八相传的曲目,宫地一闲一方面从作曲入手,另一方面与第二代琴古合作,致力于谱曲的改良。琴古流中还留有宫地一闲以虚空铃慕为原型改编的《一闲流虚空换手》。

如道会:神如道生于弘前市,是根笹派锦风流的折登如月的弟子。在学习琴古流的同时,为了研究尺八本曲,他在全国进行了数十年的旅行,努力搜集各地流传的本曲,将以普化尺八为中心的尺八古典本曲集大成,形成了自己独特的艺术风格。如道会现在的会主是神如正。

竹盟社:1921年以山口四郎(第一代川濑顺辅的弟子)为中心创立。四郎的五儿子山口五郎于平成四年(1992年)被日本政府认定为"人间国宝",于平成十一年(1999年)逝世。

日本竹道学馆:1928年,日本竹道学馆由第一代兼安洞童(第一代川濑顺辅的孙弟子)作为馆长开设。现在的第三代馆长小野正童是小野正志的弟弟。该派别使用乐谱。

竹友社:竹友社于1952年由第一代川濑顺辅(荒木古童二世的弟子)创立。现在的宗家是第三代川濑顺辅。该派别使用琴古流乐谱。

国际尺八研修馆:国际尺八研修馆于1988年设立,是以横山胜也为馆长的团体。横山胜也在学习了横山篁村、横山兰亩后,师从福田兰憧憬、海童道祖。

直箫流尺八:直箫流尺八的本家是横山胜也和师从第二代酒井竹保学习古典尺八的田岛直士。

琴古流会派美风会：其于1933年由吉田晴风（第一代川濑顺辅门下乌井虚无洞的弟子）门下的佐藤晴美创始。

琴古流会派铃慕会：其由第一代青木铃慕（第一代川濑顺辅的弟子）创始。现在的代表是平成十一年（1999年）日本政府认定的“人间国宝”的第二代青木铃慕。

琴古流会派童子门会：昭和四十二年（1967年）日本政府认定的“人间国宝”纳富寿童（荒木古童三世的弟子，1796逝世）领导的会派。

此外，琴古流会派还有晴风会（吉田晴风）、玉川社、银友会（原为竹友社）、贵风会、日本竹道学馆（第一代兼安洞童）等诸多会派。

都山流：都山流由第一代中尾都山在大阪创立。据说中尾都山学习了祖父寺内大检校的合奏对象近藤宗悦的尺八，自学并掌握了合奏技术，还向近藤宗悦的弟子小森隆吉学习了明暗尺八。都山流在近代的记谱法和作曲理论、重视乐曲性的自作本曲、独自的三曲尺八和新曲、教学法和组织化等方面提出了新的方案，使之成长为尺八界最大的全国流派。但是，初代的儿子二代中尾都山英年早逝后，都山流在第三代袭名之际发生了内讧，从此分裂成了（财）都山流尺八乐会、新都山流、（社）日本尺八联盟三派。

（财）都山流尺八乐会：其于1965年被批准。二代中尾都山的母亲莲袭名三代中尾都山。现宗家的第四代中尾都山是初代都山的孙子。该派别使用出版乐谱。平成十四年（2002年），山本邦山被日本政府认定为“人间国宝”。本曲以流祖及其弟子们作曲的自流为对象。

新都山流：1975年，中尾美都子（二代中尾都山的长女）为宗家，岛原帆山为会长，设立了都山流尺八协会，1979年，改名为都山流日本尺八联盟，1980年更名为新都山流日本尺八联盟，1981年，以宗家中尾都山（美都子）为中心确立了新都山流的体制。中尾美津子也作本曲。

（社）日本尺八联盟：其于1981年结成，岛原帆山担任会长。帆山于昭和五十七年（1982年）被日本政府认定为“人间国宝”，于2001年逝世。除了自流本曲之外，还将包含古典本曲在内的所有风格的尺八乐作为演奏对象。

都山流会派上田流：第一代中尾都山的弟子上田佳山，14岁入门，20岁左右晋升到了流内的最高职位。但是，在没有得到公认的情况下，因为自己创作的新曲公演而受到了批判，1917年破门，独立号为上田芳憧憬。1921年将该派别命名为上田流。现宗家是芳憧憬的长子上田佳道。记谱法和演奏法继承了都山流，除了芳憧憬作曲的新本曲以外，古典本曲也作为该派别演奏对象。

都山流会派洋山流:服部洋山从上田流独立出来创立了洋山流。

都山流会派村治流:村治虚憧憬从上田流独立出来创立了村治流。

都山流会派晃山流:平冢晃山从都山流独立出来创业了晃山流。

尺八本曲东海道联盟:以小原西园为中心,举办超越流派限制的尺八本曲大会,每年3月下旬在名古屋召开。

现代七孔尺八独立系(宫田耕八朗):尺八有两种,划分根据是指孔的数量,分为五孔尺八和七孔尺八。原创的是五孔尺八,有五个指孔,从最低音开始与“Mi So La Si Re Mi”并列。七孔尺八是20世纪中期出现的,一般用于现代音乐。其指孔有七个,从管的最低音(指孔全部堵住的声音)到各调中,与“Mi Fa So La Si de do Re Mi”并列。每个音调对应的乐器长度不同,当然音域也各自不同。七孔尺八由善于抒情的宫田耕八朗开创。

(二)外曲音乐性——琴古流派的尺八

黑泽幸八在自宅外面有两处稽古所,他的儿子雅次郎(三代琴古)在自宅外有一所稽古所教授尺八。

初代黑泽琴古,专门进行尺八的研究,到各地搜集整理尺八曲,得到约三十曲整谱或编曲的尺八曲,加上古代三曲,制定了三十三曲。此三十三曲经过二代琴古传承下去。可以说,这是琴古流本曲三十六曲的基础。并且,初代琴古还对尺八在乐器上进行改良传承。也许现代尺八就是他改良基础上的产物。初期,他没有流派,也没有使用琴古流这一名称。二代琴古的时代,初代琴古的高弟宫地一闲称一闲派,为了区分,琴古流这一名称开始使用。

琴古的传承方式到二代琴古是传给亲生儿子。三代琴古便不是亲生儿子,其弟为四代琴古。但有传四代琴古尺八技能未熟,人品不佳,舍弃了自身的尺八,断绝了琴古的传承方式。实际上,四代时,主要是由三代的高弟久松风阳一直在主持,培养门人。作为幕府直参的武士,曾流传下来他关于尺八的手记《独答问》。从这个手记中可以看出,风阳为了自身的修行继续接受着吹奏尺八的思想,试图让尺八朝着纯音乐的方向发展。所以明治以后,琴古流的方向也由此开始转变。

在风阳弥留之际,将琴古流的后事托付给其高弟吉田一调和荒木古童二人。二人所处的正好是明治维新开始的时代,因而近代琴古流也朝着新时代迈进。

所以,黑泽琴古是竹管琴古流的开山之祖。初代琴古开始做虚空铃慕之曲，黑田美浓守的家臣，通称幸八。

以下为琴古流尺八相传系统。

初代：黑泽幸八，禅眼院弹叟琴古居士（1771 年 4 月 23 日没）。

二代：黑泽幸右卫门改幸八，普闻院言外琴语居士（1811 年 6 月 12 日没）。

三代：黑泽雅次郎改幸八，龙渊院睡翁琴甫居士（1816 年 6 月 23 日没）。

四代：黑泽音次郎改幸八，惠照院春岳琴行居士（1860 年 1 月 15 日没）。

第五代：铁新院义山达道居士（1868 年 1 月 6 日没）。

第六代：寒光院幸游全梦信士（1905 年 12 月 15 日没）。

第七代：黑泽荣太郎。

第八代：黑泽贞一。

此三十五曲后成为琴古流的古典本曲，它们分别是《雾海篪铃慕》《虚空》《真虚灵》《泷落》《秋田菅垣》《转菅坦》《九州铃慕》《志图曲》《京铃慕》《琴三虚灵》《吉野铃慕》《久暮》《界狮子》《打替虚灵》《苇草铃慕》《伊豆铃慕》《恋慕流》《鹤巢笼》《风将雏》《波间铃慕》《曙虚空》《曙恋慕》《曙管垣》《曙狮子》《云井恋慕》《云井虚空》《云井菅垣》《云井狮子》《下野虚灵》《目黑狮子》《吟笼虚空》《佐山菅垣》《下叶》《砧巢笼》《呼返鹿远音》。琴古流的尺八乐曲音乐本体性较强。

昭和四十二年（1967 年）四月，尺八届的纳富寿童被日本政府认定为“人间国宝”。其大正四年（1915 年）入荒木古童的门下，五年后得到寿童的认可。而后的五十年，他致力于传承琴古流的本曲三十五曲，是美妙艺风的代表者，也是琴古流尺八的代表者。

而后，琴古流年长的吉田即将隐退，荒木背负起传承琴古流的责任。他首先是大力主张外曲采谱，当时的外曲以长呗为主。也许是受到先师宗悦流三曲合奏的间接影响，后来，在荒木的推动下，三曲合奏在东京盛行。荒木另外的功绩是，改良乐谱。自由旋律的古典本曲，不一定需要正确的旋律，但合奏时却是必要的。荒木和门人上原六四郎（《俗乐旋律考》的著者）协力创作了“点式记谱法”，即在假名的谱子上做傍点和纵线的旋律标识法。

荒木古童在明治二十九年（1896 年）引退，号竹翁，将古童的名传给亲生儿子真之助。真之助作为三代目古童，从明治末年到昭和初年是琴古流的中心人物。但是，琴古流很难维持像都山流那样明确一本化的流派组织，虽然古童是中心人物，但也不能以琴古流全体家族元老或宗家的身份行使权力。后来，二代目古童竹翁门下有实力的尺八家们便分别创造了团体或社团，或者独立发行乐谱,开始了比较自由的、个人的活动。这样做虽然对乐谱的普及等做出了贡献,但是由于各派并非排他,心里都想琴古流能够统一。

综上,琴古流代表的是日本人对音乐的执着追求和努力。传授尺八技能、改革尺八乐谱、创作乐谱、推广乐谱等都是在为尺八的纯音乐性做努力。

(三)本曲静心性——明暗流派的尺八

樋口对山(1856—1914 年)被认为是明暗尺八复兴的始祖。最初在西园流学习尺八,他搜集整理散失的古典本曲,加上从西园处习得的十一曲,制定出了三十多曲的明暗流本曲。明暗流派注重曲的整体的传承力、注重演奏的技巧,以此来扩大明暗流派的实力。

对山去世后,其弟子小林紫山成为明暗对山流第三十六世看守,小林紫山最大的贡献是将师传的曲子加以整理并将明暗古典本曲谱定型化,确立了明暗寺所传本曲吹奏的基础。

昭和二十四年(1949 年),紫山逝世后,谷北无竹被推荐为明暗对山流三十七世看守,谷北无竹制定了明暗尺八修行的准则,将尺八推向振兴之路。三十八世看守为小泉止山、三十九世看守为福本闲斋。

与琴古流不同,明暗流尺八不吹外曲,只吹本流本曲,是所有流派中最具冥想意味的流派,心系于曲中,一心不乱,强调维持古风。尺八在外形上保持竹材自然内径,只稍做调整,不做补土,保持竹质音色。

但由于对山时期整理的曲目混入了太多他派尺八曲,使得明暗流派的艺风脱离了原本的明暗寺本曲风格,后来演变成本体的明暗流的一派。明暗流由于吸取了他派思想,或者说别的意见和态度,也便有了独立的立场和主张,经过明治,大正,昭和,尺八名家辈出,在东京活跃,形成多流派局面。

但这些明暗流派,除少数例外,大都只演奏尺八的本曲,对于其他类尺八曲的关注度不高,对尺八曲的音乐追求停滞不前,并且几乎不举办演奏活动。这种发展似乎与对山当初的理念和实践背道而驰了。近年来,古典本曲再次受到追捧,外加西洋音乐的作曲家和外国人的关注,明暗各流派在现代尺八乐强烈的影响下,举办各种演奏活动,吸收其他流派思想,向前发展。

(四)改革创新性——都山流与尺八

京都的琴古流在关西特别是大阪,因为宗悦等的外曲的盛行,进入近代形成了诸多流派。其中最大的一个流派便是都山流。

都山流年轻而现代,明治二十九年(1896 年),中尾都山(1876—1956 年)在大阪创始成立，现在的主要聚集点在京都。都山出生在大阪府枚方，母亲三都子从小就和宗悦合奏。都山从小时候开始便耳濡目染，跟母亲学习尺八。

创流后的都山从地歌师匠传承而来，继续手抄采谱尺八，明治三十六年（1903 年）开始创作新尺八独奏曲，而后创作的曲目便称为都山流的本曲。家元制度完成后，除流祖都山的作品以外，都要通过宗家审查后才能制定为本曲。正是因为审查严格，也使得都山流本曲相对风格一致。同时，因为都山精通西洋乐，在乐谱、教法、演奏形式等方面都加入了独特的新形式，展示出都山流的真功夫和苦功夫。

明治末年到大正初年，家元制度更加完备。与旧家元制度相比，增设了新方式的免许职业资格制度及录用考试制度。为了避免流派制度私物化，流派制度不是由一个财团负责，而是采取合议制，由评议员、参事等人一起进行运营，最后宗家做整体监督。此时的家元制度很规范，也使都山流走向了正统。因为都山流的制度跟君主立宪制度有相似的地方，甚至有人称其为“都山流王国”。后来许多有组织的邦乐界制定社中制度的时候，都以都山流制度为范本。

都山流之所以年轻，不仅是指它在演奏形式、本曲、思想、制度方面的创新，也是因为充满活力的都山流在全国举办普及演奏活动。首先，它在全国的年轻群体中赢得人气，以关西为中心进行普及，势头惊人。都山在明治三十六年（1903 年）以《慷月调》为原本，在此古典的尺八曲子上进行创作，从而有了新的都山流本曲。大正十一年（1922 年）都山移居到东京，提携当时人气正在上升中的筝曲届的天才宫城道雄，然后进行全国性的宣传，终使都山流与琴古流在尺八界平分秋色。二人的努力将“新日本音乐”推向了繁盛时期，那是一个让尺八蓬勃发展的最佳时代，都山流发展的绝佳时机。外加借助各种尺八的演奏会和技法等讲座与课堂的举办的契机，久本玄智、齐藤松声、中村双叶、山川园松这些音乐人都在这个时期创作出作品，向世人推广都山流的尺八。

都山流虽然在全国普及，但因为都山是关西人，宗家在京都，所以关西仍然是最强阵地。曲目方面，以都山流本曲为根本，三曲合奏的比重也很大，由于注入新形式，因此新尺八乐、新邦乐在现代邦乐中活跃。而后，都山流也是彻底地音乐化了。

都山流最大的特点就是开创了尺八的三曲合奏，创作了合奏曲式的本曲，并且提高了三曲合奏中尺八的地位。之前的尺八都是独奏，这种创新实际拓展了尺八的功能，也体现了尺八的包容性。并且，都山流还大胆地吸收了西洋音乐的技法，记谱也变成五线谱，音乐开始有节拍，这些都体现了尺八的现代性。

昭和二十八年(1953 年)都山荣获了日本艺术院奖,这是对他本人对于尺八届贡献的认可和肯定。

昭和四十年(1965 年)(财)都山流尺八乐会在大阪成立,此团体以传承都山流尺八、普及和振兴都山流尺八为己任,并有志于日本音乐文化的振兴与发展,成立了财团法人,将流派全体法人化。平成二十三年(2011 年),“公益财团法人都山流尺八乐会”正式确立,更进一步地推进了公益事业。

尺八的推进实际上既艰难又充满苦难,正像其奏出的哀美的曲子一样。中尾都山、野村景久、福田兰童、藤田铃朗都曾遭受非议,被视为异端之人。他们在艰难中推进尺八,町田嘉章曾被迫害,宫城道雄也一直过着贫苦的生活。

岛原重藏(1901 年 9 月 16 日生,艺名岛原帆山)是初代中卫都山的门人,继承了师傅的艺风,专心将都山流本曲六十二曲全部传承下来,并在音量和技法上进行改良,使其吹奏的声韵更为厚重,确立了流利的艺风。岛原先生曾经说过,他不支持做尺八,理由是老师做一个尺八卖出去的话,一管就 50 日元,教一个月学费也才 3 日元,如果动不动就想做尺八赚钱,那样的话吹尺八的技能就会比较疏忽,所以不要总想着做尺八。

后来从都山流又分出上田流、晃山流等。最有影响的是上田流。

综上,日本尺八的流派的确纷繁复杂,有的流派的师徒、父子正统沿袭,有的通过流派间交流学习后自成一家,有的为区分某个流派而专门设立流派,有的因流派中断或无法继续下去转成会派等,最终形多分支、多交叉、多专断、多流派的局面。在日本家元制度影响下,尺八流派传承者们继续坚持。虽然流派间对尺八传承本身的封闭性限制了尺八普及推广的速度及范围,但也正因为这种尺八流派的影响,每个流派将传承作为使命与责任,用尽全力钻研吹奏技艺、制作工艺、创作曲谱等,将尺八演变成日本重要的民族乐器之一。可以说,尺八流派是日本尺八传承史中最为坚固的中流砥柱。

(五)尺八民间流派简述

早在镰仓、室町时代,田乐和猿乐等庶民音乐就开始用尺八吹奏。

1964 年,横山胜也、青木静夫、山本邦山三人结成尺八三本会,三人吹奏尺八极有个性,而且拓展了尺八的空间。

通过这些民间行为可以看出,其实当时尺八已经在普及和发展中。尺八在民间的发展,也对本来的尺八曲在音乐性方面有一定的影响。尺八走入日本民间主要源于为民谣伴奏,尤其是民谣中的追分,还有山歌、船歌都专用尺八伴奏。

一直以来,尺八似乎是男性的专属,但在尺八传承的过程中,也有女性吹奏的记载。延亨二年(1745 年),日本江岛其碛有一部书《贤女心化妆》,里面就写到妇人吹奏尺八修行。此书记载女性开始练习尺八的真实情况是,女子们也突然间喜欢练习尺八,将袖子染成灰色,看着像很厚的摺钵一样的斗笠。

讨论吹奏尺八的女性,首先是指女性化的尺八吹奏者,在歌舞伎中较为常见。而后便是真正的女性吹奏尺八。

江户时代,民间吹奏尺八盛行,女性吹奏尺八自然也是正常的事情。中塚竹禅《女流尺八家》(《三曲》1933. 4)对此有所记载。1871 年,竹禅在《尺八名家恳望入记》中,记录了九位女性尺八家。更多的女性吹奏尺八的现象体现的是对自由的追求。现代有一个更优秀的女性尺八家,津野田露月。1951 年,津野田露月重新购房,再兴一朝轩,其女儿光代,吹奏尺八,成为九州系博多一朝轩第二十世一光,尺八的音色强而有力。

现代女性尺八演奏者有金子朋沐枝、松下春山、长须与佳、和歌山县出身的尺八演奏者辻本好美等。后来,东京艺术大学同学们共同组合了乐器小组,由辻本好美、松冈幸纪、柴香山、中岛丽五人组成。

外国也涌现出女性尺八吹奏者,美国的伊丽莎白・贝尼特、法布莱克、南茜、伊丽莎白・布朗、辛西亚、富江、劳伦;英国的奇库、斯蒂芬妮;澳洲的布朗温、安妮;法国的维多妮卡等。但这些女性其实大多是在日本出生,或是留日读书,师从日本尺八流派的名师学习尺八,因此尺八吹奏法仍旧是日式的。

女性在尺八史中虽然不能说起到关键作用,但其增添了吹奏尺八的韵味;家族沿袭的女性尺八演奏家也为尺八的传承做出了贡献;年轻一代日本女孩,能够将邦乐尺八与现代形式、时尚相结合,带给受众现代性的感受,也加深了年轻人对尺八的认识。

尺八本是宫廷乐器,其对吹奏场所和吹奏者身份甚至性别都是有严格的等级限定的,但任何美好的事物,必然会吸引人们去努力追逐。尺八走入民间,甚至被女性所吹奏是因历史的偶然性成就了历史的必然性,这种必然性也使得尺八更好地演变和传承。

回望尺八的传承史,从日本各时期的尺八特征及文化表征到与尺八传承相关的人物、流派的触碰与分析,实感是一部奇特的尺八命运史。传说多于史料,甚至发生和发展的许多记载更是带有一分故事性,我们需要在同时代的诗歌、画作、雕像等艺术作品中找寻和证明尺八的存在,这又为尺八增添了一份魅力。

每个时代都有人乐此不疲地传承尺八,无论是独奏还是合奏,无论是本曲还是外曲,无论如何演变,尺八的性格不会改变,其承载的精神便会一直延续,这才是尺八文化的本质特征,才能体现其承载的中国思想文化。

第四章　尺八文化的社会功能：文学中的“柔”与“刚”

第一节　中国文学中的尺八意象

尺八在中国文学中不算活跃，却以独有的形象散见在诸多文学作品里，以诗歌和小说为主，在文学的世界奏响了人间的喜怒哀乐，象征着世间生灵万象。尺八在文学作品中展现的性格特征，仿佛是人的思想与器物的结合，尺八与心境结合，更能展现尺八的“柔性”。

一、唐代小说赋予尺八神秘感

尺八在中国文学作品中出现的次数远少于日本，功能也主要集中在抒发豪放斗志和表述愁思。关于尺八的文学作品，唐代小说贡献最大。因尺八在唐代盛行，所以小说中出现尺八不足为奇。但是，尺八没有在唐代小说中成为主角，多以为了丰富和衬托主人公形象，或者为了叙事而出现。

笔者参考《景印文渊阁四库全书》，查找到多部关于尺八的作品。唐《逸史》中有这样一段记载：“开元末一狂僧住洛南回向寺，一老僧令于空房内取尺八来，乃笛也。谓曰：‘……以爱吹尺八，谪在人间。（此何罪?）此常吹者也。今限已满，即却归矣。’明日遣就坐斋，斋讫，曰：‘汝当回，可将此玉尺八付与汝主。’……乃持手中尺八进于玄宗，及召见，具述本末。玄宗大感悦，持尺八吹，宛是先所御者。”作者借用唐玄宗的一次梦境描述，更像是对历史的一次解说，表明当时人们对尺八的喜爱，更暗示唐玄宗因喜吹奏尺八而被贬入人间，此举又为尺八增添了一分否定色彩。小说以尺八为关键器物，为叙事服务而非展现尺八，但尺八神秘的属性却可窥见。唐天宝年间，安禄山谋反，迫使唐明皇逃至马嵬坡时,取长笛吹新制乐曲,取名为《谪仙怨》[1],这里更是将长笛(或尺八)与悲情紧密相连。另外,晚唐文人高测善于吹奏长笛[2],后蜀翰林学士欧阳炯亦善长笛[3],这里的长笛有可能是我们所说的尺八。孙夷中撰《仙隐传》"房介然善吹竹笛,名曰尺八。将死,预将管打破,告诸人曰:'可以同将就圹。'亦谓此云。尺八之为乐名,今不复有。"这样描述的尺八为唐代增添了几分不可言表的魅力,不仅彰显了唐代文风,也展现了尺八本身的神秘气质。

此外,在唐及五代时期一些笔记小说和诗歌等中也有描绘或歌咏尺八的作品。唐代张文成所撰小说《游仙窟》中"五嫂咏筝,儿咏尺八",这里的尺八和筝在唐代已经一同出现。《摭言》:"唐卢肇为歙州刺史,会客于江亭,请目前取一事为酒令,尾有乐器之名。肇令曰:'远望渔舟,不阔尺八。'有姚岩杰者,饮酒一器,凭栏呕哕,须臾即席,还令曰:'凭栏一吐,已觉空喉(箜篌)'。"吟诗作对中出现的尺八,仍是作为乐器本身被描摹。唐末五代时期的闽地也同样流传着尺八这件乐器,"众吹尺八,击玉磬,相和而歌"。唐代文学中的尺八,除小说之外,其他形式仍以乐器尺八的描述居多,辅助叙事,渲染文学艺术性。

二、宋元突显尺八乐器特色

到了宋代和元代,尺八在文学中的角色变得更为豪放,文学家们开始关注尺八的苍凉音色与坚硬的外形,借此表达思乡、孤寂、哀愁、愤怒、洒脱等情绪。其中渗透着一丝"隐"或"避"的意味,仿佛宋代尺八与箫、笛在记载上被模糊一般,尺八自身也开始了隐逸生涯。

北宋释德洪曾有一首《谒蔡州颜鲁公祠堂》诗:"开元天宝政多暇,孽臣奸骄浊清化。尺八横吹入醉乡,国柄倒持与人把。"开篇便借用尺八的横吹来批判倒反天罡"国柄倒持"之人,使得吹奏尺八有"玩物丧志"之感。

宋代葛胜仲《水调歌头》:"下濑惊船驶,挥尘恐尊空。谁吹尺八寥亮,嚼徵

---

① 齐豫生,夏于全:《白话四库全书 集部 第4卷》.长春:北方妇女儿童出版社,2006:27."天宝十五载正月,安禄山反,陷没洛阳。王师败绩,关门不守。车驾幸蜀,途次马嵬驿,六军不发,赐贵妃自尽,然后驾发行。次骆谷,上登高下马望秦川,遥辞陵庙,再拜,呜咽流涕,左右皆泣。谓力士曰:'吾听九龄之言,不到于此。'乃命中使往韶州。以太牢祭之。因上马索长笛,吹笛,曲成,潸然流涕,伫立久之。时有司旋录成谱,及銮驾至成都,乃进此谱,请名曲。旁谓:'吾因思九龄,亦别有意,可名此曲为《谪仙怨》。'其旨属马嵬之事。"

② 孙兴宪:《北梦琐言》,林青,贺军平校注,西安:三秦出版社,2003:97."唐高测,彭州人,聪明博识,文翰纵横,至于天文历数、琴棋书画、长笛胡琴,率皆精巧,乃梁朝朱异之流。"

③ 程敏政:《宋纪》,济南:齐鲁书社,1996:82."炯性坦率,无检束,雅喜长笛。"

更含宫。坐爱金波潋滟，影落蒲萄涨绿，夜漏尽移铜。回棹携红袖，一水带香浓。”南宋刘辰翁《孤舟蓑笠翁》“……举世一渔翁，大雪三千界，轻舠尺八空，无衣寒独速，皓首败天公……”元代王逢的《题毕天池道士太霞楼》“毕卓太霞楼，霜晴锦树稠，天光开日观，海色动昆丘，织女机横夜，仙人坐对秋，时将玉尺八，醉拥翠云裘。”南宋白玉蟾《易水辞》：“天为燕丹畜赵高，风鸣易水止荆轲。不令刘季身秦怨，却速吴陈此水过。秦王环柱剑光急，尺八匕首手死执。伊独徙木信市人，殿下钤奴嬴得立。”这些诗人的诗作，虽然所咏诵的尺八，并没有对外形的描述，读者也无从推断样式特征，但从葛胜仲《水调歌头》“谁吹尺八寥亮”的行笔来看，似乎应该是外削斜切式吹口的乐器才可能具有的“寥亮高亢”的音色特点。“嚼徵更含宫”，葛胜仲所听到的吹奏之曲应当为徵调式，同时更体现出尺八作为乐器的特殊性就在于音色之神秘，听之犹如步入仙境。

元末明初书法家杨维桢《易水歌》：“风潇潇，易水波，高冠送客白峨峨。马嘶燕都夜生角，壮士悲歌刀拔削。徐娘匕，尺八铦，函中目光射匕尖。先生地下汗如雨，匕机一失中铜柱。”将如匕首般锋利的尺八与壮士悲歌的情绪融为一体。《谢吕敬夫红牙管歌》载：“铁心道人吹铁笛，大雷怒裂龙门石。沧江一夜风雨湍，水族千头啸悲激。楼头阿泰聚双蛾，手持紫檀不敢歌。吕家律吕惨不和，换以红牙尺八之冰柯。”借尺八外形特点表达悲壮情绪。尺八作为乐器的独特音色与外形被宋元作家呈现在作品里。

三、明清尺八意象多样

明朝还初道人在《菜根谭》的尺八曲谱中提到：“素琴无弦而常调，短笛无腔而自适。纵难超越羲皇，亦可匹俦嵇阮。”王世贞《十五夜梦中作》：“落日长穿虎豹群，鷫鹈初淬五星文。羞言尺八专诸铁，不挂徐卿墓上云。”清代查慎行《初夏园居十二绝句》：“人言瘦地差宜竹，邻舍曾分一本栽。尺八梢沟拦不断，狂鞭搀过菜畦来。”以上这些诗句，多在用尺八表达豪情壮志。

相反，寄柔情于尺八时，就会略带忧愁。如明代袁华《游仙词》：“坐骑赤鲤挟琴高，璘玉新治小并桃。笑指积金峰下路，醉吹尺八听松涛。”明末清初，彭孙贻《陌上》：“杨花如茧碧三缫，陌上晴香滴酒槽。疏笛卷帘吹尺八，远钟亭午点蒲牢。春虫网字同香篆，沙鸭呼名舞浪淘。莫打流莺惜金弹，柘弓小样绣乌号。”清末文学家张景祁《罗敷媚》：“旗亭旧梦空留迹，髯也飘萧。鬟也娇娆。八尺风漪尺八箫。豪情我亦龙川亚。一领青袍。一曲红幺。肠断松陵十四桥。”赵庆熹《忆江南》：“春楼梦，半晌晚匀妆。尺八箫儿新按曲，初三月子夜烧香。约略记昏黄。”诗人们借用尺八述说思乡、思情、思愁。

借尺八表达略带反讽意味的忧国忧民。如明代朱诚泳所作《明皇击节图》一诗:“醉倚梧桐击节时,翠盘妃子舞衣垂。渔阳莫怪胡尘起,梦里曾将尺八吹。”其明显延续了宋代的特点,大多托物言志。当然,尺八在修身养性方面的功能言论一直未曾缺席。清末诗人易顺鼎有《水调歌头》云:“可惜江山千古,输与红箫尺八,不付劫灰沉。”杨芳灿《洞山歌・天然黠艳》:“天然黠艳,是薰香佳侠。放诞卿还用卿法。正落梅妆罢、堕马梳成,同心带,双绾红绡尺八。鸳鸯生怕捉,隔著芙蓉,未许相亲便相狎。讔语故嘲伊、浅笑佯嗔,腮涡畔、江朝一霎。”这里的尺八虽有负面的象征意味,但仍能从中看到尺八的抒情性。

明清诗歌中的尺八意象更为多样,由仙性、豪情、悲情、讽刺等多重情感因素综合而形成的一种莫名的惆怅充斥在诗歌作品中。

四、近现代诗人借音抒情

近代最有名的关于尺八的作家是苏曼殊和卞之琳等。在苏曼殊(1884—1918 年)的诗作中,《本事诗》十首中的第九首堪称佳作,“春雨楼头尺八箫,何时归看浙江潮?芒鞋破钵无人识,踏过樱花第几桥?”《本事诗》十首是 1909 年上半年苏曼殊居日本时的作品,在 1910 年 12 月出版的《南社》第三辑中发表,其中第九首很特别地在《南社》第一辑中刊登,题名为《有赠》。后来分别刊登在《民国》第一号及《燕子龛随笔》,题名为《春雨》。多次刊登,又改为以《春雨》为题,不仅说明诗歌被作者本人视为最佳作品,也说明诗歌得到了受众的认可和肯定。相比而言,苏曼殊的尺八诗与日本人以尺八表达内心思绪的作品相比,不仅多了一分思乡之情,更多了一分人情味,更细腻更真实。就好像在苏曼殊《过若松町有感示仲兄》这首诗中虽未提及尺八,但诗中“行云流水一孤僧”之句,与吹奏尺八的心境想通,“契阔死生君莫问,行云流水一孤僧。无端狂笑无端哭,纵有欢肠已似冰”。

卞之琳(1910—2000 年)在散文《尺八夜》中借用尺八表达了自己在异乡的思念之情,曾说尺八“像自鉴于历史的风尘满面的镜子”[①]。再如,1935 年卞之琳的《尺八》:“像候鸟衔来了异方的种子,三桅船载来了一枝尺八。尺八乃成了三岛的花草。(为什么霓虹灯的万花间还飘着一缕凄凉的古香?)归去也,归

① 卞之琳:《卞之琳文集》(中),合肥:安徽教育出版社,2002:10.

去也,归去也—— 海西人想带回失去的悲哀吗?”[①]这里的尺八看尽人间冷暖沧桑,凝练成一根含香的竹管,道尽悲凉。作者带着尺八穿越古今,借着尺八跨越国界,述说哀愁。

沈尹默《浣溪沙》:“寒夜羁旅行中,听邻人吹尺八、弹琴,尽成幽怨之音矣,赋此寄意。户外轻霜暗湿衣。檐前新月又如眉。心事万重云万里,夜寒时。尺八吹成长笛怨,七弦弹作两情悲。多少栖鸦栖不定,尽南飞。”王易《丹凤吟·月夜闻笛》:“坐听更声初转,月影穿帘,龙吟何处。琅玕尺八,唤动客愁如许。仙人汉上,记曾一麾,黄鹤楼前,落梅无数。古调如今杳矣,任是重翻,犹恐清韵非故。”诗人们延续借尺八抒发情感的方式,表达愁苦的情绪。

陈喜儒在《严文井命我写汉俳》中提到严文井的一首诗:“有风无风,有月无梦,尺八万里朦胧。有歌无歌,有琴无剑,欲舞徒乎奈何。”[②]现代诗人寄托朦胧情感都善用尺八。

综上,尺八在中国文学中的意象充满柔性,是神秘而悲伤的象征。但有时也是柔中带刚,略带豪情。尺八虽不如箫、琴等在文学史上地位重要,但也不可忽视其研究价值。

第二节　中国思想对日本文学的影响

中国思想对日本古典文学的影响研究较为成熟丰厚。尤其是中国思想对《古事记》《日本书纪》《万叶集》《蜻蛉日记》《平家物语》《方丈记》《徒然草》《源氏物语》等日本古典名著的影响研究也受到日本学者的重视。研究最多的是从日本古代文学到近现代文学的作家作品受无常观、隐逸思想的影响。

2011 年,中国社会科学院日本研究所以“30 年来中国的日本研究”为中心组织研讨,谭晶华做了报告——《新时代的中国日本文学研究》,指出 30 年来,中国对日本文学的研究,在对日本文学的翻译、评介和对日本作家、作品、日本文学史等方面方兴未艾,渐入佳境。2012 年,中国人民大学外国语学院举办了“中国题材的日本文学研究”学术会议,讨论了“日本近世与近代的文学艺术创作与中国人形象”,掀起了国内外研究日本文学中的中国形象、中国思想的热潮。2015 年,王向远也做过国内学者关于日本文学研究的综述,其中不乏分析

① 卞之琳:《卞之琳诗选》,武汉:长江文艺出版社,2003:67.

② 陈喜儒:《严文井命我写汉俳》,《光明日报》,2014-09-26(16).

中国思想对日本文学影响的佳作。近年来,日本文学作品里多了一层回归自然、反思的思想,更吸引学界探讨其背后的缘由。

为了挖掘中国思想对日本近现代作家作品的影响,学者们进行了深入研究。其中,以对宫泽贤治和川端康成的研究为多。也有学者对水上勉作品中渗透的中国思想进行研究,柳田圣山曾在《水上文学和佛教》一文中说,水上文学和中国思想有关系的作品,从《雁寺》开始到《一休》达到了一个最高点。但是,对于中国思想对水上文学的影响研究,至多也是只言片语地提及笔者曾在日本发表论文,探讨过中国思想对水上勉作品虚实相生的创作手法及落叶归根的人生思考与选择的影响。但是,从中国思想对水上文学的女性形象塑造、人物命运安排、思想行为的影响这一角度进行的研究,还有较大的空间。

除以上日本作家外,夏目漱石、中岛敦、谷崎润一郎、芥川龙之介、三岛由纪夫、井上靖、佐藤春夫、宫本辉、玄侑宗久、立松和平、京极夏彦等的作品,都或多或少带有中国思想影响的痕迹。对于这些作家的作品,从中国思想角度的研究有待于学界补足。

第三节　日本小说中的尺八意象

日本文学中对于尺八的描写与中国文学相比较为丰富且繁杂,自然也与中国思想密不可分。本节将从文学角度进行宏观梳理,再从小说进行微观探讨。如果说中国文学中的尺八意象是“柔中带刚”,日本文学中的尺八意象则是“刚柔并济”,表达更为含蓄与抽象。

一、日本文学中“尺八”的物象转义

作家站在自身的视角与立场,用思想、历史、文学、诗歌记录一个时代与世代。历史上有太安万侣的《古事记》,尺八史上有山本守秀的《虚铎传记国字解》。虽然诸多研究者认为《虚铎传记国字解》史实的价值有所欠缺,但也不可否认该书的内容的确是珍贵的记录,略带文学气质。诗歌中,室町时代一休宗纯在《狂云集》中吟诵的众多尺八诗是古今的名作,也是尺八史中珍贵的记录。同时,尺八相关的文学作品也多次被改编成电影,在 1980 年戛纳电影节上获得最高奖的黑泽导演的《影武者》,就是以冈田甫的著作《川柳东海道》中的主人公野田城的故事为题材。这部作品的音乐本是用村松芳林的尺八配乐,但在电影中用笛子替代了。月夜的战场,如果吹奏原本的尺八,也许影片的艺术格调

会更与众不同。

当然，尺八能够在日本峰回路转得以传承有其根本的必然性。文学肩负反映生活、展现生活、揭示生活的使命，在历史的转变中，文学作品必然会展现出日本人思想的流动性。尺八也自然在思想的渗透中，成为了一个重要符号，无论在音符、意符还是形符上都被赋予了独特的意蕴。

论及中国思想对日本文学的影响，首先要谈及五山文学和俳句。五山文学完全是宋元诗歌文学，拒绝了日本式的文风，更贴近诗歌本体形态。借用铃木大拙的一句话：“要了解日本人，就必须理解俳句；要理解俳句，就应体验中国思想的‘悟’。”其实不止俳句，日本的小歌、小说、诗歌都在述说日本人的思想，也同样需要用中国思想去解读。日本人接受中国思想主要表现在全民性及艺术性两个方面。日本文学中的尺八，在文学史中也是一名常客。

梳理日本文学中关于尺八的描绘，从明治到大正再到昭和、平安时代，在近现代文学中也形成了一个流变和传承。而通过文学中关于尺八的描绘，也能窥见中国思想对日本文学的影响，以及深度和广度。

（一）古典：与小歌相伴

早在 712 年太安万侣的野史《古事记》中便出现尺八记录。日本中世后期的民谣盛行“小歌”，《宗长日记》《闲吟集》《宗安小歌集》以及高三隆达搜集的《隆达小歌》里都记载了许多尺八的小歌及尺八的伴奏，可见中世的小歌与尺八的关系甚密。

根据宗长作品所述，宗长从京都泛舟游玩，船上的人们敲着船边，吹着尺八与笛子，和着当时流行的小歌。这是战国时期的真实写照，宗长的这些小歌，六年后做成了《闲吟集》。连歌师宗长将当时的小歌与伴奏的乐器尺八、笛子以及人们享受此景记录下来。

《闲吟集》搜集了小歌、田乐、猿乐、早歌等三百一十一首。分为“春”“夏”“秋”“冬”“恋”五个部分，充满自然趣味。其中的尺八寄托了古人的哀愁。

美豆的御牧、八幡山、木津河久别重逢，水宽广如湖水。从京都而来的人们，敲打着船边、吹着尺八与笛，宇治的川濑的水车转着尘世等流行的小歌，乘兴而来。岸边卯花汀的杜若也开了，真是有趣啊。

在《闲吟集》用假名写的序言中有：在远望富士山的庵中，大雪皑皑，一个思绪万千吹着尺八的孤寂者，思念过往，感受时间有如白驹过隙。由此可以判断编著者是一个尺八与琴的爱好者。

《闲吟集》所收的田乐中有:携带尺八,有如拂袖,走入田间,松风徐徐、鲜花饰梦,尺八,总是能够抚慰你的心灵。

在尺八的变迁中,隆达小歌的合奏也是重要的证明。大永七年(1527 年),高三隆达出现在一个药种商之家,天正到庆长年间(1573—1611 年)作小歌,后其作小歌称为隆达小歌,流行一时。庆长四年(1599 年),隆达受丰臣秀赖之命,献上小歌百首。据说当时三味线还未盛行,所以隆达小歌主要用一节切尺八合奏。这也为江户时代尺八得以普及和盛行起到推动作用。如在《隆达小歌》中已经把尺八与人的情感联系起来,并且证明那时候吹奏的是一节切尺八。还有据考证,《紫式部日记》中也描写过在笛子声中,到处都是年轻人断断续续的争吵声等。这些笛子的音很可能指的也是尺八音。

《世阿弥十六部集》讲述在演奏音曲时,有将尺八放入袖口里的习惯。能舞蹈《序舞》中这样描述,桂三手里提着尺八的袋子害羞地笑着回应如果有时间,今天请带着尺八来“竹生岛”见面等描述。通过这些描述可以看出,尺八在同时代的小说中并不陌生,作家们也非故意描摹,因为尺八本来就渗透在市井生活里。

据考证,《紫式部日记》中的笛子的音,还有《源氏物语》中尺八与笛子,少纳言藤原通宪著的《信西入道古乐图》中多次描述的尺八,菅原为长著的《十训抄》中描写的胡人吹奏尺八和琵琶,伴蒿蹊《闲田耕笔》记载的吹奏尺八等应该都是一节切尺八。在日本古典文学中,尺八与小歌相伴走入皇族中,而后也散见在多部作家作品中,寄情胜于表达喜爱。

(二)江户—明治时代:侠义下的故事化

日本文学从近世文学到近代文学的进程,正处于日本江户(1603—1868 年)至明治时代(1868—1912 年),文学中的尺八也从古典的哀愁变得更具故事化,充满侠义精神。

谈到侠义,充分展现这段历史中关于尺八的故事当属《仙石骚动记》。根据《见闻集》记载,“仙石骚动”是关于继承家业的事件。马国出石藩主美浓守病死时没有合适的继承人。作为正统继承人,美浓主的弟弟之子道之助当时只有 4 岁。美浓守家中有一位叫仙石左京的家老想把自己的 10 岁儿子小太郎过继为养子,以此来继承家业,这是事件的开端。于是,左京与亡殿的后室私通,毒死道之助。后室的父亲是幕府的重臣酒井雅乐头。这时神谷转知道了仙石的阴谋,并拿到了作为证据的信件等。为了避免危险,他四处躲藏,最后寄身于他处,暗中窥探情况。左京也没有放弃寻找神谷转,想通过幕府町奉行的手将其逮捕。但经过调查,左京阴谋败露,铃之森坐牢,神谷转被无罪释放,成为一个吹奏尺八的家老。关于这个故事,西山松之助的《家元的研究》、南条范夫的《如梦如幻》、海音寺潮五郎的《仙石骚动》等也从不同角度有所记载。而后默阿弥以“蝶三升扇加贺骨”(歌舞伎·净琉璃的外题)作为脚本改编成歌舞伎在舞台上上演,竹紫其水则创作了《千石船帆影白浜》。那时在新富座汇聚了九代目团十郎,五代目菊五郎,市川左团次,所谓团、菊、左等名演员,他们多以狂言的形式演出。尺八与英雄角色相配合,不仅赋予英雄以时代的特征,也是将侠义通过尺八展现出来。

历史上还有一个人物深受作家的喜爱,他便是酷爱尺八的平井权八。除了并木五瓶的《思花街容性》《平井权八吉原衢》外,诸多作品都描写过平井权八。平井权八是岛取藩松平相模守的家臣平井左卫门之子,武艺卓越,但性情粗暴,因将令父亲丢脸的对手打死而逃到江户。他曾做足轻、奉公,在武家宅邸中四处游荡,与吉原三浦屋的妓女小紫相识。而后常因金钱而苦恼,常做如盗抢等坏事,被幕吏追赶。而后无奈下权八逃到大阪,但因生病决定自首,后被押送回江户。途中,他想到如果就这样就见不到小紫了。权八无论如何都想再见一次小紫,于是破轿而出逃入江户,秘密地见到小紫并做了最后的诀别,再次去自首。小紫得知权八被处决的消息悲痛欲绝,来到他的坟墓前自杀。小紫虽是妓女却有着纯爱的形象,受到世人的好评,被写入戏剧里,后人还为两人建比翼冢,保存至今。

可以说,在江户、明治文学的世界里,侠士的人气不可估量,甚至许多作家开始描写女主人公的戏剧,为了更好地展现人物的侠义,配有尺八。《彦山权现誓助剑》中描写了毛谷村六助的未婚妻阿园,被其父母和姐姐杀害,变成了侠客的样子去报仇的故事。阿园虽然是女人,却是具有高超武艺的女强人。她来到了毛谷村,却被怪物包围暴打。阿园拿着尺八惩戒并赶走了怪物。看着这一幕的毛谷村六助并不知道此人是女人,更不知道还是自己的未婚妻。后来阿园知道了六助的身世,突然变成了一个害羞的女人,并合力报仇。从这部戏剧以后,后期浮世绘里也开始出现尺八与女人的作品。

尺八与侠士相关的作品更多出现在 1871 年以后,其作品大多出自剧作家之手。德川时代近三百年,虽然有着优秀的江户文学,但主要以故事性的作品为主。进入近代后的大正年间,冈本绮堂的创作仍是以平井权八和仙石骚动为主题。在江户末期,护士空月帮助隐藏被父亲仇视的青年。追来的青年藩士们逼着空月把青年交给他们,但空月没有交出青年,反而威胁他们。空月不仅以此谋利,还经常以破坏《掟书》为理由威胁在街市拿着尺八的人。后来青年们看清了空月的真面目,打算反抗出逃。空月在与其争斗时被手持尺八的人杀死。这些作品虽然故事情节上乏味,但却真实反映了社会现实。与此同时也可看出,尺八随身的情况在当时也是极为常见的,尺八已经被当时的日本赋予了侠士之内涵。

1871 年以后,尺八作为乐器走入民间,百姓也可以自由吹奏。在文学里,与尺八相关的作品也扩展到自然、社会、人性等多层面。明治文学初期,以尺八为题材的小说杰作是尾崎红叶门的杰出人才小栗风叶的作品。他以《恋慕流》(1900 年)登上文坛。日本文学史中称那些以社会贫困为背景创作的作家为文人,而自身经济又贫穷的作家称三文文人。这些文人追求真理,描写世态、热恋,多创作私小说。《恋慕流》便是描写了主人公堕落为"流"的社会底层,与一些落伍者的悲惨生活。小说同时也是以尺八本曲《恋慕流》为伴奏的三百多页爱情题材的长篇小说,其实被拯救的"恋慕流"的原型来自森鸥外的《埋木》。1920 年,田中荣三还将其拍成了电影。在这时的作品中,尺八渐渐从次要配角变成主要配角,应该是因为尺八独特的音色与多重的身份,作品有尺八的加入,便会增添历史感、厚重感、神秘感、孤寂感。

1905 年夏目漱石的《一夜》出版,故事讲述两男一女投宿在一处,进行了一次如梦幻般的深夜交谈。作家同样选择尺八来营造气氛。1912 年夏目漱石的《行人》同样如此,故事以主人公的独白进行,主人公去医院探望老朋友三泽,作者用尺八渲染医院的气氛。三泽从护士那里听到了医院的助手 A 的话。这位 A 先生是喜欢在夜晚闲暇时吹奏尺八的年轻男子。他独自一人在医院里过夜,房间和三泽一样在三楼的角落里。平时总能看见他在走廊走来走去,但最近没露面,大家都在猜想到底发生了什么事。故事本身略带悬疑,外加尺八独有音色的伴奏,使整部作品呈现出神秘的视听效果,读者在通感中产生既视感。

之后登场的便是永井荷风,自身喜欢吹奏尺八。母亲是名古屋人,擅长弹琴和歌舞。荷风于 1954 年进入荒木竹翁的高弟福城可童门下学习尺八。他为了提高技艺,坚持在杵屋胜四郎那里练习,后还与母亲同台演出。父亲担心其将来发展,为了培养其经济独立,让他去美国留学。25 岁的时候,荷风在留学前写过两篇随笔,其中之一便是《三谷萱垣》,主要讲述平井权八被判"折骨"之刑,折断手指,吹奏过尺八名曲。为此,三谷萱垣也曾代入平井权八,尝试着堵住五孔发出一个吹不出来的 RO 音。虽然不知道这首名曲是否是平井权八作曲，但是这首曲子没有RO音，主要是RI音，含有无尽的悲凉与秋意。另一篇随笔是《琴古流尺八》，主要讲述琴古流从古童竹翁开始的发展史。1966年，荷风从美国回日，创刊《三田文学》，并以尺八和三味线为题材写了一篇题为《乐器》的随笔，将乐器视为恋人般重要。虽然这种关系难以描摹，但却能抚慰焦躁的人心……陈旧的书房的壁龛里，总是落满灰尘，放着一支三味线和一管尺八，作者毫无顾忌地讲述这些乐器的历史。尺八传达的原始旋律正适合在迎来20岁的时候，诉说年轻人内心的哀愁，荷风用自己的经历讲述着自己的尺八。还有一位向荒木竹翁、福城可童学习尺八的作家就是辻润，崇尚自由和奔放的生活，其作品《英语·尺八·小提琴》讲述自己从7岁开始便痴迷于尺八，而后拜竹翁为师。

喜爱吹奏尺八的作家必然会在作品里描写尺八，即使不会吹奏尺八的作家，如果听到尺八虚空般的音色，也会情不自禁地在作品里用尺八增添一分色彩。既是尺八大家又是作家的福田兰童所写的作品理所当然会有尺八。在广播流行时代，他创作了《笛吹童子》的曲目，深受人们喜爱。园部直裕氏在《小说中出现尺八》中引用一节《兰童作家观》，描写在战争结束不久，人们拿着尺八，吹着古曲，每日每夜祈冥福。长久吹奏的确是件辛苦的事情，作者决定教吹奏者们一首温柔的铃慕曲，把吉川英治赠予的尺八送与吹奏者。吉川英治吹奏琴古流的尺八，创作了《鸣门秘帖》等名作，也因尺八而提高了艺术价值。除了大众作家村上元三的《佐佐木小次郎》、行友季风的《修罗八荒》、海音寺潮五郎的《天与地》、南条范夫的《如梦如幻》之外，其他大师的名作中也有尺八登场。在《周间新潮》杂志上山田风太郎的《明治波涛歌》第六话中描写了川上音二郎、让贞奴夫妇以吹奏尺八赚取旅费去国外的事情。在同时代日本电视剧频道播放的时代剧中尺八也是常客。无可厚非，尺八自带的神秘感充分发挥了戏剧性效果。吉田弦二郎、内田百闻、米川正夫在各个领域都创作了与尺八相关的随笔、散文。著名散文家寺田寅彦的学位论文是《尺八的音响学研究》。柴田练三郎创作了《眠狂四郎》，五味康祐去“吹上奉行参上”进行调查，并将内容编入小说。很多实业家都喜欢尺八，安川第五郎也是其中之一。

谈完侠士精神与尺八，我们要来谈谈真正的侠客与尺八的故事。江户时代的侠客都喜欢把玩尺八，小说和芝居中多有描写，“争斗尺八”也由此得名。《徒然草》中曾记载那种不顾生死的战士的样子，其似乎跟侠客有着千丝万缕的相似性和联系。

1612年，江户大岛逸兵卫被处以刑罚，战士吹奏尺八，与逸兵卫在墙角用吹尺八比赛,逸兵卫获胜。虽然是个滑稽可笑的传说,但也足以证明尺八在军中被广泛应用。

众所周知,尺八多采用竹的根部制成,也因此传出许多民间佳话。《傍厢》(1853年)里描写大阪有一个叫雁金文七的侠客,吹奏尺八很有水平,他手下的侠客都纷纷效仿,并且在宣战时可以用作武器,所以多用竹子的根部做成尺八。后来,文七不仅研究吹奏尺八,而且为了在争斗时更有效果,选择竹子根部,长度为一尺八寸,以此来代替刀。江户时代的侠客也是尺八爱好者,许多小说和戏剧都有所记载。这种作为武器的尺八,又称"喧哗尺八"。随后的许多作品里都出现了尺八,但多起到衬托和渲染气氛的作用。1892年正冈子规《寒山落木》(卷一)提到尺八。1895年樋口一叶的随笔《月夜》中,尺八的声音结合着月色让人沉醉。1896年樋口一叶的《青梅竹马》主要写一个有情人难成眷属的故事,由于身份的差异,二人最后无法在一起,尺八也曾出现。《琴音》写的是一个14岁男孩的故事,每逢听到琴音好像听到母亲的声音。夏目漱石在1906年创作的《草枕》中对于尺八也精心描绘。从岛崎藤村在1906年创作的短篇《早饭》开始尺八更具细致生活化,也更有深意。小说描写一个气象站的观测员"我"在旅途中遇见以吹尺八谋生活的旅人。"我"赠予他钱买尺八,而他用来吃了早饭。但"我"却在施与中得到了快乐。岛崎藤村受喜爱的父亲的影响,小时候就已习读中国的《孝经》《论语》等,吹奏尺八充满仁爱之心,这里的"侠"已经引申到广义的"侠",更深刻,充满正能量。爱恨情仇交织赋予尺八独有的特征,反映着日本江户—明治时代的幕府统治下的时代特征。

(三)大正—昭和时代:推理小说中的常客

大正(1912—1926年)到昭和(1926—1989年)时期,日本文学呈现出多种样式。尺八在文学中不再是单纯的道具,甚至时而成为小说的主角。

不会吹奏尺八,却对尺八情有独钟的中里介山创作的长编时代小说《大菩萨岭》在1913—1940年曾在《新闻》《每日新闻》《读卖新闻》等报纸连载。但后来由于介山去世,小说也未完成。小说主要讲述的是幕府时代末期,剑士机龙之助从甲州大菩萨岭开始的旅行经历和周围人们各种各样的生活模样。其中有一节描写机龙之助的父亲弹正喜欢尺八,在生病前,自己也吹奏尺八。从孩童的时候开始,龙之助就开始见习学习吹奏尺八。该部作品后来被内田吐梦拍成了三部曲。1914年,相马泰三的作品《田舍医师的儿子》描述的是一对农村的医生兄妹,喜欢把尺八插在腰间。1935年,萩原朔太郎的作品《关于流行歌曲》，介绍尺八乐作为日本民族的抒情乐曲与民俗化。1918 年，永井荷风的自传式随笔《书记》，描述了作者 16 岁左右开始学习尺八。1946 年出版的《荷风战后日历・第一》是荷风的日记，在 3 月 14 日的日记里专门记录了其跟荒木竹翁学习琴古流的尺八，并经常与其父子及门人聚会的事情。

1929 年，新渡户稻造的《自警录》和《田舍医师的儿子》一样描述了男人喜欢把尺八挂在腰上，夜游。1930 年，林不忘《续鸟羽玉》提到街上常见到人们手持尺八追赶动物。这些作品中的尺八可能还是一笔带过，但在这个时期的推理小说中，尺八成为了主角。

1916 年，冈本绮堂创作了《从二楼开始》《半七捕物账・十五夜须当心》怪谈小说。梦野久作在 1925 年创作的《黑白故事》中讲述了琴手和吹尺八人音绘与舞丸的故事。1936 年国枝史郎创作的《剑侠》故事发生在江户时代，戴着斗笠的年轻武士吹着尺八。德田秋生创作的《足迹》中有这样一段描写，在潮湿的汐风中，尺八的颤音如梦般穿透而来，从两侧的柳树和樱花树下的黑暗的阴影中，可以看到有人在挂着灯笼的低矮屋檐下活动的样子。主人公带着尺八看尽人间灯火，感受世事无常。1953 年橘外男创作的《棚田裁判长的怪死》故事梗概是棚田裁判长离奇死亡，为调查，追溯到其少年时代。其少年时代，棚田家发生过不幸。棚田家四代时，年轻貌美的侍女被杀害后，其未婚夫为了确认死因，带着珍藏的尺八来到未婚妻的家里，告知家中长老，想让女子的灵魂听到最喜欢的尺八音，于是开始吹奏起来，其音如哭泣、哽咽般，好像在向上天述说人的无力。

1936 年户坂润《思想和风俗》介绍了昭和初期，尺八演奏者是高尚的职业。1938 年丰岛与志雄创作的《浅间喷火口》讲述的是朝鲜的李永泰与日本房东椿正枝的交流，尺八成为联系二者之间的桥梁和道具。1943 年正冈容随笔《寄席风俗》介绍了在日本的曲艺场有尺八演奏，尺八的调子充满哀伤。1949 年宫城道雄的《我年轻的时候》也提到其少年时学习尺八的事。丰岛与志雄 1952 年创作的《绝缘体》讲述了一个叫市木的人，很少与人交往，喜欢吹尺八。尺八是能够使远离尘世孤独的人快乐的乐器，许多小说中都提到日本人多在年少时学习尺八。1979 年山手树一郎在《尺八乞食》中提到，如果说经营家业有什么秘诀的话，也就是说不管别人是否看见，不管是否是低廉之物，都应该对给予食物的社会抱有感激之情，这份情意似乎是最重要的。关于尺八的音色充满哀愁的描述的文学作品在明治初期很少见，到明治中期以后才大量出现，至少在昭和中期的短篇小说里也有这样的描述。但如果想要借用尺八表达世间相，只有将其融入世间的悲欢离合方有意蕴,因为尺八的音中有世情人情。

(四)平成—令和时代:形式多样丰富

在2017年日本文化财选集中,位居前六位的是狂言、尺八、富士山、平等院凤凰堂、青磁、古今和歌集。从平成到令和时代,作家更喜欢在小说、散文、随笔里随性提及和描述尺八,甚至尺八在许多作品里已然成了主角。作家在作品中去掉了些许刻意,却让尺八在文学的世界里更为从容。文学总是能从多角度佐证历史的某个片段或瞬间,成为媒介中传输信息的载体,传情于世人。于此,尺八在文学中的表现,已经足以证明尺八融入了日本人的生活中,难以剥离。

纵观与尺八相关的众多作品,具体有以下几个特征:

①作品年代:日本文学中描写尺八遍布在各个时期,并未集中在某个时期,并没有和特殊的历史时代相生。作品出现更没有所谓的高潮期。

②文学史地位:描写尺八的作家及作品,在文学史中没有突出的地位和价值,并非集中在著名的作家作品里。

③作家:推理小说家居多,多半与中国有着一定的联系,崇尚中国思想文化,如受其父亲的影响,小时候就开始习读中国的《孝经》《论语》的岛崎藤村。

④内容主题:多集中在关注不幸的弱势群体,尤其是妓女命运方面。

由此可见,尺八在日本文学中可谓源远流长,这种流传非突然、非急速,而是一种缓慢地、渗透地、潜移默化地、不温不火地源远流长。文学中的尺八已经从其本体超脱为融入日本文学中的一个代表性物象符号,已经从尺八本身升华到一种精神高度,巧妙地将尺八进行了物象转义。从修辞学、语法学的角度而言"转义(trope)偏离了语言字面意义的、约定俗成的或'规范'的用法,背离了习俗和逻辑所认可的表达方式(locution)"[①]。本章取其转义的概念,揭示偏离物象(尺八)表面的用途、习惯性预定俗成的"规范"用法,背离了传统习俗和逻辑所认可的形象,考察其在文学中被转义后的新的意义,称为物象转义。而物象转义的形式更为复杂,要根据其物象的"规范"用法的多样性的角度重新解构。下面试从尺八的音符(旋律)、形符(本义用途)、意符(尺八的本来意义)等三个方面谈其在文学中的转义。

二、尺八的音符转义:母体胎音与生命本源

尺八的音符本来是作为音乐的一种曲调兴起,渐渐日本化,但尺八主体的

① 海登·怀特:《后现代历史叙事学》,陈永国,张万娟译,北京:中国社会科学出版社,2003:2.

存在形式仍是乐器。尺八的音符（旋律）在文学中作为陪体存在于其中，多是抒发人物心境、渲染环境。而在日本文学作品中，尺八的音符旋律却与母体胎音紧密地联系在一起。国木田独步在1903年的《女难》中有这样一段描述：“如今虽然也不是很好，但也没感觉多么悲伤。只有在吹奏尺八的时候，那个旋律总会让我想起爱恋的母亲，也曾想过一死了之，但却不能如此。爱恋的曲调、怀旧的情愫、流转的哀伤，注入根底里的是那永久的恨。”尺八的音色里存在深邃的伤感与广阔的温暖，仿佛母亲在孕育时的原始胎音，能够唤醒人们对胎源的回归。1947年寺田寅彦在《蓄音机》中提到日本人对于日本语的母音和子音的组成，还有具有特色音色的三味线和尺八的音的特殊因子的研究一定非常有兴趣，把尺八认定是日本传统音乐中的特有音色，和日语的母音一起被视为母体胎音。从1925年国枝史郎的《名人地狱》（在善光寺里，尺八在金子的场所里声音会改变）开始尺八音符被赋予神秘奇妙的变化。1970年辻润在《“享楽座”的逻辑语言》中把尺八和梦幻结合在一起。“那时，你的尺八吹奏出简单幼稚的梦幻曲，点燃那颗隐秘在内心深处的冰冷的心。”而把尺八的音符完全地转义为母体胎音与生命本源的，当属水上勉。《狂猿记》《飞奴记》《西湖的忘笛》《西湖黄昏》中都出现了关于笛子（同尺八）的描写。

《狂猿记》中，王琼和岳飞讨伐杨太的事情、猿猴洞萧（尺八原身）的由来，通过考证是参考史书而写，谓之实。问题是，作者以这样的历史为背景，却虚构了主人公陈九和他的父母及洞箫的故事。陈九发现一只大肚子的猿猴，父亲认为是吃得过盛，而母亲认为是怀有宝宝。深夜来临，总能听见猴子的哀啼声，这哀啼声会让闻者悲伤落泪，就如同从猴子骸骨的四肢和头盖骨的缝隙通过空气发出的声音，人们因此制作了最早的洞箫（尺八）。后来，父亲陈游作为官军的队长追赶敌兵的时候，曾经利用洞箫的音让敌兵内心充满悲伤而取得胜利。

小说最为玄妙的地方，莫过于陈九母亲死前的描写。母亲好像预感到自己就要不久于人世，于是把陈九叫到身边，告诉他：“你到榕树底下看看去，一定有一个猿猴在啼叫。”陈九遵从母亲的要求去看，却没有发现任何猿猴，而回来的时候，母亲已经过世了。那么，母亲为什么要在临死前让陈九去榕树下找啼叫的猿猴呢？也许母亲去世前听见了猿猴的啼叫声，或许是猿猴在呼唤她。表面看来，母亲和猿猴是分别存在的，难道作者不是想借此暗示猿猴和母亲的一体性吗？猿猴和人类本是异体，作者把其同体，虽然不可思议，但是如果同为母亲的二者，在逝去之前合为一体也是可以想象的。母亲用心良苦地让陈九去找猿猴，也许是不想让儿子看见自己逝去的瞬间。母亲死后，陈九一味地想着猿猴的样子继续地生活着,后来陈九在茶楼和众人回忆时,却对母亲的逝去之事只字未提。

而对洞箫、猿猴与人间的描述,到底有何意义呢。男性在战场上利用猿猴的啼叫声(笛声)攻破人心,女性也像猿猴的啼叫声一样悲惨。而利用笛声作战,最后还是让陈九父亲死于战争中,一切都是虚无的。而另一面,作者又把母性与猿猴、洞箫声相联,把此声转义为母体的本源之声。箫声可以唤起人内心的悲悯,以其作为作品的主轴贯穿整部作品,唤醒人们最本真的人初性善之本。

水上勉的《飞奴记》是以宋代信鸽的流行以及传到日本为背景,想象着日本人无外一路和中国母子交流的小说。作者虚构了一个在明朝时期吹着能够让听者思念家乡,唤起亲情的笛子的无外。笛子被作者作为中心论述。文中提到,无外乘坐一艘贼船,船在中途遇到海难,无外是靠着抓住笛子才得救的。

"我抓着笛子,在浪波的冲击下,被岛上的渔民救了……我为了那对夫妇,没有乘坐那艘贼船……于是,我在温州的雁荡山上的寺庙,德山为我受戒。我的恩人都是中国人。我没有返回日本……以此来凭吊那些救过我的中国人。即便如此,我毕竟是年岁已高,唯有吹着笛子,来表达我的感恩之情。"

由此可见,无外为了报恩留在中国,但是年岁已高,而恩人们也已经远去了,无外唯有吹着笛子,让笛声悠扬地传入人心,来报答自己的恩人。

再看《西湖的忘笛》的舞台,宋代临安,最后的繁华燃尽的首都,皇帝、宰相、庶民都喜欢玩乐。主人公胜弁轻抚着笛子,仿佛听见了天空中传来的美妙的旋律。作品的前半部分,主要是介绍笛子的形状、材质以及制作的方法,并详细地描述了源心吹笛子是自己的父亲所传授的技能。由此可见,作者笔下的笛子融合了源心对日本父亲的思念以及对中国的深厚情感,所以,笛子是以一种特殊的连接身份而存在的。

《西湖黄昏》中出现的济公、济公的弟子沈万法是历史上可以考证的人物。小说主要是围绕以习得笛子吹奏方法的沈万法为中心的爱恋与命运展开,济公还传授其笛子制作法和吹奏法。同时,小说中又一次细致描写了沈万法在船上吹奏笛子的美妙声音。"西湖上,传出一段玄妙的笛子乐曲。乐曲之美,仿佛像人一样在述说着一段故事,而吹笛人却一言不发,忘我地吹奏。那曲子,伴随着难以形容的声音,倾听中仿佛踏上了一段旅程,浮现出人生的种种经历。好像被带回到了母亲的胎内,被一种神秘的力量牵引着。听者似乎融入在白白的露色中,有的甚至忘记了漂泊。"

胎儿是人最初的本体,人怀有未被影响时的最本真的性情。笛声似乎可以把听者带到母亲的胎内,也意味着笛声可以唤醒人们的本性。三部作品巧妙地把笛子的音色与内心连在了一起,同时,又一次唤醒了人们对故乡的思念。母体是人们出生的地方,笛声指引我们回到那里,也就是带我们回到生养的故乡。中国“落叶归根”的思想再一次隐现在水上勉的作品中,可谓是笛色静心。尺八的音色在文学中的转义,是日本民众内心对于对根的眷恋、对起源的尊重、对追善供养的信奉、对纯净内心的渴望与寄托。

三、尺八的形符转义:菊花与军刀

日本在结束了平安时期的歌舞升平的繁华后,进入了长达400年的将军武士统治及相互讨伐的时代。在日本文学中,尺八多半会像武器一样被插在腰间。十七八岁的年轻人聚在一起,有点恶作剧地玩闹,经常能看见一些把尺八插在腰间的少爷们。1914年相马泰三《田舍医师的儿子》描述的是一对农村的医生兄妹,也描写到喜欢把尺八插在腰间。1929年新渡户稻造《自警录》一样描述了男人喜欢把尺八挂在腰上夜游。《傍厢》中有侠客用竹根根部的一节的一尺八寸之物代替刀的描述,塑造侠客用尺八行走江湖、行侠仗义的形象。

1943年正冈容的《寄席风俗》介绍了在日本的曲艺场有尺八演奏,立花屋扇的尺八的调子充满“难言的悲哀味”。1953年橘外男创作的《棚田裁判长的怪死》中男主吹起尺八,曲调哀伤。“不知道从哪里传来的如此清澈的尺八音,哀声切切入耳”,尺八的声音如“哭泣般、哽咽般”,又很清澈,“滑入人心”,“哀声切切”般打动着世人的心。至少作为世人的读者,在这样的描述中没有感到异样。但表现现代的世相的时候,或许尺八只是作为一个小道具使用。可是当表现人世间的哀愁的时候,尺八的音便从一个小道具被转义为离别,随人而生、融入世间。

尺八即是彰显英雄主义的仗义与救济心灵悲观、唤醒内心柔软的思想的转义符号。日本评论家加藤周一先生曾在《杂种文化》中明确指出日本文化的混杂性,是取之各国的文化形成本国的文化。虽然日本文化有无法改变的混杂性,但日本文化中又有强大的排斥性与吸收性相互作用。日本人有着超强的取其精华、去其糟粕的能力。日本人排斥与本民族融合不了的文化,即使再好也会抛弃,而选择适合本土的文化加以吸收。这无形中增强了日本人强大的自信心与英雄主义。但长期处于选择、判断、吸收中,必然产生取舍、纠结的情绪,又使得日本民族形成了矛盾而又充满悖论的思维与习惯,导引他们更加渴求超能力和智慧之神来维护现代化所创造的世界。崇尚英雄主义但又是彻头彻尾的悲观,便是鲁思·本尼迪克特所谓的“菊花与军刀”的性格。

我们不能夸大说中国思想就是日本人的思想本源,但尺八的确被转义为武士道精神中不败的英雄主义与脆弱悲观的日本人在精神中寻求快乐的寄托物。

四、尺八的意符转义:自救与救他

国木田独步在1903年的《女难》中描述了一个凭借内心的感受吹尺八的孤独者。“吹奏出的哀伤曲调是他命运中的旧欢新悲。”“我在吹奏尺八方面是个外行人,他吹奏的曲子的善恶、技巧的巧拙,我全然无法判断。而那种倾心的吹奏下缓缓逼近的曲调,却让我情不自禁地凄楚感动。那音律有如哭泣声,哭泣着悲从哀来。”1952年丰岛与志雄的《绝缘体》讲述了一个叫市木的人,很少与人交往,喜欢吹尺八。“尺八是能够使远离尘世孤独的人快乐的乐器。”作家借用作品实现救赎别人的同时,也在净化自己。

中国思想在日本传承下来,主要还取决于中国思想走进了市井百姓的世界,人人皆有天性的思想满足了民众追求平等、均一化的渴望。所以中国思想的大众性在日本被充分利用,并得到了很好的体现。

尺八在文学中的物象转义,是作家从一种几乎不能称作意识的描写状态一直到一种潜意识的高度统一的状态。而这种转义是更贴近人心意愿的,达到了一种“格式塔”式地将尺八这一物象本来的意义与思想、日本民族意识、日本人思想夙愿、性格特征等重构、转义,达到一种 $1+1>2$ 的深层效果。这种转义总是有意无意地遵循并显露着一个时代、一个民族特有的潜在心理结构。而尺八在文学中的转义,恰恰证明了日本这个民族在潜在心理中对于中国思想的信奉。这种思想被日本人信奉为生命的本源,与原本的日本武士道精神相融合,又渗透着菊花的芳香。大胆地说,尺八在日本人心中,至少在文学的世界里,是日本人菊花与军刀的复合体,是日本人多面性格的融合物。因而,我们总能在文学世界里的尺八中,感受到日本人的那份执着的英雄主义,那份逃离末世情怀的孤独,和那份日本人独有的缜密心思与危机意识相伴相纠结的性格特征,也是一种根深蒂固的困惑。而文学在此时便又彰显了其社会价值,作家们试图在用思想救济他人,也在自救,而在救济的过程里,这种思想与其生命本体联系得更为紧密。

近代文学中出现的尺八曲目多是日本民谣“追分”,这是尺八与日本文化融合的最好证明。在日本文学中,或者说在日本,尺八转义的形成似乎来得顺理成章。其实它并非是在没有目的和意图中偶然产生,仔细想来其发生发展有历史、社会、人文等复杂的关系中的必然性。这一必然性形成于现实的各种欲求、各种暗涌、各种矛盾中，而这种种复杂的关系投射在个体的心理，便会表现为寻求一个突破口或者说一个转寄物，将对现实的各种模糊感受转义其中。换言之，日本人在各种矛盾中要寻求一种精神寄托，而尺八本身对于日本人而言承载了太多的文化内涵，尺八便顺应地成为了这个转义物。

人们在每个时代都在寻求可以慰藉心灵的隐喻之物，当此物不能容纳过多的思想时，人们便会弃之而寻找另一个更丰富，更具多变性、包容性的寄托物，尺八便是其中之一。

尺八的音符转义，是在文学作品中，作家常常把尺八的音律与母体胎音与生命本源联系在一起，那种哀怨的、幽静的旋律总会让人想到自己的母亲，自己的家乡，情不自禁地寻求生命的本源。所以文学中尺八的音符不仅表达一种音乐范畴内的符号，还被作家赋予了新的含义，其物象转义为母亲的胎音，回归本体的暗示。

尺八的形符转义，是菊花与军刀两个物象的柔与刚的综合体。作家在描写尺八时，无数次出现的是将尺八挂在腰间，像武士的军刀般给人以勇气，这是日本人吹奏尺八时得到的心理暗示。同时，文学作品里的尺八，吹奏起来总能让人安静、祥和得像菊花般柔美。这正是日本人最典型的双重性格，英雄主义与悲观主义并行的性格。所以尺八已经不再是单纯的乐器，是文学中的附属品，而是以一种主体意象贯穿在主角的思想里、性格中。

文学中尺八的出现，总与孤独、寂寞的思考者相伴。持有尺八的主人公多是流浪的人，看尽人间悲欢离合，反而又不在意世间外在的存在形式，在自我的空间里思考生存的意义。尺八的物象在文学作品里成功地转义为孤独的生存者的象征。孤独的生存者是日本人生存现状的真实写照，在吹奏尺八时，感受中国思想，寻求心灵慰藉。

五、个案探究：《金阁炎上》与《金阁寺》

开展对尺八在整个社会文化背景中的各种因素之间关系的研究，其中包含对乐器中所隐含的非音乐性的、带有文化属性的因素的探讨，包括对经济作用、乐器制造、音乐建制、艺术功能、受众感受、文学及文化传播等方面的考察。这些因素之间又不能全然分开，是相互关联的。例如，研究尺八的文化传播不只受到时代经济规律的制约，还受到审美心理等因素的影响。作家将时代流行的乐器写入文学作品，是文学创作的普遍和共有现象。虽然文学作品有着不同的产生原因和表现方式,体现出的审美也有着独特"非客观性",但文学传播的时代性却是同时代文学作品的共性。《金阁炎上》与《金阁寺》是日本文学中关联尺八的文学作品的典型代表,不仅因为作品中描述尺八的篇幅较多,更多的是尺八与主人公的精神牵绊较深。作者通过尺八传递出的思想信息、尺八在日本人心中真实的意义值得探究,如同我们一直研究的理论,终于在文学作品中找到应用成果一般,文学作品不仅使尺八更接地气,而且也间接证明尺八在民间的流传、因其独有的特性而被依赖等情况。如此一来,反而使尺八及其文化影响在虚构的文学中显得更为真实可信。随着时代与社会的变迁,信息传播功能逐渐弱化,而尺八在作品中的思想性与音乐的艺术感染力却日渐强化。

如果你选择了相信文学,就等于选择相信自己通过生活经验建立起来的个人感受。在科学建立的世界里,当规律被发现,便是共享的、通用的、普遍的,而非私人的、情感的、自我的。而文学世界首先建立在情感与经验的基础上,表达人的独特性,思想的共通性。我们透过文学能够感受到事物与人的联系,与人的关系,这种文学意义上的真实,无法用科学去证明和归类,是文学独有的方法论。尺八相关的文学作品便是一个证明。

1950 年日本的金阁寺放火事件,震惊了日本,也轰动了全世界。而后各大新闻媒体相继报道,日本作家三岛由纪夫、水上勉也以其为题材创作了虚构性的《金阁寺》和非虚构性的《金阁炎上》。值得关注的是新闻媒体避而不谈的犯人的口吃问题,却在两部作品中被详细论述。为了探究水上勉的真正意图,本节以对《金阁炎上》中主人公的口吃描写分析为主,同时与《金阁寺》中的口吃描写进行对比,深度探讨水上文学的主人公造型方法以及水上文学观。即对贫穷的弱势群体的关注、对人性本质的赤裸展现。以此论证只有向人性深处执着挺进的文学,才能历久弥新,彰显文学独尊性。同时也展现了真正的日本人,在自卑情结如影随形中努力的人们。

思考《金阁寺》和《金阁炎上》,有感于两位作家意图都不在探究金阁寺放火事件的缘由。三岛由纪夫的作品是借用金阁寺放火为题材,虚构了《金阁寺》。水上勉则以探究放火的小和尚林养贤放火的动机为中心,用与当了妓女的幼年好友夕子的感情线,来暗示小和尚的放火动机的手法创作了《五号街夕雾楼》。而后,通过调查、取证、分析,运用非虚构的纪实文学的形式创作了《金阁炎上》。作品中,作家客观地再现了林养贤的生存状态,一种背负着贫困、劣等感、孤独意识的社会弱者的生存状态。在非虚构的纪实作品中,作者没有褒贬地加以评述,只是用推理作家的思维为读者提供了更多的思考层面。

当时相关的新闻报道的报纸、杂志等(见表3.1)主要集中在对林养贤的恶行评判、事件后其母亲志满子自杀、国宝金阁寺烧损等重要的、表层的放火事件做报道，但是具体的细节问题却被忽视。而这些事实性细节出现在《金阁寺》和《金阁炎上》两部作品里，那里的林养贤无法逃脱口吃的宿命，在现实社会的阴暗和家庭矛盾的影响下，充满了劣等感和孤独感，同时又为摆脱这种自卑心理而不断努力着。

表3.1　各新闻社关于金阁寺放火事件的报道内容

新闻报道的日期与媒体	记事内容梗概	摘要
1950.7.3 朝日新闻(八)	金阁寺全烧 “金阁寺和心中的觉悟”自杀失败的自供 义满的木像烧毁——破损的火灾报警器 孤独的性格——村上主持的言说 喜欢争胜负——学友的言说 国民的沉重打击——上野美术大学校长的言说 社说：烧毁国宝	逮捕 自杀 报警器 烧毁国宝 孤独性格
1950.7.3 每日新闻	放火嫌疑犯被逮捕 作为大谷大学学生的和尚 国宝金阁寺燃为灰烬 千万日元有复原可能、观光价值未降低——村田博士	逮捕 国宝烧损 恶劣性格 国宝复原
1950.7.3 新潟新闻	国宝金阁寺烧毁——运庆的三尊佛等重要古美术品变为灰烬 嫌疑犯林对放火供认不讳 在后山企图自杀时被捕 嫌疑犯心怀怨恨 是极端的二重性格者	国宝烧毁 自杀 逮捕 性格
1950.7.4 朝日新闻(七)	金阁寺杂记——池田龟监 费用和至诚不足——新村出	国宝 国宝复原

续表

新闻报道的日期与媒体	记事内容梗概	摘要
1950. 7. 4 朝日新闻(八)	对于金阁寺放火自责、林的母亲从列车跳入河中自杀 拒绝见母亲 四年未见一面 反感美 林自述放火动机 分裂型变态性格 内村博士访谈 九成烧损的金阁寺 还是国宝吗	母亲自杀 自供 孤僻性格 国宝烧损
1950. 7. 4 每日新闻	金阁寺放火的悲剧 林母投河自杀——深感禅门责任 计划 20 天——西阵署供述	母亲自杀 自供
1950. 7. 4 新潟新闻	金阁寺放火犯人被捕——后山企图自杀时被发现 林寺僧供认罪行 性格异样 犯人林的人生	自供 性格异样
1986. 10. 6 角川书店 昭和日常生活史 2	明晰金阁寺放火动机	动机
1950. 7. 4 讲谈社昭和二万日全记录	孤独的苦行僧的罪行	孤独性格
2005. 6. 25 战后事件史数据汇总	终于结束战乱的 1950 年 足利义满建立的金阁寺烧为灰烬 寺庙的和尚要放火的原因何在	国宝烧损 动机
2000. 8. 30 每日新闻 20 世纪的记忆	火烧金阁寺 金阁寺的和尚林养贤放火犯吞食安眠药自杀在昏睡状态被逮捕	逮捕 自杀

1979 年飨庭孝男的《文化和历史宿命——水上勉〈金阁炎上〉》和 2008 年榎本隆司的《水上勉〈金阁炎上〉》,论及到放火事件的真相、母子关系、父子关系、金阁寺的内部情况,还有水上勉的思想观念等。但是其内在具体的问题,

“尺八”和“口吃”这两个关键词对林养贤,或者说对于日本人意义何在,结合社会和家庭的环境做深度探讨者少之又少。在口吃者的背后潜藏的人性本质更值得探讨。

现今的日本,解决口吃障碍者上学、口吃者心理治疗、口吃障碍的矫正等问题的相关机构正在健全中。水上勉在《金阁炎上》里呈现了大量的调查所得的事实,其中最为关注的便是口吃问题。作者越过对犯人的道德批判,更多地从林养贤的心理角度出发思考问题,调查取证。

(一)口吃障碍

水上勉在《金阁炎上》的序言中这样说道:“我对于林的采访,尽量毫不隐瞒地呈现。不清楚的地方就是不清楚,清楚的地方要说明理由,并取得证言。所以,本书是根据这个事件的八分事实而写成的。在本书快要结稿的时候,在安冈村林养贤君的母堂的墓地拜祭时,隐约地感到感动。根据事实的经过书写而成书,松了一口气的同时,也是为了能够慰藉林君。”

作者在这里对该作品做了一个解说,首先在作品中对新闻中报道的事情的缘由做一个解释。其次该作品是作者历经 20 年的岁月,根据“八分事实”的调查分析而成。最后是作者的创作目的是慰藉林养贤。

所谓“八分事实”,包括林养贤的成长经历、生活经验、家庭环境、母子关系、父子关系、与住持的关系,时代背景的战争问题、食粮问题、政府事件,甚至金阁寺的参拜收入、金阁寺中关于笛子的记录等。同时,作者也加入了本人的体验和金阁寺的历史与文化等的说明。更重要的是,作者运用了大量的篇幅来陈述林养贤口吃的相关问题。三岛由纪夫也同样关注小和尚的口吃问题。

口吃的问题,单纯地按生理思考已不够全面,应结合病理学、心理学来考察其内在的缘由。根据结城敬所说:“口吃是声音、音节的重复和拖延,说话的流畅性的障碍,是一种阻止性特征,美国精神医学诊断手册(DSM - IV)将其分为沟通障碍的Ⅰ型。”根据 Albert Murphy 的言论,“口吃行为,本来是口腔机能最显著的表现、精神动机的征兆。极其频繁的口吃是下意识的混乱、疑虑、不安、无力感的表现”。

从病理学上看,口吃是从生理到心理的障碍。生活环境、心理、健康等对口吃的形成具有影响,甚至对人格的形成也会产生巨大的影响。水上勉也在文中专门揭示了口吃的问题,提到口吃的形成和幼年时期的感染、心理休克、疾病、肉体休克、欲求不满、环境等有关。关于口吃,根据德国的 Adolf Kussmaul 所提出的“痉挛性调节神经症”所说,语言调节器官先天不足,因为发音的时候和发音的途中,即使是一点问题也会使发音筋痉挛的说法是正确的。少儿时期的影响原因主要可以列举六种,感染、心理性休克、疾病、肉体性休克、欲求不满、环境等。所以,欲求不满和成长环境对林养贤的影响也不容忽视。对于这种障碍是否可以和金阁寺的放火缘由联系在一起,水上勉精心调查这个背负不幸的青年的爱情的同时,记录了青年的真实生存状态。水上勉回忆 1944 年,初次见到京都相国寺塔头的林养贤时,感受到林养贤眉间散发出强烈的“压迫感”。

从帽子的阿弥陀窥视到前额的发际出奇的窄,厚厚的嘴唇和向上吊的眼角,都带着若隐若现的压迫感。

而后在得知他火烧金阁寺时,作者甚至无法言表,无法与曾经那个小和尚想象在一起。再来思考那种“压迫感”,养贤的口吃问题就更加不容忽视了。《金阁炎上》中提到,养贤 3 岁的时候被发现口吃,但没能得到及时的矫正。这种天生的障碍已经暗示了他一生悲惨的宿命。

养贤 3 岁就开始口吃。志满子在事件发生后,在回应西阵署员的调查书中说,“3 岁的什么时候记不太清楚”(中略)。3 岁开始,养贤也只是勉勉强强模仿人说一些简单的事物。应该说在不会说话的时候已经形成了口吃。

水上勉引用了镝木良一(日本吃音科学研究所长)的说法,暗示生活悠闲的家庭,口吃的孩子少。而在氛围压抑的家庭中,尤其是夫妻长期争吵不断的家庭,孩子出现口吃的较多,林养贤生活在典型的后者家庭。其父亲道源和尚患有肺结核,做了三十年的和尚还娶妻,由于病体无法经营寺庙,周围姑且不论,很想过田园生活,希望可以早点生子,然后可以让孩子继续管理寺庙以完成自己的愿望。道源认为,志满子只要不是不孕的体质,结婚后,还是可以实现自己的梦想的。但是,志满子婚后三年未曾怀孕,道源对志满子的生子希望破灭了。虽然这是我们自由地探讨,但可以想象,能够接受为一个病夫生孩子的女人的复杂心情。被肺结核困扰的父亲,把一切希望寄托在儿子身上。而妻子志满子对丈夫而言只是一个生产的工具,爱情无从谈起。作者没有在此止步,继续介绍志满子。

道源的肺结核不是谣传,的确是病入膏肓。结核当时是不治之症,和现在的癌症是一样的。24 岁的女孩,对于自己在等待一个那样的人一无所知,身着紫色花图案的铭仙绸的和服、黄色名古屋的束带,带着一个箱子和一把遮阳伞,站在海边,那孤独而又刚强的姿态一目了然。

24 岁入寺的志满子,出生在偏远地方,但却从小成绩优秀,不输他人,有自己的虚荣心、自尊心，对未来充满希望。养贤出生前的五年，由于与肺结核的道源生活，希望渐渐破灭，这些都被水上勉捕捉着。水上勉通过介绍志满子的娘家情况、性格、恋爱、相亲、婚姻、避孕、生产等，使读者理解一个面对生活的绝望而不得不坚强活着的女人，其实骨子里还有份属于自己的骄傲。这样绝望的母亲，这样变态的父亲，这样冷漠的家庭正是造成养贤口吃的根源。口吃无法矫正，内心更加贫瘠，孤独感可想而知，不言而喻。这种基于事实基础上的描述与推断，超越了新闻报道本身的客观再现，在真实挖掘的基础上，提升了一个层次。

（二）静心

作者着重笔墨，揭示了林养贤的口吃宿命与家庭根源，似乎已经成功使读者从批判的立场缓和下来，可是从细节的描写处看似乎又不仅仅如此。

主人公发音时重复首音的描述，作者连一般口吃者首音难于发出的特征都捕捉得很准确，并非只是力求作品的生动，更多地是想如实地展现出养贤与人交流时的困难与痛苦。作者在叙述中，呈现的是由于语言障碍而与外界隔断，孤独生活在自己世界里的小和尚形象。其潜意识里必然会有急躁、恐慌、不安、倔强、劣等感、逃避现实。这里更深层的是对无法满足的人生产生的厌恶情绪，明知得不到却要努力争取。如何虔诚地叩拜也无济于事。无论能否发出声音，与人交往的道路已经被断绝了。在这样的对话里，养贤的幼年时期的实像若隐若现地浮现在眼前。

但是人人都有善恶、优缺、智愚的两面性，存在某些自卑心理也是正常的。“养贤的口吃不是一下就能改正的。口吃也是人，非口吃也是人。每个人都会有一个或两个缺点。”所以作者高呼“养贤君，你为什么要背负着这种障碍呢。”内心对养贤错误的罪行充满遗憾。

水上勉在距离养贤故乡较近的舞鹤市做教员期间，与养贤曾有一面之缘，所以创作《金阁炎上》，不仅是为了调查金阁寺放火事件，更是帮一位朋友再现其真实的生存方式。作者开始探求养贤为从劣等感中剥光见日而做出的努力，那便是“口吃唱歌美妙，只有读经时却不口吃”的记述。这是作家在为丧失希望的人们寻求另一种希望的光，揭示了贫穷的弱者一边与劣等感斗争，一边努力地活着，或者说，任何一个卑微的人，都有闪光的一面。林养贤能在绝望中看到光芒的源点有两样，一是“诵经”，二是“吹奏尺八”。所以说，养贤的劣等感和欲求都是正常人应有的，是人的本性。养贤是寺庙的小和尚，自然与佛经诵读相关,可作者如此注目,应该是其20年执念的又一诱因,那就是中国思想对作者的影响。水上勉一生身体力行在生活中、文学实践中完成自身的修行。而养贤也是在诵经和吹奏尺八的时候才能在内心得以安慰,摆脱俗世困扰,心无执念,自然便可抛开外在存在形式的口吃障碍,恢复到原始本能的状态,一切皆可顺达。养贤吹奏“尺八”的熟练,再一次证明“尺八”对于日本人而言不仅仅是一种乐器,更是一种符号。

(三)愚与智

《金阁寺》和《金阁炎上》都围绕着金阁寺放火事件,都通过“诵经”与“吹奏尺八”塑造主人公,风格虽不同,展现的却是同一个创作意图,或者说,23年后的《金阁炎上》有更深层的意图。

作为非虚构性纪实性文体,作者参考了口供、精神鉴定书、问题速记录、公判记录、鹿苑寺徒弟记录、昭和史的天皇等重要资料。但在作品中,“想象”一词又反复出现,以第三者的视点,将实录小说的体裁与推断想象的二元思维合理融合,在事实的基础上为读者提供了无限的思考空间,引领读者在金阁寺的美妙中,感受人世间深深的阴影。

而与养贤从未谋面的三岛由纪夫虚构了小说《金阁寺》,源自作家自身从人生悲哀中产生的情愫,作者把自己与放火和尚沟口同化为一体,借描述金阁寺事件展现自己的思想。三岛在《金阁寺》发表前,曾在《小说家的休假》中提到:“我们普遍认为,一件事件在小说中出现,由于小说的世界遵循其内在的法则,使得事件会失去它的本真性。事件会以裸形,或是无秩序的形态出现。如此说来,读者在缓慢阅读的时间里,结合自身的体验思考时必然会对事件有全新的认识,读者自身就会还原事件的本真……这也许是我作为写实主义的偏见,但我确信如此。”

《金阁寺》就是三岛用“写实主义偏见”的视点构建而成。三岛凭借感官印象及经验思考此事件,虽然作品是虚构的,但作品中渗透的感情与思想确实是非虚构的。可以说外界世界虚构的事实,也许正是文学世界里的真实,如同无人去怀疑孙悟空是从石头里跳出来的虚构事实。

接下来比较下两位作家关于口吃的描写。《金阁炎上》:“口吃也好,无法清楚地表达事物也好,如此说来,都是有一些偏颇固执的人。中学二年级左右开始,来到寺庙变得口吃,在这里诵经……道源和尚认为,总之,这里是(男人将手放在右胸上)很不好,总是睡觉,养贤十三四岁就开始在墓经和棚经工作。虽然是口吃,但读经很流利。田井的和尚非常佩服。”

《金阁寺》:“早课诵经的时候,我总是在合唱的男声中,感受到新鲜力。一天之中早课诵经的声音力超强,那声音的强度,能吹散深夜里所有的妄念,好像从声带喷发出黑色的飞溅的水沫一样。我自己都不清楚为什么。这种莫名其妙的声音,也和撒播男性的污垢般,奇妙地赋予我勇气。”

水上勉描述到养贤虽然口吃,但诵经的时候不但不口吃,而且特别熟练流利。努力从口吃障碍的劣等感中摆脱出来的养贤应该是作者所要暗示读者的吧。这也是作者从人性的角度出发,说明寻求精神平衡是人的天生欲求,林养贤也是如此。这种努力是养贤本性中“愚”的体现。《金阁炎上》展现的不是金阁寺的极致美,不是美被摧毁的惨痛,而是在讲一个被父母抛弃,背负贫穷与口吃障碍的宿命又不得不坚韧生活的小男孩内心的愚钝与执着。

三岛也描写口吃的沟口在诵经和说英语时不口吃。“外人看来的我和内心世界的我,哪一个能延续下去呢?”沟口正因为生活在自己的内心世界,所以向他者发话时就会口吃。三岛的笔下,沟口虽然口吃,但思想敏锐、头脑清晰、感情丰富。作者更想暗示内心世界强大到一定程度是无法用言语清晰表达的,这好比三岛自身那广博的思想难以用沟口般笨拙的嘴表达一样,三岛与沟口都是真正的智者。

但我们仍然能从诸多不同中看到两位作家的共通点,即无论愚性与智性都是人的本性,二者的最终目的是在讲一个普通人的普通本性,无关褒贬评说,这就是人性的真实,这是两部风格迥异作品的殊途同归之处。三岛利用空想再现了真实的人性内面,是文学的真实。水上历经 20 年的调查和分析,从外部世界探究人性内面,既是事件的真实,更是文学的真实。水上勉作为弱狭养育的贫困者,一生在文学中为弱者的内心发声,为我们敞开那些不为人知的内心。富有美丑与善恶才是真正的人、丰富的人、正常的人。两部作品揭示的都是人性本质、弱者内面和生存矛盾。

现实发生的事件,如果只能用现实的形式(新闻报道)来传达的话,文学似乎在此方面没有介入的余地。文学的主要形式是小说,凡事进入到小说中似乎所有真实性质就会消失,以别样的虚构形式再现,这便是小说深奥的妙趣所在。三岛和水上没有做纪实的新闻报道,而是着眼于新闻报道中忽略的细节进行调查、分析,从另一个侧面展现了一个“林养贤”像,即,运用小说的手法,尽可能接近金阁寺放火和尚的内心。这是文学作品对于社会性题材的再诠释,也是其小说的意义、社会价值所在,是文学的独尊性的重要体现。

《金阁寺》中沟口的人物设定复杂而丰满，但周边的有为子、柏木、鹤川等人的关系及作用也不容忽视。并且，三岛把沟口的口吃与性和放火事件的犯罪巧妙地联系在一起。金阁寺，对于得不到爱情的沟口而言，是美的寄托、爱的心像，沟口只要与女性在一起，就会浮现出金阁寺的美像幻影，最后性交失败。而性交无形中又变成沟口打败自己口吃这一障碍的最佳手段，所以口吃是沟口生理到心理再到生理的痛苦根源，为此他必须火烧金阁寺，让其幻影彻底消失，性交成功，最后才能战胜或者说逃避口吃障碍对他的折磨。作者通过沟口对性、对美、对人道公平的渴望、恐慌、不安、幻灭的描写，文学般地还原了一个真正的生理障碍人对生命的欲求。

于水上勉而言，可以毫不夸张地说，从社会推理小说《雾与影》《饥饿海峡》《雁寺》再到自传体《冻庭》《我的六道暗路》，传记体《宇野浩二传》《古河力作的生涯》《一休》《良宽》，最后到《金阁炎上》都流淌着作家水上勉一脉的思想，对贫困者的同情与关怀，对人世的哀怨与留恋。作家少年入寺，逃脱，再入寺。中年为求生计辗转于各种工作中，生活可谓贫困交加。妻子的背离、次女的身体残疾等苦难都使得作家更能够理解苦难不幸的人们，并在文学中为其寻找慰藉与解脱。事实永远无法穷尽，真实的全貌也无法全部再现，从口吃这个小小的细节却可解明人间的愚、欲、恶、罪等真实表现，同时又给读者留有无限的想象空间。这就是文学的力量，作家的力量。水上勉通过小说中的文字，为我们揭示了未知的事实，为已知的事实赋予了新的光明。这是非道德与世俗的批判，是单纯地描述人性的裸形。小和尚的行为，善也好，恶也罢，都是人性的本真。贫困也好，富裕也好，都是外在的存在形式，人们在这种外形下，假面般地活着。

两位作家这样的一种揭示终归要有一定的目的性，他们站在同样的高度，审视着小和尚放火事件的愚蠢与可惜。归根结底，小和尚没有战胜自己，太过于执着于外在形式与虚无的东西，没有在精修中顿悟到“本来无一物”的境界，因而犯下了无法弥补的错误。两位作家看透了，一位剖腹自尽，独走他界；一位晚年隐逸，落叶归根。而文学作品又一次在作家的笔下，超越了新闻报道，更深层地向事件的真实挺进，彰显了其社会价值，无论在形式上还是在内容上，都见证着文学独尊性的地位。

日本由于所处的地理位置，经常受到海啸、地震等自然灾害的侵袭，使得日本人形成了一种天生的危机意识以及悲观主义精神。日本人之所以喜欢樱花，并将其定为国花，就是因为樱花开得灿烂却转瞬即逝，万事皆无永恒。如同火烧金阁寺的小和尚林养贤，因为天生口吃，无法得到尊重和爱情，产生了强烈自卑的悲观情绪。某日，偶然间目睹黄昏时分金阁寺的炫目，迷醉于此，继而把金阁寺作为自己理想的爱情寄托。为了能够永久保有那份夺目的美丽，口吃的小和尚在 1950 年的一个夜晚用一把大火见证了自己的爱情。

在深刻剖析两部与尺八相关的作品后，可以分析出其深刻的内涵正是体现悲观的日本人在精神中寻求快乐的努力与成就。这也是日本人最突出的特点，即能够看清自我。他们深刻认识到解决自身矛盾冲突的最好办法就是帮助国民相信未来，在精神上找到寄托和归宿。所以我们有理由相信，尺八在日本能够经久不衰，其中蕴含着这样的原因。

文学强调无意识写作，是一种后觉者的反思。历史无法改变，但对待历史的态度经过时间的打磨，不断被修正。

第五章　尺八文化的美学功能：艺术中的“间”与“真”

尺八有着千多年的历史，流传至今，有它的音乐或者说艺术语言符号和体系，我们要做的是让它用自己的语言或者方式说话、讲故事。任何一种乐器发出来的声音都有某种的特定的频率，频率就好像数学和分子结构，旋律也好、和声也好、节奏也好，同样都有固定的结构抑或说距离。只是这种结构在演奏者吹奏的时候，改变了程序或者步骤，产生了不同的风格。尺八也有这种特定的频率，我们试图将这种结构理解为“间”，在诸多乐器中尺八的“间”性最为明显。为了探讨尺八的“间”，需要先从“间”字本体入手，结合日本艺能的美学功能进行宏观而深入的探讨，最后落脚在尺八的“间”，融会贯通地理解乐器尺八文化的美学功能。

恩格斯曾说：“文化上的每一个进步，都是迈向自由的一步。”尺八在演变过程中一直体现着其承载的文化的本质，即人的不断进步、追求自由的精神。人们在努力传承一种乐器的同时，就是试图借用乐器的魅力彰显对自由、平等的追求，这也正是尺八能成为日本重要民族乐器的原因之一。

日本人重视“间”，追求人与人、人与自然、人与自我之间的和谐。中国学者往往集中在语义上对“间”做整体宏观研究，日本学者更倾向深入到茶艺、建筑、文学、音乐、书法、绘画、电影、艺能等领域对“间”做微观研究。

根据《说文解字注》：“閒者，稍暇也，故曰閒暇”，“间”（jiān，jiàn），古文“閒”（jiàn）。本义表示，居家而无事，是难得放松的时光片断。“间”有量词、名词、副词、动词等不同词性的解释，但基本是以物理性间隔为基础或延伸的意思。再看《日本语大辞典》对“间”的「ま」的读音有六种解释：①物与物的间；②空闲时间；③机会、时机；④艺能中音与音、动作与动作、台词与台词间的时间，邦乐旋律的间；⑤房间；⑥房间柱子与柱子的空间。除了延续汉语的解释外，其中③和④的解释升华到抽象范畴，尤其④是从特定艺术角度解释“间”，使“间”成为艺术的常用词，如「間が抜けた音楽”」（跑调音乐）、「間を取る」（打拍子、掌握节奏)等。这不仅表现出日本人在艺术中对“间”的重视,更说明“间”可能表达一种艺术话语,体现独特的日式美学。

日本艺术家视“间”为艺术的精髓与灵魂,甚至生命。歌舞伎七代的尾上梅幸曾说:“‘间’很难学,只有在演绎时抛开邪念投入到角色后,才能做到。为此,只有练习再练习,好好掌握。不管舞蹈跳得多么美丽,如果没有了‘间’,便失去了真正的精髓。”落语家六代的三游亭圆生有句经典语“间如生命”,如果掌控不好,无论是何种艺术形式,都会给人不协调之感;掌控好,即使是外行,也会在“间”中感受到奇妙。可以说,“间”贯穿在演艺之中,日本艺能中和歌、演剧中的歌舞伎、能、演艺落语、音曲尺八乐等都存在“间”的不同表现形式。借助这些艺术表现形式,我们可以看到“间”呈现出单一话语、多重话语、引申话语和终极话语等四个维度的话语表达模式,每个维度的话语都有着独特的意蕴和美学功能。

第一节　“间”的话语表述与美学功能

一、“间”的单一话语:“无”

艺能中的“间”产生于无形,判断“间”靠的是察言观色。“间”以自身的话语模式形成运动轨迹,根据时机、组合搭配形式、环境、当事人的意识、第三者的心象而产生微妙的移动性,有如行云流水,无法描述,只能感知。对于难以用语言表达的事情,乍看像陷入泥沼,但如果换个角度来看,这才是能够看清艺术本质的高级认识。人们把语言和文字作为最常用的交流手段,用语言或者文字来表达“间”是理所当然的,但表达清楚、教授明白很难。所以,与其说“间”超越了语言,不如说是潜藏在语言以外的世界里的另类“话语”。

在日本艺能中,“间”不能、无法、难以用语言表述。所以,“间”的单一话语便是“无”,无形的沉默。日本艺术家们纷纷表示,“间”“难以具体说明”,“虽然不能说出口,但听了就会明白:如果掌控不好,艺术的形式就会崩溃”,“一个人能朴素而绝妙地掌控‘间’,这个‘间’无法用活字来说明”。他们看似在强调“间”难以表述,实则在肯定“间”是打磨中形成的演艺经验,看似沉默,却以“无”给观者以无限的扩展空间。“间”不但难以用语言表述,语言反过来还会打扰“间”,“说了多余的话,‘间’就会崩坏”。这种不能与不需要,延伸了“间”的话语内涵,使“间”的无中有“有”,赋予艺术具有表达最大可能性的力量。

对于这一点,我们可以用日本的刀术为例做一说明。日本的刀法作为一种武技,以敌对竞争为宗旨的思想至少持续百年以上。战国末期,持刀者的心态开始发生变化,他们祈愿找到一种方法,不是打倒敌人而是战胜敌人。如何更好地战胜对手?人死如生。刀具作为制作物,手持者不以战胜为目的,而以切磋为宗旨。这时刀具成为敌我的“间”,使敌我从敌对、竞争、反扑中解放出来。为保持敌我的距离,刀身长三尺左右,可保证两手持刀与身体保持全长三尺前后的距离,战国末期出现的诸流仪的组太刀的形制便都依据此而制。而后上泉伊势守的新阴流再次突破,在创造胜利的同时,将杀戮转化为共同生存,敌我双方变成充满喜悦的共鸣者。正是三尺“间”的无法表达的沉默,产生无限可能,好像日式艺能的“暧昧”,让日本人享受“间”的快乐。在这个“间”中,有抵抗、协调、谦让、忍耐等无穷尽的感受。只有恰当的“间”才会在过程中倒逼出抵抗感、紧张感,形成艺术的节奏,日本人享受其中,称之为积极坚韧的力量。所以与其说“间”不能表达,不如说是不愿被表达,“间”最单一的话语表达便是“无”,用老庄“无以名之”解释最为恰当,无中生万物。

二、“间”的多重话语:佐证“无”

尽管“间”难以言说,不得不谈论“间”的艺人们还是将“间”换成他词表述。这些虽然不能直接说是“间”的同义词,但可看作是“间”的近义词,逼近“间”多重话语内涵。盐泽邦彦在《间的哲学》中,对于“间”与“调子”“呼吸”“拍子”“气合”“意气”“节奏”“时机”等的结合做了详尽的阐述。他认为,位于“间”周边的转义话语是构成“间”的多重要素,但也只能说是体现“间”的局部性质。中込重明在《话艺的“间”》中指出,“间”被艺术家们转义和表述成“气合”“平衡”“沉默”“勘(灵感、直觉)”“感(カン)”“呼吸”“时机”“气息(いき、息づかい)”“合得来,有默契(息が合う)”“节奏(リズム)”“同步(シンクロ)”“调子”“拍子”“空气”“气氛”等不同的意思,从生理和心理层面解读“间”。

艺术家们尽其所能地表述“间”,最终也只能将“间”解释为一种动作带来的效果,侧重在呼吸的急缓、节奏的快慢、感觉的迅迟等方面。更有艺术家直接用打手拍、拍桌子、拍扇子、打膝盖等动作来描述“间”,“要想真正了解‘间’,最好一边用手打着拍子,一边敲打着桌角”。“间”的这些多重话语再次说明无论何种近义词也只能从侧面赋予“间”从无到有的话语内涵,最终仍然是在佐证“无”,即“间”的不立文字性。正是因为“间”的难以表述,就只能从产生“间”的动作与心理感知的角度去间接地表述“间”的内涵。这种对“间”的话语转义,不自觉地为“间”增添了一份神秘感,也间接丰富了“间”的意蕴。

三、“间”的延伸话语:“无”中生“有”

“间”具有“无”性,但“间”也蕴含着意蕴丰富的“有”,“无”凸显了“有”的美学功能。诠释“间”的“有”,与三个关键词“魔”“中”“韵”密不可分。笔者试图通过对比,更好地阐述“间”所要表达的话语内涵,从而解构它们所体现出的不同美学功能。

(一)“间”与“魔”

论“间”,总会提到“魔”(ま),二者相生相克,既对立又重合。北野武说:“左右歌舞伎和舞蹈的是‘间’。‘间’掌控艺事的生死大权。‘间’就是如此重要,同时也很可怕。如果没有‘间’,那便成魔了。”这里的“间”与“魔”是对立关系。假设“间”是“空间”的话,如果进行填充,“间”就会因填满而消失。但无论填充与否,有“间”无“间”,“间”还是“间”,仍然存在。这是“间”的恐怖之处,这是一种无法抓住和形容的东西。因为无“间”既是“间”,所以不能单纯地将“间”理解为“空间”,“间是非空间的魔物的魔”。这里的“间”又等同于“魔”,充满魔力,具有神奇的力量。市川团十郎也认为,“‘间’分为能够教授的‘间’和无法教授的‘间’,前者可写为‘间’,后者要写为‘魔’字更能体现主旨”。无独有偶,江国滋在《落语无学》的“间”一节也提到“落语的话术就是间术,间术即魔术”。进一步解释,教得会与教不会之间是“间”也是“魔”,只有学者从这个“魔”中探寻和突破得到真知才能真正体现出“间”的意义。落语中沉默的“间”,与舞蹈中的拍子(律动)的“间”,虽然意义有所不同,但在“间”与“魔”的关系上,二者是共通的。此时“魔”成为“间”的必然阶段,换言之,“魔”是“间”的过程和前身。若要实现真正的“间”,需要跨越原本的“间”和障碍的“魔”,要么消解成出色的“间”,要么化成“魔”。出色的“间”有着“魔法”般的效果,错误的“间”像“魔鬼”一样摧毁整个舞台,“间”需要用“经验”“技巧”“诗情”“悟性”战胜或超越前期的“魔”,最终实现美学的“间”。

以能乐为例,“间”的讨论,是将演技、歌谣、伴奏的各种要素融为一体,在舞台上综合上演的动态的实践活动中进行。比如谣曲的“谣本”虽然流派不同,但音节的唱法几乎都有明确规定。即便如此,演唱的拍子也必须根据周围的伴奏和伴舞的状况随机而定,没有绝对的基准。在歌谣中也更重视呼吸的变化,分为“弱吟(和吟)”和“强吟(刚吟)”:前者气息较舒缓,后者则需要使用强大的呼吸,产生重音效果,发出充满紧张感的音色。但无论是“弱吟”还是“强吟”,运用气息的过程便产生“间”,而气息的强弱、快慢、高低,决定着表演者或成“间”或成“魔”。再者,能乐的节奏是“八拍子”,而歌谣的歌词通常由七五调构成,因此会有“合拍”“不合拍”两种节奏共同组成能乐歌谣的音乐旋律。一首歌的拍子同节奏、舞蹈动作、与之配合的乐器之间也有相互配合的一致与不一致的情况,这是一种不可思议的关系。实际上,能够调节这种差异,将诸多关系紧密地联系在一起的便是这些无法估量的沉默部分,也就是“间”。这绝不是在单纯地规范均等拍子并持续进行的过程中产生的可测量的“间”,而是一种一边集中意识准备迎接新拍子的注入,一边调节着诸多不可测因素的“间”。感觉拿捏得恰到好处便成“间”,反之成“魔”。

就像日本音乐,它没有西方音乐那样合理的时间结构,也没有普遍性的记谱法。但这并不意味着日本音乐在时间方面是无序的。虽然日本音乐在合奏时不会有统一规范的节奏,但每位演奏者都会依赖多年沉淀下来的属于自己的节奏感,在互相配合的情况下,灵活地回应对方。这样也许会产生彼此间的节奏偏差,此时就需要演奏者积极地调整。他们在一种“心有灵犀的呼吸”下,为了不成为“愚蠢”的伴奏,敏锐地捕捉,全身心地投入,创造出日式音乐中演奏者们与听众们的“间”,形成一种充满独特气势的紧张感,演绎着日本音乐真正的意义。这样的“间”并不是单纯的空虚无意义的间隙,是饱满而有力量的“间”。这种无法言说的意义,可以说是不可思议的“魔”演变成了充满力量的“间”,将听众与演奏者融为一体,在同节奏的呼吸中,唤醒更深层的诗情。

(二)“间”与“中”

“间”可指“中”心,或者说完美的“间”谓之“中”,即主体与对象处于最合适的位置。从汉字的角度看,间古写作“閒”,指月光从半开的门中射进来。“间”本是指静态的房间布局的空间性,但由于月的位置随着时间的推移而移动,代表隐性价值的存在者月光、作为障碍物存在的门,任何一方的变化都能改变间。所谓完美的“间”是当门适度打开,月与门处于最佳角度,光的价值得以展现,形成完美的位置关系。非完美的“间”,便是门与光的位置不适当,光受到部分阻挡,未形成最佳表达效果的“间”。原本“间”应该有作为上述完美“间”的“中间”,而在时间流逝中,“间”会失去或远离“中”,此时就不能再称这个“间”为完美。完美的“间”只是瞬间,主体的“中”与对象的“中”在不断的流动下产生了诸多非完美的“间”,这与完美的“间”只是存在差异,但不能单纯被否定,两者是“中间”与“非中间”的关系。任何艺术表现过程中都会有无数“中”,每个主体都视他者为障碍,视自己为“中”,彼此间由于时间、空间、情感等多种距离,会产生不同的“非中间”。“非中间”恰恰因“中间”而存在,增添艺术感。

下面以和泉式部的四首关于“间”的合歌为例,探讨下叙述主体与对象的中间与非中间的关系。

①你未曾见过,透过秋夜树间的初月。

②外面一直下着雨,即使云间的月亮想要出来。

③你好像是被雪覆盖的雪间的小草嫩芽一样,难以见到。

④就算没有办法与你交谈,但至少可以透过墙间的月光看见你的样子。

作家想要表达主体看价值存在者,如果直接达成,那么二者的“间”便是完美的“中间”。但现实与作品中,多是通过“非中间”,也就是说,透过树、云、雪、墙的“间”,才能看到初月、月亮、嫩芽、月光等价值存在者。为了实现“中间”,主体自己要在“非中间”中不断调整和努力,既要调整自身,又要努力适应外界,这便形成一种紧张感充斥在树、云、雪、墙的“间”中,反而使作品更富诗情,实现了“间”独有的美学效果。这种行为与其说是追求终极的完美“中间”,不如说是在用“非中间”抵抗“中”来实现完美。就如河竹登志夫等所说:“日本的阴影的特征主要体现在明暗、浓淡等分界处,在淡出或渐隐中连续不断。但是,不管怎么说,由于余白的存在,使歌舞伎中脸谱实现了真正的意义。余白在一定界限内不再是单纯的空白,表演者表演愤怒时就会怒涨红潮,将人类生命的跃动感和紧张感充斥在‘间’(余白)中,这时余白和阴影的美便产生了。”由此看来,本来相反的、应该互相否定的存在物,可以通过饱满的“非中间”紧密相连,产生美感。

在日本音乐的合奏中,演奏者与总指挥的“间”可以理解为“中间”,演奏者在努力协调平衡与指挥者的“间”时,形成了与各个演奏者彼此的“非中间”,无数的“非中间”创造了一个充实的演奏空间。如果总指挥被设定为全场唯一“中心”,会破坏所有的紧张感,无法与演奏空间的“非中间”相适应。因而,相对于西方以指挥者为时空统率,日式音乐更注重演奏者各自彼此的“间”。“中”的“间”是完美的,但非日本人所追求的,去统领性、去中心性是日本艺能对演艺最大的尊重。日本艺能也是在用“间”突破“中心”,突破完美,实现艺术的自由与平等。

(三)“间”与“韵”

在艺能表演中,“间”是一种回味和重新建构的过程。受众可以重新调整与表演者的节奏,重新思考观看到的节目,产生新的审美期待。省略语言就会延长所持有的余韵,受众在回味中便可体味表演延伸出的余韵,在“间”的不断拉伸中,反复揣摩,产生一种持续性期待。正如《广辞苑》的解释,“事物过去后,还会留存着那种感觉和影响。这便是余韵”。余韵与风情、余波、余音、趣等词近义。

“韵”,又作“韻”,《说文解字》释为:“和也,从音,员声。”此处的“员”为“圆”之省,可以理解为和谐完整谓之韵。韵总是与清雅、清幽搭配出现,这体现了韵的纯粹。和谐完整、简单纯粹、清雅质朴是“韵”的特征,日本艺能中的“间”便可引发出韵。受众通过“间”与表演者同频共振,走入艺术境界,此时,“韵”便产生了。

初期的能舞台,根据 1464 年纠河原的能剧场的贵宾的座位图可知,桥挂(日本能剧舞台的一部分,演员进场时的通道,衔接舞台和化妆间,长 11 ~ 17 米,宽 2 米)设置在舞台的正后方。桥挂的设置是试图让观众在现实世界和虚幻世界之间摇摆不定时感受到艺术的美。而今,桥挂在舞台右下方倾斜一点的位置。竹内芳太郎在《野舞台》中提到:“如果不是倾斜的桥挂设置,就无法感受到立体的艺能。表演者从扬幕出场的瞬间,直接让上席观众看到正脸,或者正侧面进入,都会淡化艺能的深度。”这种说法恰好说明,只有微微倾斜的桥挂,才会使表演者和观众产生“间”,与戏剧的精神紧密相连,由此到达神的境界,感受艺能的韵。而作为桥挂代用空间的歌舞伎的花道,更强调时间流逝的美学效果,建构出表演者与观者最为隐秘的交流空间,在流动中产生无限可能,这正是利用艺能“间”产生“韵”的最好的设置。

日本人崇尚单纯质朴,音乐上喜欢单音节,多种音同时奏出被视为一种打扰。单音节的“间”,不能简单理解为休止符,而是一种音的持续,让一个音发出到声音自然消失后仍有余音未了的感觉。这一点在兼具多重属性和身份的尺八身上体现得尤为突出,尺八的音色简单、音符单一,演奏中呈现的“间”的单纯性恰恰调和了受众不同的感受,更显纯粹。1967 年武满彻为纪念交响乐团创立 125 周年,作曲了『ノヴェンバー・ステップス』,将尺八、琵琶与西方乐器完美融合。从竖琴打弦开始,而后出现的是管弦乐合奏的激烈的音乐群。尺八便在这个激烈来临之前的安静之间,带着特有的颤音,反复拉长一个音符登场。再用「むら息奏法」的跳跃音程,在正常的泛音中夹杂着滚动的气流声,让这部分气流在口腔里形成共振,产生一种即将发出还未曾发出的沉默的爆发力。此时,听者在紧张的期待中感受韵律的和谐,品味着每个音节的音色,在不知何时消失的过程中思考、回味、静心，形成一种简单而纯粹的享受感。这便是与西方时空不同的日本音乐的“间”的魅力，这也是对无节拍感的极大尊重，让音色完全没有被打扰，自由展现、自然消失，留有余韵。

第二节　“间”的终极话语“归真”

关于「ま」，把「ま」和「こと」结合起来便是真理塑性说（即「まこと」）。「真（ま）」有真实、纯粹和真意之意。艺能中的“间”，终极话语表述便是唤醒受众回到原始纯粹的“本真”的状态。在能的表演中，为了追求真的表现，故意戴上面具。削弱外在表演，或许可以真正展现内面，人脸与面具之间形成“间”，人脸与观众之间便形成多个“次间”，这些“间”更能使受众抛开外在影响思考内在本质。为了使受众回归本原的“真”，表演者往往通过“间”，不参与不强迫地让受众自我回归，表达一种日式的尊重。

再以尺八为例，尺八用竹子制成，这种材质使得尺八发出的声音纯粹质朴，能唤醒人内心最原始的记忆，让人们回到最纯粹的状态，从消极到消解多重牵绊，从而达到“治愈”目的。这一点无论从音乐、心理学、医学还是文学的角度都被反复证实。可以说，尺八就是通过单纯的音色，创造“间”，让受众回归“真”，超脱一切回到原点。艺术之所以有力量改变鲜活的人，也许正是因为如此。《菊与刀》里说：“日本人绝不欣赏消沉。‘从消沉中站起来’，‘把别人从消沉中唤醒’。”[①]这是尺八的功能，也是日本艺能“间”的功能，更是日本人喜欢“间”的缘由。这是艺术家表演的出发点，也是他们的归宿，在“间”中，他们还是他们，我们还是我们，但他们与我们都已经是充满力量的全新的“自己”。

这种可以引导受众清空自我意识回归母体的原始状态，同时也是重新拥抱真实的能力，英国诗人约翰·济慈称之为“消极能力（negative capability）”。笔者综合傅修延“消极能力”与徐玉凤“消释力”[②]，把“间”理解为具有一种“消解力”。济慈曾说：“一个人有能力停留在不确定的、神秘与疑惑的境地，而不急于去弄清事实与原委。”[③]这看似消极无能的状态恰好是最好的“真我”状态，颇有

① 鲁思·本尼迪克特：《菊与刀》，吕万和，熊达云，王智新译，北京：商务印书馆，2012，154.

② 徐玉凤：《“消释力”诗学观考辨——济慈“Negative Capability”重译问题》，外语研究，2017（3）：72.

③ 约翰·济慈：《济慈书信集》，傅修延译，北京：东方出版社，2002：59.

庄子的“无用之用”之意,能够获得更多的可能性。

加斯东·巴什拉在《空间的诗学》从人性的角度对家屋等空间意象进行了场所分析和原型分析,家屋、阁楼、地窖、抽屉、匣盒、橱柜、贝壳、窝巢、角落等,都属于一系列空间方面的原型意象,它们都具有某种私密感、浩瀚感、巨大感、内外感、圆整感,相对于有形的空间,日本人建构的“间”,处处皆是,更为无形,寻求的是平等感、自由感。“间”满足了日本人自我保护、自我放飞、自我找寻、自我发现、自我实现的整体要求。

日本艺能的“间”包括外在的音乐与台词等表现的“间”、表演者与受众的“间”、内在的表演者与感知获得者的“间”,即表演者与自身、表演者与他者都能形成“间”,以及共演者的相互主体的“间”。本书从“间”的话语表达内涵出发论证了“间”的从“无”到“有”再到一“间”思想升华的美学功能。这种具有生命感的“间”,充斥着无所不在的“气”,“气”在物理时间空间中不断运动和变化,产生生命。“间”吸收中国哲学中的“气”“无”“空”思想,以及冈仓天心、铃木大拙、西田几多郎等日本哲学家的思想,逐渐演进为日本艺能的独有性格。究其根本,日本艺能的“间”体现了日本人对自然、自由、平等的追求。无论表演者还是受众,都可变成演艺的主体,在自己与世界、自己与他者、自己与自己的“间”的流动变化中产生情感移动,从中找到新的“自己”。

第三节　艺术与尺八

本节以歌舞伎为例,探讨艺术与尺八的相辅相成、相得益彰的关系。歌舞伎于日本江户时代后期兴起,是日本的代表性戏剧、重要的文化遗产,以日本的奈良时代开始到平安时代的官宦文人的文化为时代背景的舞乐。镰仓与室町的武家文化时代盛行的是能乐和能狂言,江户时代文化育成了人形净琉璃,歌舞伎、能乐、能狂言、人形净琉璃这四种艺术代表日本舞台艺术,也是艺术的集大成者。其中,歌舞伎艺术最追求奢华、艳丽,但又最亲民,具有集合了其他艺能的特点,又兼具自身独特的戏剧形式。内容选择下里巴人的剧情、演员在舞台上的表演多呈现着一种懒散、华贵的状态,多配忧伤的曲调,总是透露着一种严肃中的幽默、快乐中的悲伤,似乎在展现现世的及时行乐,又在展现历史正剧的说教意义。

歌舞伎的剧目主要分为两大类,一是时代物,主要是江户以前的历史剧,以贵族公卿和武士阶级为主人公展开故事,偶尔故事中也会出现农民、商人等,但主角仍然是武士和贵族。二是世话物，以江户时代的町人阶级为中心，主人公也变成了市井的商人、侠客或者普通百姓。选题多半也是以市井的大事件、新闻为背景。这类剧目的场景主要是乡村、街道等十三类，处处表现出亲民性的特点，其美学功能归根结底是能够满足百姓普遍性的欲求。

歌舞伎中音乐大体分为上座音乐和下座音乐两类，与配以贵宾座席的上座音乐相对的下座音乐又称黑御帘、阴囃子音乐，演奏下座音乐的人坐在舞台下手也就是左侧，观众看不到的地方，所以称下座，其主要是在开幕、闭幕、人物出场、烘托人物心情、衬托人物形象、渲染舞台氛围时作为背景音乐而使用，与上座音乐相互交替、相互映衬。歌舞伎音乐整体安排较为程式化，音乐的呈现也是如此，每一个项目和环节都有固定的音乐搭配。不同的剧目也会搭配不同类型的音乐。歌舞伎的样式多种多样，有元禄歌舞伎、义太夫歌舞伎、宝历歌舞伎、宽政歌舞伎、丸本歌舞伎、南北物、默阿弥物、活历物、新歌舞伎。比如丸本歌舞伎，由于是从人形净琉璃移植而来，与纯歌舞伎就有所不同，音乐搭配明显有人形净琉璃的风格。歌舞伎中最主要的乐器应属三味线，无论是“说”系列还是“呗”系列，三味线都是不可或缺的，而辅助乐器有大拍子、桶胴、乐太鼓、当钲、本钧、铜锣、双盘、铃、松虫等。但其中有几部经典作品用尺八配乐，韵味更加与众不同。

歌舞伎的舞台上，经常出现主人公吹奏尺八的情节。这些历史性的群体人物也成为歌舞伎中最受欢迎的神秘角色。日本人热衷于据此改编的故事，流传着吹奏尺八的长老等德高望重的人物。在《见闻集》、西山松之助《家元故事》、南条范夫《如梦幻般》、海音寺潮五郎《仙石骚动》、默阿弥以《蝶三升扇加贺骨》、竹紫其水《千石船帆影白浜》的作品中都有此角色，多次搬到歌舞伎的舞台。在当时的新富座，九代团十郎、五代菊五郎、市川左团次等名优还一起出演过《仙石骚动》。歌舞伎的发展也成就了市川团十郎等诸多有名演员，如二代十郎在新年的首演中获得了演出好评，并且持续半年一直上演此角色，而后武士和侠士融合演变成歌舞伎主角，这当然也离不开尺八的助力。当时，因为为家主报仇的赤穗浪士四十七名受到世人赞誉，大阪道顿堀、竹田座的作者竹田出云、并木千柳、三好松洛决定合作，将四十七浪士的事迹改编成《假名手本忠臣藏》的歌舞伎。其情节有趣，由十一段构成，每一段都有演员表演的场面，成为经典之作。因为至今仍然在不景气的时候救场般上演，所以四十七浪士也被称为拯救危难的忠臣藏。

其中，第九段盐谷判官（浅野内匠头）对指导自己礼仪的高师直（吉良上野介)傲慢的言语忍无可忍,拔出刀割断了绳子,砍伤了吉良。将军纲吉愤怒之下命浅野剖腹,没收宅院充公。造成刀伤时,从后面阻止判官,也是为了保护判官的便是加古川本藏。其妻子户无濑和女儿小浪拜访了藩家的家老由良助(大石藏之助)家,因小浪与其儿子力弥有婚约,大石之妻阿石对这对母女很冷淡,说是要本藏的首级方可成婚。户无濑绝望地想要杀死女儿小浪,自己再自杀。这时他吹着尺八站在门口,女儿一听那尺八音,便知道是其父。其父有怜惜妻女的心,进门故意恶骂阿石,并激怒力弥用刀刺向自己。其父在临终前说出想以自己的生命换取女儿的婚姻,将高师直府邸的平面图交给了由良之助,由良之助深受感动。这是在江户时期充满生动情趣的舞台画面,也是借用赤穗浪士四十七名的报仇事件,加入尺八的设计,不仅使剧情丰富生动,也增添了些许净化人心的神秘作用。

《助六由缘江户樱》是日本歌舞伎中十八番剧目中最有名的历史剧,也可以说是唯一一部历史中讲市井情感的剧,又是兼具正剧与幽默的诙谐剧,也是歌舞伎市川团十郎宗家的主要代表作品。江户时代有个叫吉原的地方,樱花盛开,醉人醉心,被人称为欢乐巷。故事就发生在这里的三浦屋。这里有位花魁江户樱,又名扬卷,大家都慕名而来一睹芳容。江户第一美男花川户助六是这场戏的主角,为人正义,头戴紫色头巾,身穿浮世绘的标准的红衬衣和黑外褂,英姿飒爽,追求扬卷。故事开始是曾我五郎乔装成助六的样子来到江户,寻找家传宝刀友切丸。为了寻求宝刀,需要向江户的武士挑衅,激怒武士们拔刀,以此来辨认。扬卷的恋人意休和助六(五郎)都喜欢扬卷,于是二人恶语相向。扬卷把意休贬得一无是处,甚至说二者简直是“雪与炭”的区别。而助六(五郎)一边假装讨厌扬卷,一边又拉拢意休,最后讨伐意休,以此夺回宝刀。整场剧不仅展现了市井风情,还渗透了江户人们对美的期待和审美的情趣及风格。

后来扬卷便消失在三浦屋。这时不知从哪传来了尺八的声音,助六(五郎)成为大受欢迎的人。无论是歌舞伎十八番助六,还是黑手组的助六,腰间都挂着一支尺八。助六每次出场前,扬幕中就会随着尺八的音而出现尺八词。如果遇到吵架和争斗之事,就可以举起尺八代替棍棒。助六是宽政年间的人物,后来也经历了许多的变迁。元文年间,助六已经在舞台上吹奏尺八了。

大正十四年(1925 年),羽左卫门导演了歌舞伎十八番的《助六由缘江户樱》,使用的便是堀越宗家所藏的月时鸟的高莳绘的五节尺八,但当时没有在舞台上吹奏。扬卷一进入扬幕,从扬幕里边就会出现尺八的乐曲。助六出场和退场前都使用尺八伴奏,助六打仗的时候就会举起尺八大战一场。

在歌舞伎的舞台上,不仅是吹奏尺八伴奏,更是将当时的民风民俗融入到剧情中,在尺八音毕后结束全场。在歌舞伎中尺八被艺术化后,也成就了舞台艺术形象。喜欢玩稽古的市川小团次与尺八关系也是颇深。后来人形净琉璃也将尺八相关艺术搬上舞蹈舞台。能够被艺术选择的事物,应该具备神秘性、代表性、可塑性,这方面恰恰是尺八所能呈现给我们的时代特征。

结语　尺八是什么?

尺八是什么?在中国,尺八是承载渊源历史,曾经兴盛,而后消亡,如今又走在复兴路上的民族乐器,是刻有时代印记的象征物,是诗人倾诉思乡之情的寄托物。它是朝代更迭的见证者,它所经历的兴盛和排挤、消亡都是时代背后的文化体现,从中可以读到时代的文化特征。在日本,尺八是舶来用于宫廷的雅乐器,是曾受到排挤的乐器,是诗人表达思想的代言物,是日本转变融合思想的象征物,是日本人改革创新精神的产物。尺八也是欧美青睐的中国民族乐器,是对纯音乐静文化的体现物。尺八更是多国文化交流的见证者、音乐共通的证明者、文学艺术家的神秘题材、对民族化执着追求的守望者。在现代文明进步的今天,尺八是人们把持的较为单纯简朴的乐器。单纯的乐器发出微妙而又神秘的声音,非金属性、非机械性,构造简单,没有现代化的任何装置,这些都是尺八独有的特征,也是中外各国共同的追求,追求原始本真也许应该是我们当下最正确的乐器观。

尺八从中国传到日本后,经历了多重流派的发展与成长,传承发展之外也进行了新一轮的对外传播,如今,尺八已经走入国际视野。尺八不仅成为日本的民族乐器之一,在欧美等国也有广泛的传播。在美国的传播历程主要有个体及团体两个方向。个体方面大多是个人行为的赴日学艺,获取荣誉资格。这些人同步推广尺八的音乐作品,多以出唱片专辑、举办巡回演出等形式进行,促进世界音乐的融合多元发展;团体方面,国际尺八协会作为世界组织吸纳全球尺八爱好者,也曾于2004年在纽约举办了世界尺八节(World Shakuhachi Festival, WSF),至今仍在延续。还有在美国各州州府落地生根的小型尺八团体,他们以成立商铺、工作坊等团体形式举行尺八研讨会,开设尺八课程、讲艺宣传等,大力支持私人性质的尺八课程体验与工艺学习,助推尺八国际化。此外,美国设有关于尺八的师范证书,有些美国的音乐系或音乐学院采用“学位制度”,合格者颁发证书,或另修“演奏家文凭”。尺八在法国、德国、澳大利亚等国的传承也极为广泛。其传播形式主要有开设线上线下的大师班、尺八演奏家的个人课程、国际夏令营，在大学开设尺八的学习课程等；爱好者与研究者们还运用尺八音乐辅助在瑜伽、冥想、针灸或心理治疗等方面；尺八演奏家专注于独奏会、参加世界各地音乐节以及与其他音乐家交流，尝试把尺八与多种音乐风格结合，拓展尺八作为乐器发展的领域。

要想真正理解尺八本音，尺八精神性和艺术性、时代性与叙情性，须从文化相对论的潮流中走入当下的文化合作论，跨学科交叉、跨国别融合、跨文化传播，走到时代中去、走入文化中去、走进人民生活中去。正如 1956 年毛泽东在与音乐工作者谈话中指出："艺术有形式问题，有民族形式问题。艺术离不了人民的习惯、感情以至语言，离不了民族的历史发展。艺术的民族保守性比较强一些，甚至可以保持几千年。古代的艺术，后人还是喜欢它。"[①]本书以马克思主义文化观为根本方法，通过不同时代的人民的反映去了解艺术，研究尺八的传承史，分析乐器承载的文化，试图探究民族乐器在新旧时代转变中的传承问题，提高人民正确对待民族文化的意识，尤其是乐器文化，最终作为马克思主义文化观中国化的成果得以保存及延续。

本书还存在诸多不足或遗憾，尚需深入研究的问题等。

(1)从文献学视角，对相关资料搜集和整理有待于进一步确认与分析，其中存在记载不明处，尤其是欧美部分相关尺八研究有待于补足。

(2)与国外相关尺八的研究更新不能完全同步，只能按年或者季度进行更新。

(3)本书在尺八的音乐学理论方面的分析略显薄弱，更侧重的是尺八的文化与文学艺术范畴的探讨，今后需要深入研究，不断补足。

(4)本书试图从中国和他国多重角度共进研究，主要以日本为主。对于中国的尺八研究，更多的是梳理史料，未深度结合中国历史各个朝代独有的文化特征反观尺八的演变。笔者尝试从尺八的演变映射当时的朝代特征，但问题分析不够透彻，与现有学术研究观点基本保持一致，缺少个人研究建树，在未来的研究中，中国尺八的部分还需进一步深化和拓展。

(5)对于尺八与同类乐器的比较研究不足，本书只在尺八从独奏到合奏的部分对于尺八与胡弓的比较研究做了深入探讨。尺八与南箫、笛、日本龙笛等的比较研究是需要补足的地方。与此同时，尺八传到国外后，尤其进入现代，竹制尺八被创新成多种形式与样式，如金属尺八、贝克莱特制尺八、樱木尺八、枫

---

① 《毛泽东文集》(第七卷)，北京：人民出版社，1999：77.

木尺八、常绿树制尺八、纽姆制尺八等,因此比较研究有待加强。

(6)从多学科视角出发,心理学、影视、教育等领域的尺八研究有待于扩展。

以上的研究更要建立在马克思主义文化观的基础上,这样才能正确认识民族乐器文化和促进民族乐器传承,更准确地从唯物主义辩证观的角度理解文化在社会结构、社会变革中的重要地位和作用,挖掘乐器文化的价值及传承路径、发展方向,充分理解文化中的乐器文化对不同历史的经济政治等作用以及反作用,在乐器文化传承史中仍然可以总结出文化发展的时代性、实践性、科学性、合理性,从而清楚地剖析出尺八所承载的文化本质特征及社会功能、终极目标。本书在马克思主义文化观视域下研究尺八,更科学而又直接地抓住根本问题,理性总结乐器文化的发展规律,从而为在中国民族乐器尺八再兴提供了方向,一定程度地助推了对乐器及其文化的传承。

中国民族乐器制造业中,民族乐器企业以满足市场需求为目的进行专业化、系列化与品牌化的乐器生产,通过量变达成质变,得到社会层面的认可,成为社会主义市场经济的组成部分。

新中国成立以来,中国民族乐器产业化的空间布局演变,有着从分散到聚集再到分散的特点。开始从沿海五大城市的分散格局;到经济转型时期,从分散走向集中,集中于北京、上海和苏州三地;再到 1992 年后再次走向全国,分散各地形成产业园区。

当前,乐器产业已成为音乐艺术教育系统工程的重点发展项目。近些年,在艺术产业政策影响下,结合劳动力及市场等优势,中国的乐器制造业飞速发展,不断缩小与发达国家的差距,目前已成为世界乐器工业的重要组成部分。只有在产学研结合的基础上加强企业知识深度、引智聘才,培养人才队伍、加强企业自主创新能力并重视专利产品申请与产权保护才能推动我国乐器产品技术升级,增强自主创新能力。

中国民族乐器产业化在中国各地形成了特色产业集群,有着乐器规模工业化与品牌个性化塑造的发展方向,形成了河南省兰考县民族乐器产业集群,辽宁(营口)乐器产业园区以及广西、云南的少数民族特色乐器产业等品牌。在经济层面,提升了农村经济效益与生态效益,推动了乡村空间重构,有助于文化产业链的形成。在社会层面,有利于弘扬民族文化,增强民族文化的影响力及认同感。

民族乐器产业作为全球乐器制造业的生产格局的组成部分,经历着全球的价值转移。《中国乐器年鉴》(2018)分析了中国乐器行业的生产指标、进出口指标等数据及国内专利、行业标准等情况，关注国际交流，并对国外的乐器市场情况进行了数据分析。

民族乐器产业在产业化过程中经历了资本与互联网对于乐器行业带来的改变，需要关注乐器品牌的打造、人才的引进以及产业策略的制定与执行，促进企业集群发展。作为中国传统制造行业，在我国接下来产业升级的大背景下，需要进行结构调整及升级。

同时，乐器行业也不断在"竞合"中发展与成长，在对待乐器制造这类尚未摆脱传统工艺和劳动密集的产业时，更应着眼于提升技术含量，形成特色工艺，并提高产品的附加值。适度的竞争与合作无疑将加速这一提升过程。作为处于不同发展层面的各家企业而言，一切博弈，并不仅是竞争。竞争中融入了诸多合作，只有既敢于竞争，又善于合作的企业，才是这个时代的赢家。更近一步，垂直式的发展空间进一步受到挤压，打破传统发展模式势在必行。乐器发展将通过跨界活动对乐器品牌的认知、产品性能、外观，及性价比等概念，加以形象化和具体化，并在活动过程中，增加品牌的文化附加值，完成对制造主业延伸服务的搭建，形成对传统企业的新认识。

此外，需要看到的是乐器产业的跨越式发展不仅需要技术力量的持续积累，更需要抓住时代机遇进行多方面的产业融合和调整。乐器产业融合要基于自身优势，打破传统的产业边界，整合相关资源与技术，形成新业态、新模式、新产品的产业现象。区域内的乐器产业融合是乐器产业创新的重要途径，需要通过乐器产业内部的重组融合及同相关产业之间的交叉融合与延伸融合促进乐器产业自身的转型升级，并最终形成品牌效应。

当然，在民族乐器的产业化发展过程中，挖掘乐器承载的文化特征也是必由之路。中国民族乐器，既体现了中国文化群体在历史中形成的共性，也有通过传承和流变后形成的个性。研究乐器的传承，现今主要通过四种渠道，一是根据历史流传下来的乐器演奏的音乐进行乐器研究；二是根据乐器或者说音乐之外的形式进行研究；三是实物研究，如出土文物中的绘画、乐器等；四是文献研究，通过研究关于乐器的文献，梳理总结并进行汇总。其实，现在应该还有第五种，通过多学科对乐器的展现与应用，多层次、多角度、多渠道地研究乐器。反之，对于乐器的传播也应从理论研究、多学科、多国别的跨文化传播视角出发进行推广。因而，中国民族乐器承载的文化不是狭隘、保守、封闭的，而是在传承中不断扬弃、汲取、借鉴、融合，在演变中延续着艺术的生命力。毋庸置疑，这种乐器文化不能囿于在本国以及各个民族之间，更应在世界各国间共享共通。

一种乐器需要凭借自身的特点，在失传、濒临失传、被改变、被替代等多种压力下与时偕行、与他文化和谐相处，开拓新局面，形成新面貌。然而，万变中不变的是本质的文化属性。“有形”在变，“无形”未变，研究乐器文化的传承与影响，既要回望历史的“相”，看见眼前的“形”，也要抓住未来的“势”。

附录　尺八研究资料过眼录

"尺八研究资料过眼录"是作者长期积累而成，而非短时复制罗列；是对尺八研究文献的整体梳理，而非简单的补充；是尺八的全方面研究的资料汇编，而非单类型的专项汇总，是国内目前较为全面的尺八研究文献资料整理。

第一，文献搜集难度较大，文献来源真实可靠，更具参考价值。

笔者采用虽然笨拙却最为客观真实的方式进行资料搜集。首先对自身所藏相关书籍及参考文献进行归纳整理。在此基础上，通过多种途径获得正式出版及未公开出版的尺八研究的资料。比如，通过借阅各大图书馆的相关资料、拜访相关人士及学会等机构获赠珍贵资料、检索尺八相关网站、借阅和下载能够查询到的尺八相关论文等方式。在查阅每份资料的同时都关注文后参考文献，不断丰富更新笔者的积累。最终，结合小菅大徹，远藤贤一编的《月海文库所藏目录》，形成了"尺八研究资料过眼录"。

第二，文献梳理排序方式科学，易查询与检索。

"尺八研究资料过眼录"主要是运用时间顺序的方式进行排序。日本方面按照书籍（著书、论考、辞典及事典、资料），专刊期刊，谱本，古文献资料（按著者、标题、体裁、尺寸、发行年月、编者、发行者顺序排列），唱片（按照标题、出版社、番号、发行年或录音年、收录曲的顺序排序），论文六类进行分类梳理。中国方面按照史籍、著书，辞书，论文三类进行梳理。

第三，提供参考方向全面、丰富，适合各项专项及全面研究尺八的学者。

因为尺八带有多重属性，研究方向也呈现多样性，尤其是日本的研究，不仅注重其综合方面的研究，也非常重视尺八乐器属性方面的研究。本部分所收录文献不仅涉猎史学、文学、艺术学、音乐学等领域，还加入了谱本与唱片两方面的资料，也是想为在器乐学领域研究尺八的学者提供一些参考。

第四，立足于国际视角对尺八研究文献进行梳理，有利于为学者提供更为客观、全面的研究视角。

本部分的资料汇编，试图从国际视角汇总尺八的研究资料，尺八的研究主要集中在我国与日本，所以从日本与中国两个方面分类汇总。在参考文献中笔者也汇总了其他国家的研究资料，力求客观、全面。

第五，尊重参考文献的源头性，助力拓展国内尺八研究的领域。

尊重参考文献的源头性，实际上是规范学术，提升研究的价值和质量的最重要途径。学者和读者往往更重视正文，其实参考文献也具有一定的含金量，是评判一本书或者一篇论文优劣的重要标准。参考的文献越接近源头，文章质量就会越高。而且，文献资料的汇编也可以帮助更多的研究者去追溯更有价值的信息。“尺八研究资料过眼录”试图为古今学者提供交流平台，更好地进行思想碰撞，由当代学者、同领域的先辈以及他们的研究对象一起参与对话。

第一部分 日本文献

日本关于尺八的研究可谓浩如烟海，研究内容繁杂。在搜集整理过程中，对整体的研究文献进行科学严谨的分类亦非易事。笔者按照书籍（著书、论考、辞典及事典、资料）、专刊期刊、谱本、古文献资料、唱片、论文六类进行分类梳理，不免会有难以区分类别或者类别中有重复交叉的情况。另外，本书成书于 2022 年，同期刊发的最新研究论文未能更新到其中，望能在日后不断更新补充。

一、书籍

（一）著书：（未标注出版者、出版社、出版年均为不详）

[1] 虎关师炼 . 元亨积書（卷 30）.1364—1377.

[2] 山本守秀 . 虚鐸傳記国字解（上、中、下）. 皇都書林，1466.

[3] 洛中洛外図屏風 . 国立歴史民俗博物館蔵，1521—1532 .

[4] 源三郎 . 人倫訓蒙図彙 . 日本東京国立国会図書館蔵，1690.

[5] 大森宗勲 . 短笛秘伝譜 . 宮城道雄記念館蔵，1608.

[6] 延宝伝燈录 .1678.

[7] 僧蛮 . 本朝高僧伝（巻 20）.1703.

[8] 岡秀益 . 尺八通俗集 . 日本東京国立国会図書館蔵，1770.

[9] 山東京傳 . 梅川忠兵衛二人虚無僧（和裝 · 古文獻秩入り）. 永壽堂，1812.

[10] 今泉定介等 . 兎園小説（百家説林巻 8）. 日本東京国立国会図书館蔵，1825.

[11] 岩橋主馬 . 尺八伝書 . 東京大学時手稿，1826.

[12] 吉田一調 . 法器尺八曲譜 .1861—1862.

[13] 籠尺八 . 文字資料（書写資料）.1868.

[14] 小森宗次郎 . 毛谷村六助一代記（上、下）. 小森宗次郎，1880.3.

[15] 尾関トヨ . 仙石騒動記（全）. 尾関トヨ，1888.6.

[16] 新井田次郎 . 神谷転苦忠鈴慕（2 冊本）. 井上勝五郎，1888.7.

[17] 牧金之助 . 絵本白井権八一代記（全）. 金壽堂，1892.4.

[18] 竹腰一朗 . 尺八指南 . 徳谷徳松 · 駸々堂，1893.2.1.

[19] 鈴木孝道 . 尺八獨習自在（全）（第 3 版）. 中村芳松 · 競争屋，1893.3.7.

[20] 鶯聲散士 . 尺八獨習之友（全）. 青木嵩山堂，1893.11.27.

[21] 古事類苑 . 吉川弘文館，1896.

[22] 小栗風葉 . 戀慕ながし . 風陽堂，1900.12.20.

[23] 六花軒主人（上村雪翁）. 尺八獨習新書 . 矢島誠進堂，1905.9.20.

[24] 川瀬復童 . 尺八早指南（曲譜）. 東雲堂，1907.5.28.

[25] 森大狂 . 一休和尚狂雲集（民友社蔵版）.1909.

[26] 太田贇雄（杏村）. 虚無僧 . 風俗研究会発行『風俗志林』，1911.5.13.

[27] 大日本家庭音楽会 . 通信教授尺八講義録（1—3 編）.1914—1922.

[28] 村田宗清 . 洞簫曲 . 日本図書センター，1915.

[29] 荒木古童 . 尺八に就いて（雑誌邦楽 ・ 糸竹の栞第 2 号）.1916.1.15.
[30] 藝術新聞 .1916.
[31] 松戸市立博物館 . 常設展示図録 . 松戸市立博物館，虚無僧寺一月寺 .
[32] 浜松市楽器博物館 . 日本の楽器（所蔵楽器図録 IV）. 浜松市楽器博物館 .
[33] 栗原廣太 . 尺八史考 . 竹友社，1918.9.
[34] 藤田俊郎 . 趣味の研究 ・ 尺八通解 . 日本音楽社，1919.1.
[35] 藤田俊一 . 改訂尺八通解 . 美妙社，1919.1.17.
[36] 藤田鈴朗（俊一）. 趣味研究改訂 ・ 尺八通解 . 美妙社，1919.1.17.
[37] 忽滑谷快天 .『贈呈』の印がある . 禅学思想史 . 玄黄社，1923.
[38] 筆写譜 . 明暗流洞簫譜 ・ 露月調 .1924.5.
[39] 大枝流芳 . 雅遊漫録（日本随筆全集巻 8）. 国民図書株式会社，1927.
[40] 早川純三郎 . 日本随筆大成（巻 7）. 吉川弘文館，1927.1.
[41] 司馬江漢 . 西游日記（文庫本）. 日本古典全集刊行会，1927.8.
[42] 安福呉山 . 西園流の始祖兼友西園（紙魚第 14 冊）.1927.11.10.
[43] 小栗風葉 . 明治大正文学全集（巻 17）. 春陽堂，1928.1.
[44] 仲田勝之助 . 古尺八について（東洋美術第 2 号）. 飛鳥園，1929.6.
[45] 藤田生 . 尺八音の研究（三曲第 93 号）.1929.
[46] 竹内寿太郎 . 尺八の物理的考察（二）（三曲第 93 号）.1929.
[47] 京都史蹟会 . 林羅山文集 . べんかん社，1930（複製）.
[48] 琴古流協会 . 琴古流協会だより（第 1 号）（冊子片）. 琴古流協会，1930.1.
[49] 宗長 . 宇津山記（群書類従第 27 輯巻 480）. 平文社，1931.
[50] 乳井建蔵 . 根笹派所伝 ・ 錦風流尺八本調子之譜 . 田村琴子，1931.11.10.
[51] 紹田茂太郎 . 日本音楽文化史 . 春秋社，1933.
[52] 小幡重一 . 実験音響学 . 岩波書店，1933.
[53] 上田喜一 . 私の自然主義（附こころ，小冊子）. 上田流楽報社，1935.3.

[54] 宫城道夫，吉田晴風，千葉早智子，柳沢健 . 琴と尺八 . 世界の本社，1935.3.25.

[55] 浦本政三郎 . 生命の第四原理 . 人文書院，1935.9.

[56] 黒板勝美 . 類聚三代格（新訂増補国史大系巻 21）. 吉川弘文館，1936.

[57] 黒板勝美 . 令集解（新訂増補国史大系巻 23）. 吉川弘文館，1936.

[58] 吉田晴風，前田佳風 . 尺八の楽理と実際 . 交蘭社，1939.10.1.

[59] 米川正夫 . 酒 ・ 音楽 ・ 思出 . 青空文庫，1940.

[60] 黒板勝美 . 今镜（新訂増補国史大系巻 21）. 吉川弘文館，1940.2.

[61] 吉川英治 . 虚無僧系図 . 文林堂双魚房，1941.12.

[62] 吉田晴風 . 晴風隨筆 . 新世社，1942.12.

[63] 兼安洞童 . 尺八教則本 . 琴古流尺八，日本竹道学館本部，ニッポー楽器製造株式会社，1946.

[64] 正倉院事務所 . 正倉院の楽器 . 日本経済新聞社，1948—1952.

[65] 川瀬竹友 . 竹友回顧録（附世界観の発展）川瀬翁八十賀刊行会，1950.4.

[66] 竹内史光 . 尺八入門 . 史光会本部，1953.

[67] 田辺尚雄 . 音楽粋史 1 チョボクレ節からシンフオニーまで . 日本出版協同株，1953.9.

[68] 田辺尚雄 . 続音楽粋史ステーヂからマイクロフオンまで . 日本出版協同株，1953.12.

[69] 玉树竹二 . 大日本仏教全書 . 蔭涼軒録 . 史籍刊行会，1954.

[70] 田辺尚雄 . 日本の音楽 . 文化研究社，1954.

[71] 福田蘭童 . 蘭童風流譚 . 桃園書房，1954.1.

[72] 川上秀治 . 浜松普大寺文書（2005 年日本音楽社浜松市貴平町内藤家文書を筆写）. 浜松市図書館川上秀治文庫，1956.

[73] 谷北無竹 . 洞蕭餘韻（和缀じ刊本）. 無竹庵，1957.3.

[74] 石井良助 . 徳川禁令考前集（五）創文社，1959.

[75] 竹友社 . 竹友翁追悼（冊子）. 宗家竹友社，1960.3.

[76] 稲垣衣白 . 谷北無竹先生の思い出 (冊子) . 稲垣東，1961.6.
[77] オールコック . 大君の都 ・ 幕末日本滞在記 (上) (文庫) . 岩波書店，1962.4.
[78] 藤田俊一 . 吉田晴風の一生 (附尺八芸談) . 日本音楽社，1962.9.
[79] 河原信三 . 入宋覚心 . 古今書院，1962.11.
[80] 小橋豊 . 音と音波 . 裳華房，1962.
[81] 田中允山 . 新しい尺八教室 . 協楽社，1963.
[82] 阿部肇一 . 中国禅宗史の研究 . 誠信書房，1963.
[83] 鈴木鼓村 . としのぶ集 . 上北野楽堂，1965.7.
[84] 吉川英史 . 日本音楽の歴史 . 創元社，1966.
[85] 高橋堅吾 . 盧山煙雨 . 盧山煙雨刊行，1966.1.
[86] 福田蘭童 . 蘭童つり自伝 . 報知新聞社，1966.5.
[87] 稲垣衣白 . 浙潮先生の思い出 (冊子) . 稲垣東，1966.6.
[88] 坊田寿真 . 日本旋律と和声 . 音楽之友社，1966.
[89] ピゴット . 服部瀧太郎訳 . 日本の音楽と楽器 (原著 1893 年) 「明治 20 年代に来日した英人の記録と研究」. 音楽之友社 (上の本の訳本) ，1967.8.15.
[90] 正仓院の楽器 . 日本経済新聞社，1967.10.
[91] 桃川如燕 . 仙石左京 (講談速記) .1912—1968.
[92] 兼安洞童 . 情操教育私見 (冊子) (邦楽) . 日本竹道学館本部，1968.1.
[93] 東洋音楽学会 . 唐代の楽器 . 音楽之友社，1968.
[94] 堀井小二朗 . 尺八試論 (邦楽評論随筆集) . 堀井邦楽研究所，1969.12.
[95] 西川埋山 . 尺八の音色の分析 (六) . 都山流尺八楽会楽報 No.533，1969.9.
[96] 和漢三才図会刊行委員会 . 和漢三才図会 . 東京美術，1970.
[97] 稲垣衣白 . 谷北無竹先生の思い出 (冊子) . 稲垣東，1970.1.
[98] 鈴法寺跡を都史跡に . 朝日新聞，1970.2.18.

[99] 村岡実 . 五線譜による現代尺八入門 . 日音楽譜出版社，1970.
[100] 飯田任風，石綱清園 . 虚無僧行脚旅日記（1—12 迄）（冊子）.1971.
[101] 稲垣衣白 . 谷北無竹漢詩抄洞蕭餘韻（冊子）. 稲垣東，1971.1.
[102] 山下弥十郎 . 虚無僧 · 普化宗鈴法寺の研究 . 多摩郷土研究の会，1972.3.2.
[103] 北川忠彦 . 世阿弥 . 中央公論社，1972.
[104] 伊藤古鑑 . 禅と公案 . 春秋社，1972.
[105] 明暗導主会 . 明暗寺所伝古典本曲要説（非売品）. 明暗導主会，1972.10.
[106] 古川太山 . 静光室遺芳 . 興国寺，1973.5.
[107] 日本随筆大成（第二期）. 吉川弘文館，1974.
[108] 勝海舟 . 氷川清話——付勝海舟伝（文庫本）. 角川書店，1974.4.
[109] 豊島正雄 . 大本山国泰寺妙音会虚無僧尺八談義（冊子）. 大本山国泰寺，1974.8.
[110] 矢田挿雲 . 江戸から東京へ（巻 1—8，内 5、6 巻欠）（文庫本）. 中央公論社，1975.4—10.
[111] 市川白弦 . 一休 . 日本放送出版協会，1975.
[112] 尺八の魅惑（季刊邦楽第 5 号特集）.1975.10.
[113] 栗原廣太 . 尺八史考 . 竹友社，1975.12.
[114] 阿部弘 . 正倉院の楽器 · 日本の美術 2 No.117，1976.
[115] 團伊玖磨，小泉文夫 . 日本音楽の再発見 . 講談社，1976.1.
[116] 稲垣史生 . 日本仇討百選 . 秋田書店，1976.2.
[117] 明暗虚山坊同友会 . 虚無吹断富虚山師追悼 . 明暗虚山坊同友会，1976.5.
[118] 三室戸文光，小出浩平 . 新しい音楽通論 . 音楽之友社，1976.
[119] 山下弥十郎 . 鈴法寺と中里介山：多摩のあゆみ第 5 号 . 多摩信用金庫，1976.
[120] 柴田南雄，那谷敏郎 . 尾崎一郎写真 . 日本の音をつくる . 朝日新聞社，

1977.2.
[121] 尺八，その先人の足跡（季刊邦楽第 10 号特集一）.1977.3.
[122] 木村敏二郎 . 仙石秘帖 . 木村敏二郎，1977.7.
[123] 小山峰嘯 . 尺八の作方と随想 . 小山峰嘯，1977.12.18.
[124] 日本古典全集刊行会 . 教訓抄 . 現代思潮社，1977.12.25（覆刊）.
[125] 日本古典全集刊行会 . 続教訓抄 . 現代思潮社，1977.12.25（覆刊）.
[126] 上参郷祐康 . 琴古流の始祖黒沢琴古（季刊邦楽十号）. 邦楽社，1977.
[127] 松浦静山 . 中村幸彦，中野三敏校訂 . 甲子夜話（5）（東洋文庫 338）. 平凡社，1978.
[128] 日本歌謡研究資料（巻 3）. 勉誠社，1978.
[129] 日本古典全集刊行会 . 體源抄 . 現代思潮社，1978.5.30（覆刊）.
[130] 安藤由典 . 楽器の音色を探る . 中央公論社，1978.
[131] 柴田南雄 . 音楽の理解 . 青土社，1978.12.
[132] 松戸市誌編纂委員会 . 松戸市史中巻近世編 . 松戸市役所，1978.
[133] 竹村俊則 . 日本名所風俗図会 7 京都の巻 I（京童）. 角川書店，1979.
[134] 嬉遊笑覧 . 日本随筆大成別巻（3）. 吉川弘文館，1979.
[135] 富森虚山 . 明暗尺八往古来今略記 . 明暗吹簫和楽禅会，1979（左右）.
[136] 高橋雅光 . 独奏尺八のための作曲 . 音楽の世界社，1979.
[137] 松宮泰治（奇童）. 京の邦楽漫歩 .1979.1.
[138] 高橋空山 . 普化宗史・その尺八奏法の楽理 . 普化宗史刊行会，1979.2.
[139] 高橋空山 . 普化宗小史（附普化尺八吹奏の楽理）. 音楽研究会，1979.2.
[140] 山手樹一郎 . 尺八乞食 . 青樹社，1979.8.
[141] 中塚竹禅 . 琴古流尺八史観 . 日本音楽社，1979.10.
[142] 歌系図（日本歌謡研究資料集成（巻 9）. 勉誠社，1980.
[143] 永田調兵衛 . 糸竹大全紙鳶（日本歌謡研究資料集成巻 2）. 勉誠社，

1980.
[144] 中村宗三 . 糸竹初心集（日本歌謡研究資料集成巻 3）. 勉誠社，1980.
[145] 興国寺開山法燈国師七百年遠諱奉賛会 . 鷲峯余光 . 東洋文化出版，1980.
[146] 宇都宮泰長 . 豊前路の民話と伝説 . 鵬和出版，1980.5.
[147] 上参郷祐康 . 古典本曲の集大成者：神如道の尺八 CD 別冊解説書（冊子）. テイチクレコード，1980.10.25.
[148] 山本守秀 . 虚鐸傳記国字解（影印版）. 日本音楽社，1981.
[149] 太陽臨時増刊 . 正倉院の宝物 .1981.
[150] 尺八楽譜（史光会楽譜）.1981.
[151] 水上勉 . 北京の柿 . 新潮出版社，1981.3.
[152] 海音寺潮五郎 . 列藩騒動錄（下）. 講談社，1981.6.10.
[153] 蝶名林竹男 . 越後明暗寺の歴史 . 私費出版，1981.11.
[154] 石網清画 . 艸三虚霊考：一音成仏創刊号 . 虚無僧研究会，1981.
[155] 三多摩 . 新編武蔵風土記稿（復刻版）. 千秋社，1981.
[156] 西山松之助 . 家元の研究（西山松之助著作集巻 1）. 吉川弘文館，1982.
[157] 寺尾善雄 . 中国文化传来事典 . 河出書房新社，1982.
[158] 生方穫衛 . 虚無僧寺院 根笹派白井山浄水寺 . 群馬歴史散歩の会「群馬歴史散歩」第 51 号 .1982.3.15.
[159] 今川哲斎 . 一期一会 · 明暗三十六世了庵止山史 . 今川哲斎，1982.5.
[160] 金子量重 . 音楽と芸能 . 学生社，1982.6.
[161] 根本克夫 . 虚しさの譜 . 鳥影社，1982.7.
[162] 山上月山 . 對山派訳 . 勝浦正山遺譜 . 勝浦正俊，1982.7.1.
[163] 藤田俊郎 . 尺八通解 · 趣味の研究 . 日本音楽社，1982.8.
[164] 田村圓澄 . 聖徳太子 . 中央公論社，1983.
[165] 古川雅山 . わが寺は街頭にあり . 雅山洞，1983.12.
[166] 平井良朋 . 大和所図会（日本名所風俗図会 9 奈良の巻）. 角川書店，

1984.

[167] 山下無風 . これはしたり ・ 尺八放談 . 風の会，1984.1.

[168] 吉田文五 . 日本の琴 . 赤木書店，1984.

[169] 出井静山，高橋呂竹 . 山上月山蒐集尺八譜 ・ 奥州編 ・ 九州編 . 山上月山，1984.4.10.

[170] 今井宏泉 . 素浪人塚本竹甫—尺八に生き、酒を愛した男の生涯 . 柏樹社，1984.9.

[171] 竹村俊則 . 都名所図会 (日本名所風俗図会 8 京都の巻 II) . 角川書店，1985.

[172] 竹村俊則 . 紀伊国名所図会 (日本名所風俗図会 12 近畿の巻 II) . 角川書店，1985.

[173] 朝倉治彦 . 東都歳事記 (日本名所風俗図会 3 江戸の巻 I) . 角川書店，1985.

[174] 藤井知昭 . 日本音楽と芸能の源流 . 日本放送出版協会，1985.5.

[175] 坂本太郎 . 聖徳太子 . 吉川弘文館，1985.

[176] 稲垣衣白 . 虚無僧谷狂竹 . 虚無僧研究会刊行，1985.6.

[177] 稲垣衣白 . 尺八本曲と古管尺八を愛好された浦本浙潮先生 . 稲垣衣白，1985.9.

[178] 横山勝也 . 尺八楽の魅力 . 講談社，1985.9.

[179] 上野堅実 . 尺八音楽のための楽典 . 島田音楽，1986.3

[180] 神田俊一，石橋愚道 . 明暗尺八界の奇人 源雲界集 ・ 神田俊一 ・ 石橋愚道 (非売品 . 限定 500 部のうち 183) ，1986.3.30.

[181] 牧嶋志洞 . 西相模地方の邦楽 (三曲 ・ 本曲) にたずさわった人々 . 牧嶋志洞，1986.8.

[182] 牧嶋志洞 . 普化尺八吹禅 ・ 虚無僧の精髄について . 牧嶋志洞，1986.8.

[183] 牧田康雄 . 現代音響学 . オーム社，1986.

[184] 角倉一郎，髙野紀子等 . 音楽と音楽学 . 音楽之友社，1986.

[185] 吉田輪童 . 尺八史譚 . 日本音楽社，1987.4.
[186] 戸谷泥古 . 虚無僧尺八製管秘伝 .1987.8.
[187] 島田昌幸 . 竹のうた ・ 風狂と尺八 . 近代文芸社，1987.5.
[188] 飯田任風 . 石綱清園編 . 虚無僧行脚旅日記 .1987.9.
[189] 赤井逸 . 笛ものがたり . 音楽之友社，1987.
[190] 斎藤栄三郎 . 尺八 三曲の世界 . ヒューマン ・ ドキュメント社，1988.1.
[191] 人生の達人が語る三曲入門 .1988.1.
[192] 中島聖山 . 尺八 ・ 知識と奏法 . ぎょうせい，1988.1.
[193] 伊東笛斉 . 尺八の源流を求めて明暗三十七世 ・ 谷北無竹師本曲の話（冊子）. 稲垣衣白，岡崎無外，1988.2.
[194] 蒲生郷昭, 柴田南雄, 徳丸吉彦, 平野健次, 山口修, 横道萬里雄等 . 岩波講座 ・ 日本の音楽アジアの音楽 . 岩波書店，1988.
[195] 藤井知昭，山口修 . 月渓恒子編 . 楽の器 . 弘文堂，1988.12.30.
[196] 嶋村正雄（玄沖）. 壺中有天 . 常陽リビンク社，1989.1.
[197] 田中義一 . 都山流尺八流祖中尾都山の生涯 . ホーオ一堂，1989.2.
[198] 吉川英史 . 日本音楽文化史 . 創元社，1989.10.
[199] 赤井逸 . 笛ものがたり . 音楽之友社，1989.6.
[200] 田中優子 . 江戸の音（3 版）. 河出書房新社，1990.4.
[201] 島原帆山 . 竹韻一路 . 新芸術社，1990.5.
[202] 保坂裕興 .18 世紀における虚無僧の身份形成（部落問題研究 105 号）. 部落問題研究所，1990.5.
[203] 石綱清圃 . 虚無僧史（11）：一音成仏 19 号 . 虚無僧研究会，1990.
[204] 石綱清圃 . 竹路古径—虚無僧を詠む二十首（冊子）. 石綱清圃，1991.4.
[205] 馬淵卯三郎 . 糸竹初心集の研究 . 音楽之友社，1992.2.25.
[206] 黒川真道 . 吾妻の花（江戸風俗図絵）. 柏美術出版，1993.
[207] 黒川真道 . 四時交加（江戸風俗図絵）. 柏美術出版，1993.
[208] 増田秀光 . 陰陽道の本——日本史の闇を貫く秘儀 ・ 占術の系譜 . 学

习研究社，1993.

[209] 保坂裕興．塚田孝，吉田伸之，脇田修編．17 世紀における虚無僧の生成——ぼろぼろ・薦僧・との異動と「乞う」行為のあり．身分的周縁．部落問題研究所，1994.5.10.

[210] 小島美子，藤井知昭．日本の音の文化．第一書房，1994.5.

[211] 横山勝也．竹と生きる勝也尺八修行帖．音楽之友社，1994.8.

[212] 小泉文夫．日本の音．平凡社，1994.9.

[213] 小倉理三郎．日本音楽の源流を探る：古代より近世までの音楽文化史．芸術現代社，1994.9.

[214] 塚本虚堂．古典尺八及び三曲に関する小論集．虚無僧研究会，1994.

[215] 青梅市史編委員会．青梅市史（上）.1995.

[216] 中西進，周一良．中文化交流史叢書．大修館書店，1995.

[217] 上津原孝一．随想いとたけ．上津原孝一，1995.4.

[218] 由良町誌編集委員会．由良町誌余禄．町誌こばればなし（冊子）．由良町誌編集委員会，1995.4.

[219] 上参郷祐康．糸竹論序説（日本音樂論考自選集）（上参郷祐康私家版）.1995.4.1.

[220] 寺田英視．文学界（雑誌）．文藝春秋，1995.5.

[221] 大橋鯛山．岐路に立つ尺八（刊本）．邦楽ジャーナル，1995.8.

[222] 石川淳．至福千年（文庫本）．岩波書店，1995.10.5.

[223] 山下弥十郎．武蔵鈴法寺の研究（多摩郷土研究第 17 号）．百水社第 5 巻，1996.

[224] 神宮寺奉賛会．相模国虚無僧寺 伊勢原神宮寺史 吹禅尺八．神宮寺奉賛会，1996.3.18.

[225] 芝豪．天の楽曲．海越出版社，1996.11.

[226] 廣谷青心．忘竹明暗尺八の心（冊子）．明暗尺八忘竹会，1996.11.

[227] 柳田圣山．禅と文学（叢書禅と日本文化）．ぺりかん社，1997.

[228] 松戸市立博物館常設展示図録.1997.

[229] 前田仙童 . 管絃奏楽 . 前田仙童，1997.7.

[230] 白尾国利 . わたしの二十世紀 . 天吹を受け継ぐ（冊子）. 南日本放送，1997.12.

[231] 武田鏡村 . 虚無僧 聖と俗の異形者たち . 三一書房，1997.12.15.

[232] 値賀笋童 . 伝統古典尺八覚え書 . 出版芸術社，1998.

[233] 神田俊一，吉田幸一 . 尺八と虚無僧の変遷（近世前期歌謡集，古典文庫 620 冊）. 古典文庫，1998.

[234] 仁君開村 . 青梅市史料集（第 47 号）. 青梅市教育委員会刊，1998.

[235] 石田昇 . 物語日本音楽史 . 芸術現代社，1998.

[236] 安藤由典 . 楽器の音響学 . 音楽之友社，1998.

[237] 大野治 . 還暦記念紀州ゆら由良記 . 大野治，1998.3.

[238] 値賀笋童 . 伝統古典尺八覚え書 . 出版芸術社，1998.6.20.

[239] 武富咸亮 . 月下記 . 上北野楽堂，1998.8.

[240] 森田洋平 . 新虚無僧雑記 . 神田可遊，1999.

[241] 藤田正治 . 我が尺八道 .1999.1.

[242] 嶋村正雄（玄沖）. 尺八曼茶羅 . 常陽リビンク社，1999.9.

[243] 鈴木法印 . 伊達氏ゆかりの虚無僧寺 普化宗寺院 虚空山 布袋軒 . 鈴木伸昌，1999.10.29.

[244] 森田洋平 . 新虚無僧雑記 . 神田可遊，1999.11.15.

[245] 岡本竹外 . 尺八随想集 根笹派錦風流伝曲と越後明暗寺秘曲など . 蒼龍会，1999.11.23.

[246] 釣谷真弓 . おもしろい日本音楽史 . 東京堂，2000.

[247] 集英社 . すばる 2000 年新年特大号（雑誌）. 集英社，2000.1.

[248] クリストファー遥盟 . 尺八オデッセイ . 河出書房新社，2000.3.

[249] 前田仙童 . 管絃奏楽 . 前田仙童，2000.5.

[250] 田嶋直士 . 一音の心をこめて .2000.5.

[251] 高埜利彦 . 民間に生きる宗教者 シリーズ近世の身分的周縁 . 吉川弘文館，2000.6.1.

[252] ランデブー 5 号 . 甲斐乙黒明暗寺 . 株式会社コミヤマ工業，2000.7.
[253] 月渓恒子 . 尺八古典本曲の研究 . 出版芸術社，2000.9.
[254] 藤田節子 . 鈴朗記二十世紀を三曲と共に生きた父 ・ 藤田俊一 藤田節子，2000.11.
[255] 堀晃明 . 天保国絵図で辿る広重 ・ 英泉の木曽街道六拾九次旅景色 . 人文社，2001.
[256] 水上勉 . 虚竹の笛 ・ 尺八私考 . 集英社，2001.3.
[257] 肱岡理山 . 竹籟—君の瞳を忘れない . 鉱脈社，2001.4.
[258] 岡田富士雄 . 虚無僧の謎 吹禅の心 . 秋田文化出版，2001.4.15.
[259] 白上一空軒 . 高橋空山居士の世界 . 壮神社，2001.11.
[260] 赤松紀彦 . 日本における中国音楽 . 勉誠出版，2002.
[261] 志村哲 . 古管尺八の楽器学 . 出版芸術社，2002.
[262] 小野田隆 . 風と尺八遍路旅 .MBC21，2002.2.
[263] 山本邦山 . 五線譜による尺八教則本 . 全音楽譜出版社，2002.
[264] 岡田富士雄 . 尺八楽と女性 .（女性と邦楽，特集）. 秋田文化出版，2002.8.
[265] 牧嶋志洞 . 吹禅竹と丈明 . 牧嶋正春，2002.11.
[266] 石川憲弘 . はじめての和楽器 . 岩波書店，2003.3.
[267] 高橋宏 . 轍—私の半生記 . オーシャンコマース，2003.8.
[268] 東雅夫 . 稲生モノノケ大全（陰之巻）. 毎日新聞社，2003.9.
[269] 奈良部和美 . 邦楽器づくりの匠たち . ヤマハミュージックメディア，2004.6.
[270] 鬼頭勝之 . 虚無僧雑記 . ブックショップマイタウン，2004.8.1.
[271] 長嶺天風 . 四国遍路ひとり歩き同行二人 . 天籟社，2004.9.
[272] 山口正義 . 尺八史概説 . 出版芸術社，2005.9.
[273] 小菅大徹，遠藤賢一 . 月海文庫所蔵目録 . 月海山法身寺，2005.
[274] 鈴木貞美等 . 日本文芸史 . 表現の流れ ・ 近現代 . 河出書房新社，2005.

[275] 太田記念美術館 . 特別展 浮世絵の楽器たち . カタログ . 太田記念美術館，2005.10.1.
[276] 山崎美成 . 本朝世事談綺正誤（日本随筆全集第二集）. 2007.
[277] 山本邦山 . 尺八演奏論 . 出版芸術社，2007.
[278] 岸本寿男，釣谷真弓 . 音楽文化の創造 .2007.
[279] 栗原信充 . 先進繍像玉石雑誌 . 吉川弘文馆，2007.
[280] 小森正明 . 教言卿記（1408 年）（史料纂集巻 154）. 八木書店，2009.
[281] 虚無僧研究会 . 虚無僧尺八書籍 . 虚無僧研究会創立 30 年記念誌 . 2012.4.29.
[282] 黒川道祐 . 雍州府志（续群書類従第八）. 古書出版部虚無僧研究会，2013.
[283] 弦間耕一 . 甲州の虚無僧 聖と俗の世界（改訂）. 甲斐郷土史教育研究会，2013.4.30.
[284] 塩見鮮一郎 . 江戸の貧民（文藝新書）. 文藝春秋社，2014.8.20.
[285] 中島博之，アテネ・ホルツヒエン . 尺八の歴史 .2020.
[286] 目黒比翼塚伝記・平井権八物語（1—3）（和裝・古文献）. 手書き .
[287] 西村虚流 . 虚空（西村虚空の作品集）. 西村虚流 .
[288] 小西新右衛門文書 . 大阪府伊丹市の小西酒造に伝えられている文書 . 曼多羅寺村へ入り込む虚無僧体の者取締に付き請書 .「虚無僧体の者取締りに付き見回り料差送る旨」. 伊丹大仏留場印書料金受取り覚 . 伊丹町京大仏明暗寺留場制札 . 曼陀羅寺村京大仏明暗寺留場制札 .「虚無僧体の者取締りのため制札立置く旨」.
[289] 日本書紀（日本古典文学大系 67，68）. 岩波書店 .
[290] 都山流宗家 . 都山流史 . 都山流編輯部，1932.
[291] 藤井隆山 . 都山流宗家校閲 . 都山流尺八受験者必携 作譜作曲の入門 . 前川合名会社，1933.
[292] 中尾稀一，都山流編集部 . 都山流尺八五線譜解説 . 都山流出版協会，

1968.

[293] 都山流史編集委員会(財).都山流七十年史.都山流尺八楽会.永楽屋,1970.

[294] 中尾都山.都山流尺八楽譜.解説.都山流出版协会.前川出版社,1979.

（二）论考

[1] 松本操貞.琴曲獨稽古.東京市千代田区：博文館，1895.9.

[2] 佐藤魯堂(籟斎).尺八小言(和装原稿用纸轶入り).不明：佐藤魯堂籟斎，1898.8.

[3] 森田吾郎.三味線、箏、尺八、調律法 欧洲音符比較対照.大阪市東区：武田交盛館，1909.7.

[4] 小林紫山.明暗尺八解（冊子）.京都市下京区：明暗流本部，1916.8.

[5] 栗原廣太.尺八史考.東京市四谷区：竹友社，1918.

[6] 田辺尚雄.音樂通論（上巻）.東京府渋谷町：趣味普及会，1919.2.

[7] 田辺尚雄.最近科学上より見たる音楽の原理.東京市日本橋区：内田老鶴圃，1921.7.

[8] 田辺尚雄.日本音楽史（抜粋コピー）（冊子）.不明，1921.7.

[9] 小林紫山.明暗三十五世紫山著尺八秘義（冊子）.京都市下京区：明暗根本道場，1921.11.

[10] 帝室博物館.正倉院楽器の調査報告帝室博物館学報第2冊(冊子).東京都下谷区：帝室博物館，1927.2.

[11] 上原六四郎.俗業旋律考（全）（書写本）.不明，1928.1.

[12] 田辺尚雄.江戸時代の音楽.東京市牛込区：文教書院，1928.2.

[13] 藤田斗南.箏曲楽の展開に見る国民的特性（冊子）.不明，1929.1.

[14] 吉田晴風，前田佳風.尺八の楽理と実際（全）.東京都小石川区：新日本音楽協会，1929.3.

[15] 古曾虎山.尺八の智議（冊子）.大阪市浪速区：古曾虎山，1929.11.

[16] 田辺尚雄.邦楽研究者のために 最短距離の上達法.東京市本郷区：先

進社，1932.4.
[17] 上原六四郎 . 俗業旋律考 . 東京都千代田区：岩波書店，1935.1.
[18] 遠藤亀太郎 . 尺八の作り方 . 京都市東山区：遠藤亀太郎，1936.6.
[19] 中山太郎 . 日本盲人史 . 東京市神田区：成光館，1936.8.
[20] 田辺尚雄 . 日本楽律論（冊子）. 不明，1936.10.
[21] 中山太郎 . 続日本盲人史 . 東京都杉並区：昭和書房，1936.12.
[22] 吉田健三（泰山）. 名手への捷徑吹奏指導 . 大阪市南区：前川合名会社，1937.1.
[23] 村松志孝（蘆洲）. 甲州叢話 . 東京市豐島区：顕光閣，1937.5.
[24] 平松應山 . 都山流尺八通解 . 大阪市南区：前川合名会社，1937.12.
[25] 文部省 . 日本精神と音楽（冊子）. 東京市：文部省，1938.3.
[26] 藤井隆山 . 都山流尺八拍子の打ち方（冊子）. 大阪市南区：前川合名会社，1940.8.
[27] 中川良平（愛氷）. 三絃楽史 . 東京市下谷区：大日本芸術協会，1941.2.
[28] 菅野式男 . 虚無僧史考（第一稿）. 島根県出雲市：菅野式男，1945.8.
[29] 田辺尚雄 . 笛その芸術と科学 . 東京都京橋区：わんや書店，1947.1.
[30] 田中幸雄 . 箏響台に就て（冊子）. 東京：1950.5.
[31] 神如道 . 尺八古典本曲指南（冊子）. 東京都新宿区，1952.5.
[32] 村治邦一 . 尺八の新研究 . 西宮市甲子園，1953.1.
[33] 田辺尚雄 . 日本の音楽 . 東京都杉並区：文化研究社，1954.11.
[34] 岸辺成雄，平野健次 . 筑紫箏研究資料 ・ 楽譜（冊子）. 不明：東洋音楽学会，1955.6.
[35] 山下弥十郎 . 新町開拓物語（冊子）. 青梅市：山下弥十郎，1957.4.
[36] 山下弥十郎 . むさし鈴法寺の由来（冊子）. 青梅市：山下弥十郎，1958.4.
[37] 小泉文夫 . 日本伝統音楽の研究 . 東京都千代田区：音楽之友社，1958.5.

[38] 高橋空山 . 日本楽への一考察（冊子）. 札幌市：高橋空山，1960.6.
[39] 池田弥三郎，和歌森太郎 . 近世文芸と民俗 . 東京都千代田区：弘文堂，1960.11.
[40] 青梅市新町 . 志んまち桜新町開村二五〇年祭記念誌（冊子）. 青梅市新町：実行委員会，1961.4.
[41] 塩川静 . 伊勢原町 民俗史話 明治百年記念（冊子）. 神奈川県伊勢原町：伊勢原町教育委員会，1969.2.
[42] 浦本折潮 . 浦本政三郎教授遺稿集 . 東京都千代田区：名取禮二，1969.9.
[43] 友野英男 .「資料」普化宗（冊子）. 横浜市神奈川区：友野英男，1970.2.
[44] 伊勢原町教育委員会 . 伊勢原の文化財（冊子）. 神奈川県伊勢原町：伊勢原町教育委員会，1970.3.
[45] 高橋空山 . 普化宗小史（附普化尺八吹奏の楽理）（冊子）. 東京都新宿区：音楽研究会，1971.1.
[46] 西山松之助 . 家元ものがたり . 東京都新宿区：秀英出版，1971.2.
[47] 西野清説 . 大放光 6 月号（本門仏立宗機関紙）（雑誌）. 大阪市大淀区：大放光社，1971.6.
[48] 立木望隆 . 概説北条幻庵 . 小田原市：後北条氏研究会，1971.9.
[49] 内藤正之 . 虚無僧寺 乙黒の明暗寺（冊子）. 山梨県中巨摩郡：玉穂村郷士研究会，1972.2.
[50] 山下弥十郎 . 虚無僧 普化宗鈴法寺の研究 . 青梅市：多摩郷土研究の会，1972.3.
[51] 西山松之助 . 江戸町人の研究（巻 1—3）. 東京都文京区：吉川弘文館，1972.5—1974.1.
[52] 小泉文夫，星旭，山口修 . 日本音樂とその周辺 吉川英史先生還暦記念論文集 . 東京都新宿区：音楽之友社，1973.3.（收錄：井野辺潔，松屋清七の朱章；上参郷裕康 . 三曲合奏による尺八の役割： 尺八は歌の旋

律を模奏するか；金田一春彦．平家正節に見える平曲の大旋律型の種類；小島美子．音楽史学としての日本音楽史研究；滝遼一．中国における古代の「舞い」およびその起源について；中塩幸祐．明治新曲について．）
［53］田中義一．现代三曲展望（上、中、下）．大阪府豊中市：尺八日本社，1974.8—1976.2.
［54］上参郷祐康．尺八楽略史—吹禅の理解のために．吹禅—竹保流にみる普化尺八の系譜（冊子）．東京：日本コロンビア，1974.11.
［55］富森虚山先生略年譜（冊子）．東京都文京区：明暗虚山坊同友会，1975.1.
［56］石綱清圃．富森虚山先生略年譜（冊子）．栃木県鹿沼市，1975.5.
［57］石綱清圃．八橋検と六段、みだれ（曲目解説）（冊子）．栃木県鹿沼市：石綱清圃，1976.2.
［58］石綱清圃．菊岡・八重崎両検校と茶湯音頭（曲目解説）（冊子）．栃木県鹿沼市：石綱清圃，1976.2.
［59］石綱清圃．夕顔・今小町（曲目解説）（冊子）．栃木県鹿沼市：石綱清圃，1976.2.
［60］石綱清圃．磯千島、楫枕（曲目解説）（冊子）．栃木県鹿沼市：石綱清圃，1976.6.
［61］石綱清圃．笹の露、御山獅子（曲目解説）（冊子）．栃木県鹿沼市：石綱清圃，1976.6.
［62］小山峰嘯．尺八の作り方．越後明暗流保存会．新潟市学校通り：小山峰嘯，1979.6.
［63］岸辺成雄，笹森建英．津軽筝曲郁田流の研究 歴史篇．青森県弘前市：津軽書房，1976.7.
［64］上月円山．尺八製作法大全（上、下）．東京都千代田区：毎日新聞開発株式会社，1977.1.
［65］三上参次．江戸時代史（2）．東京都文京区：講談社，1977.2.
［66］石綱清圃．尺八史上に表れた葛山家の八々（冊子）．栃木県鹿沼市：

石綱清圃，1977.3.
[67] 値賀笋童 . 伝統古典尺八覚え書（冊子）. 神戸市須磨区：値賀笋童，1977.7.
[68] 小原静流 . 尺八本曲の展望（冊子）. 名古屋市中村区：尺八本曲東海連盟，1977.9.
[69] 都山流編集部 . 改訂新版都山流尺八楽 楽理の手引 . 大阪市南区：前川出版社，1977.12.
[70] 平野健次等 . 日本歌謡研究資料集成第三巻糸竹初心集ほか . 勉誠社，1978.
[71] 蒲生郷昭 . 雅楽が他の藝能 ・ 音楽に及ぼした影響について（冊子）. 不明：蒲生郷昭，1978.5.
[72] 石綱清圃 . 楠正勝の事蹟（冊子）. 栃木県鹿沼市：石綱清圃，1978.7.
[73] 安藤由典 . 楽器の音響学 . 東京都千代田区：音楽之友社，1978.9.
[74] 中塚竹禅 . 琴古流尺八史観 . 東京都渋谷区：日本音楽社，1979.1.
[75] 加茂喜三 . 富士山麓が陰の本営だつた隠れ南朝史 . 静岡県営士市：富士地方史料調査会，1979.1.
[76] 富森虚山 . 明暗尺八通解 . 東京都文京区：明暗虚山坊同友会，1979.2.
[77] 寺田泰山 . 興国寺と普化尺八（冊子）. 和歌山県日高郡：興国寺普化尺八道場，1979.6.
[78] 寺田泰山 . 興国寺と普化尺八（冊子）. 和歌山県日高郡：法燈会，1979.6.
[79] 吉川英史 . 日本音楽の歴史 . 大阪市北区：創元社，1979.7.
[80] 高橋空山 . 普化宗史 その尺八奏法の楽理 . 東京都新宿区：普化宗史刊行会，1979.9.
[81] 比留間尚 . 江戸の開帳 . 東京都文京区：吉川弘文館，1980.1.
[82] テイチク . 古典本曲の集大成者 神如道の尺八（冊子）. 東京都：テイチク，1980.1.
[83] 上参郷祐康，月渓恒子 . 神如道の音樂系譜—自身の記述による . 東京

都：禅（1952），1980.
[84] 千早赤阪村史編纂委員会 . 千早赤阪村史资料編 . 大阪府南河内郡：千早赤阪村役場，1980.3.
[85] 日本古典音楽大系（巻 3—6）. 東京都文京区：講談社，1980.12—1981.9.
[86] 中島義雄 . 花巻市文化財調査報告書（7—9 集）（冊子）. 花巻市：花巻市教育委員長，1981.3—1983.3.
[87] 蝶名林竹男 . 越後明暗寺の歴史 . 新潟県南蒲原郡：蝶名林竹男，1981.11.
[88] 花田伸久 . テオリア哲学編（第 25 輯）（冊子）. 福岡市中央区：九州大学教養部，1982.3.
[89] 江差追分会 . 江差追分（音源テープつき）. 桧山郡江差町：江差追分会，1982.4.
[90] 西山松之助 . 家元の研究 . 東京都文京区：吉川弘文館，1982.6.
[91] 松下邦夫 . 松戸の歴史案内 . 千葉県松戸市：郷土史出版，1982.7（改訂新版）.
[92] 藤田俊一 . 改訂尺八通解 . 東京市小石川区：美妙社，1982.8（復刊）.
[93] 三浦裕司 . 尺八の作り方教室 記念文集 . 東京都新宿区：目白工具店，1982.9.
[94] 中島聖山 . 尺八知識と奏法 . 東京都中央区：ぎょうせい，1982.11.
[95] 西山松之助 . 家元制の展開 . 東京都文京区：吉川弘文館，1982.12.
[96] 鈴木彰 . 水戸黄門の遊跡 日立地方の巻 . 千葉県流山市：崙書房，1982.12.
[97] 日本三曲協会 . 三曲の手引 . 東京都文京区：講談社，1983.3.
[98] 上野堅実 . 尺八の歴史 . 東京都新宿区：キョウワ出版社，1983.3.
[99] 根本克夫 . 歴砦（第 12 号）（冊子）. 西宮市枝川町：歴砦の会，1983.5.
[100] 花田伸久 . 普化尺八の原理（冊子）. 福岡市中央区：九州大学教養部，

1984.3.

[101] 戸谷泥古 . 虚無僧尺八指南 . 京都市左京区：吉岡書店，1984.3.

[102] 上野堅実 . 尺八音楽のための楽典 . 東京都新宿区：島田音楽出版，1986.3.

[103] 天吹同好会 . 天吹 . 福岡市中央区：天吹同好会，1986.8.

[104] 古川幻庵（雅山）. 明暗尺八 名曲の解説と鑑賞 . 鹿児島市千年：雅山洞，1986.11.

[105] 松下邦夫 . 法王山万萬寺史 . 松戸市馬橋：万萬寺，1987.5.

[106] 戸谷泥古 . 虚無僧尺八製管秘伝 . 京都市左京区：葦書房，1987.8.

[107] 能坂利雄 . 歴史 ・ 文化 氷見春秋（第 16 号）（冊子）. 富山県氷現市：氷見春秋社，1987.11.

[108] 朝倉治彦 . 人倫訓蒙図彙 . 東洋文庫 519. 平凡社，1990.

[109] 難波明 . 小田原北條女物語 . 横浜市中区：難波明，1990.4.

[110] 石綱清圃 . 新虚無僧史入門 その草創期を探る . 栃木県鹿沼市：石綱清圃，1990.9.

[111] 石綱清圃 . 虚無僧本節用集（冊子）. 栃木県鹿沼市：石綱清圃，1990.11.

[112] 御坊文化財研究会 . あかね 興国寺特集（第 12 号）（冊子）. 和歌山県御坊市：御坊文化財研究会，1990.11.

[113] 内藤克洋 . 楽器の事典 尺八 . 東京都渋谷区：東京音楽社，1990.12.

[114] 山口五郎 . 山口五郎 琴古流尺八本曲指南別冊解説書（冊子）. 不明：ビクター音楽産業，1991.4.

[115] 馬淵卯三郎 . 糸竹初心集の研究 近世邦楽史研究序説 . 東京都新宿区：音楽之友社，1992.2.

[116] 月渓恒子，尺八研究会 . 尺八の基礎資料收集とデータベース構築の試案（冊子）. 平成三年度文部省科学研究費補助金研究成果報告書 . 大阪市：大阪芸術大学，1992.3.31.

[117] 和田一久 . 評释 ・ 筝的组歌 . 福井市上北野：上北野樂堂，1992.4.

[118] 記念志新町福委員会. 新町 御嶽神社三七〇年記念誌. 東京都青梅市：御嶽神社鎮座 370 年記念事業奉賛会，1992.7.

[119] 里道徳雄. 臨済録を学ぶ上下（雑誌）. 東京都渋谷区：日本放送協会，1993—1994.

[120] 塚本虚堂. 古典尺八及び三曲に関する小論集. 東京都新宿区：虚無僧研究会，1993.2.

[121] 朝日新聞社. 朝日百科 日本の歴史別冊中世を旅する人々（雑誌）. 東京都中央区：朝日新聞社，1993.11.

[122] 南谷恵敬. 四天王寺创建（1400 年記念特集号）（冊子）. 大阪市天王寺区：四天王寺，1993.11？ 12.

[123] 塚本一郎. 塚本虚堂集 ・ 補遺「筑紫楽の内容に就て」. 福井市上北野：上北野楽堂，1994.2.

[124] 上参郷祐康. 糸竹論序説. 東京都世田谷区，1994.4.

[125] 千早赤阪楠公史跡保存会. 千早赤阪の史跡（冊子）. 大阪府南河内郡：郷土資料館内，1995.3.

[126] 井上肇. 江差追分と尺八に生きた鴎嶋軒小路豊太郎と周辺の人々. 札幌市豊平区：井上肇，1995.3.

[127] 舟田義輔. 宇土細川支藩成立前後（冊子）. 熊本県宇土市：宇土市教育委員会，1995.3.

[128] 田辺尚雄. 日本音楽講話改訂版. 東京都千代田区：岩波書店，1995.9.

[129] 大野治. 法燈国師と興国寺（冊子）. 和歌山県日高郡：大野治，1995.12.

[130] 花田伸久. 虚無僧の天蓋（冊子）. 不明：花田伸久，1996.3.

[131] 中村祥洞. 相模国虚無僧寺伊勢原神官寺史 吹禅尺八. 東京都世田谷区：神宮寺奉賛会，1996.3.

[132] 石綱清圃. 慶長掟書再考（冊子）. 栃木県鹿沼市：石綱清圃，1996.5.

[133] 宮西芳緒. 邦楽と舞踊（雑誌）. 東京都新宿区：邦楽と舞踊出版社，

1996.5—1998.12.
[134] 三浦裕司. 尺八手作り教本. 東京都新宿区：目白，1997.2.
[135] レイリー卿，和田一久訳. 音の理論. 福井市上北野：上北野楽堂，1997.2.
[136] 花田伸久. 虚無僧の天蓋（2）（冊子）. 不明：花田伸久，1997.3.
[137] 武田鏡村. 虚無僧 聖と俗の異形者たち. 東京都文京区：三一書房，1997.12.
[138] 松隅桃仙. 筑紫箏秘錄口訣. 福井市上北野：上北野楽堂，1998.3.
[139] 伊東龍卿. 筑紫楽詠曲秘訣訓解 ・ 筑紫楽私記. 福井市上北野：上北野楽堂，1998.4.
[140] 値賀筝童. 伝統古典尺八覚え書. 東京都文京区：出版芸術社，1998.6.
[141] 井上肇. 明暗尺八と仏道 私の明暗尺八観（冊子）. 札幌市豊平区：井上肇，1998.9.
[142] 塚本虚堂. 尺八資料琴古手帳虚霊山明暗寺文献. 虚無僧研究会，1999.
[143] 舟田義輔. 細川行孝と轟泉水道（冊子）. 熊本県宇土市：宇土市教育委員会，1999.3.
[144] 門田笛空. 明暗古管尺八と桜井無笛先生の銘管. 大阪市吹田区：門田笛空，1999.3.
[145] 井上肇. 尺八懺悔録私の明暗尺八観付江差追分尺八小史. 札幌市豊平区：井上肇，1999.7.
[146] 古川幻庵（雅山）. 新版明暗尺八 名山の解説と鑑賞. 松山市持田町：雅山洞，1999.10.
[147] 岡本竹外（忠毅）. 岡本竹外尺八随想集 根笹派錦風流伝曲と越後明暗寺秘曲など. 神奈川県横浜市：蒼龍会，1999.11.
[148] 森田洋平. 新虚無僧雑記（冊子）. 埼玉県朝霞市：神田可遊，1999.11.

[149] 井上肇 . 仙台尺八献曲行脚と後藤挑水の足跡 (冊子) . 札幌市豊平区：井上肇，2000.8.

[150] 月渓恒子 . 尺八古典本曲の研究 . 東京都文京区：出版芸術社，2000.9.

[151] 清原伸一 . 週間ビジュアル日本の歴史 45 号 (雑誌) . 東京都中央区：デアゴスティーニ ・ ジャパン，2000.12

[152] 高畑宗幽 . 野生の禅 吹禅 . 香川県香川郡：高畑宗幽，2001.1.

[153] 井上肇 . 明暗寺掛籍と現代虚無僧行化私見 (冊子) . 札幌市豊平区：井上肇，2001.6.

[154] 井上肇 . 現代虚無僧手引草 (冊子) . 札幌市豊平区：井上肇，2001.12.

[155] 和田一久 . 京極流三代年譜 . 福井市上北野：上北野楽堂，2002.1.

[156] 志村哲 . 古管尺八の楽器学 . 東京都文京区：出版芸術社，2002.6.

[157] 井上肇 . 虚無僧は生きている「現代虚無僧手引草」改訂増補 . 札幌市豊平区：井上肇，2002.8 (改題 ・ 改訂増補) .

[158] 岡田富士男 . 虚無僧の謎 吹禅の心 . 秋田市，2002.8.

[159] 池田市立歴史民俗資料館 . 江戸時代の町 池田と摂河泉の在郷町 (冊子) . 大阪府池田市：池田市立歴史民俗博物館，2003.1.

[160] 松島俊明等 . 伝統的尺八譜情報の多元的利用のための標準記述形式および処理システムの研究 (冊子) . 千葉県船橋市：東邦大学理学部，2003.3.

[161] 和田一久 . 和琴前史 (冊子) . 京都市：京都市立芸術大学，2004.3.

[162] 佐久間武 . 尺八を作ろう . 埼玉県北葛飾郡，2004.9.

[163] 由良町教育委員会 . 由良町の文化財 (第 5—32 号，一部欠) (冊子) . 和歌山県：由良町教育委員会，不明—2005.3.

[164] 源雲界 . 明暗洞簫竹韻 (冊子) . 東京市外千駄ヶ谷町：明暗道場，不明 .

[165] 藤田斗南 . 通俗 日本音楽講座 (第 1 輯) . 大阪市東淀川区：藝術通信社藤田斗南，不明 .

[166] 富森虚山. 明暗尺八往古来今略記（冊子）. 東京都文京区：明暗吹籥和楽禅会，不明.

[167] 富森虚山. 阿字観如山 · 狂竹（冊子）. 東京都文京区：明暗虚山坊同友会，不明.

[168] 瑞峯紹展. 興国寺文書（抄）（冊子）. 和歌山県：瑞峯紹展，不明.

[169] 大野治. 虚無僧の祖 楠木正勝について（冊子）. 和歌山県日高郡：大野治，不明.

[170] 栖山. 楽曲解説八重衣（小紙片）. 不明.

[171] 星旭. 幕末の箏曲に関する諸問題（Ⅱ）（冊子）. 東京?：音楽学会，不明.

[172] 星旭. 邦楽における転調 箏曲を中心として（冊子）. 東京?：音楽学会，不明.

（三）辞典及事典

[1] 鶴橋泰二. 現代音楽大鑑. 東京市京橋区：日本名鑑協会，1929.9.

[2] 婦人世界. 日本音曲舞踊家元名流大鑑（雑誌）. 東京市京橋区：実業の日本社，1931.1.

[3] 岩波書店. 国書総目録第1—8巻 及び索引. 東京都千代田区：岩波書店，1963.11.

[4] 田辺尚雄. 日本の楽器. 東京都新宿区：創思社，1964.11.

[5] 藤田俊一. 現代 · 邦楽名鑑 三曲編. 東京都千代田区：邦楽と舞踊社，1966.5.

[6] 星旭. 日本音楽の歴史と鑑賞. 東京：音楽之友社，1971.10.

[7] 藤田俊一. 現代三曲名鑑（三曲百年史）. 東京都文京区：日本音楽社，1973.

[8] 駒沢大学. 禅学大辞典（新版）. 東京都千代田区：大修館，1978.6.

[9] 小野武雄. 江戸音曲事典. 東京都文京区：展望社，1979.1.

[10] 吉川英史，金田一春彦，小泉文夫，横道萬里雄. 日本古典音楽大系（3. 箏曲 · 地歌 · 尺八）. 東京：講談社，1980.

[11] 中村元 . 佛教語大辞典 . 東京都台東区：東京書籍，1981.5.
[12] 神宮司庁 . 古事類苑 楽舞部（尺八関連抜粋）(コピー). 三重県伊勢市：不明，1982（複印）.
[13] 歴史学研究会 . 講座 日本歴史(1—13). 東京都文京区：東京大学出版会，1984.10—1985.11.
[14] 吉川英史監修 . 浅香淳編 . 邦楽 百科辞典 雅楽から民謡まで . 東京都新宿区：音楽之友社，1984.11.
[15] 茂手木潔子 . 日本の楽器： その素材と響き . 東京：音楽之友社，1988.11.
[16] 平野健次，上参郷祐康，蒲生郷昭等 . 日本音楽大事典 . 東京：平凡社，1989.
[17] 平野健次 . 日本古典音楽文献解題 . 東京都文京区：講談社，1989.1.
[18] 野上毅 . 日本の歴史 1—12 及び索引 . 東京都中央区：朝日出版社，1989.4.
[19] 小川恭一 . 江戸幕府 旗本人名事典（巻 1—4）. 東京都新宿区：原書房，1989.6.
[20] 下中弘 . 日本音楽大事典 . 東京都千代田区：平凡社，1990.3.
[21] 野间佐和子 . 日本全史 . 東京都文京区：講談社，1991.
[22] 日本ビクター株式会社 . 音と映像による日本古典芸能大系 . 東京：日本ビクター株式会社（発売），1991—1992.
[23] 小島美子，藤井知昭，宮崎まゆみ . 図説日本の楽器 . 東京：東京書籍，1992.10.
[24] 小川恭一 . 江戸幕藩大名事典（上、中、下巻）. 東京都新宿区：原書房，1993.2—1993.6.
[25] 神宮司庁 . 古事類苑 宗教部（一）. 三重県伊勢市：表現社，不明 .
[26] 平凡社 . 音と映像による新世界民族音楽大系 . 東京：日本ビクター，1995.2—1995.9.

（四）资料

[1] 山本守秀 . 虚鐸傳記国字解（上）（和装 · 古文献）. 京都：皇都書林，1795.

[2] 山本守秀 . 虚鐸傳記国字解（中）（和装 · 古文献）. 京都：皇都書林，1796.

[3] 山本守秀 . 虚鐸偉記国字解（下）（和装 · 古文献）. 京都：皇都書林，1797.

[4] 伴蒿蹊 . 閑田耕筆（四）（和装 · 古文献）. 京都：林伊兵衛ほか，1801.

[5] 塚本虚堂 . 越後明暗寺訴訟記録塚本訳 石網筆写（写本）. 不明：塚本石網，1841.

[6] 源恵 . 寺社奉行越後佐渡檀廻り特認訴願一件（写本）. 不明，1842.

[7] 不明 . 古今流行名人鏡（大紙片）. 不明：江戸，1850.

[8] 斎藤龍関 . 虚無僧宗 法燈教会規約（冊子）. 京都：斎藤龍関，1890.9.

[9] 伊勢门水 . 名古屋祭 . 名古屋市西区：川瀬代助，1910.2.

[10] 明暗教会本部 . 明暗教会規則 . 京都市東山区：明暗教会本部，1924.3.

[11] 川瀬顺輔 . 師範免許状 修了免状 規定（冊子）. 東京市麹町区，1925.3.

[12] 源雲界 . 普化宗竹琳院 明暗道場（紙片）. 東京府下千駄ヶ谷町：興国寺普化教会関東支部，1926.1.

[13] 不明 . 新案特許 純律六孔尺八（冊子）. 不明，1928.

[14] 芳童一門研究会 . 琴古流尺八水野派 会員名簿（紙片）. 新潟？：芳童一門研究会，1930.1.

[15] 森銀蔵 . 東京三曲名家一覧（尺八之部）（大紙片）. 大演藝社：東京市浅草区壽町，1930.3.

[16] 熊沢靖元 . 南朝熊沢史料（第 8—43 号，一部欠）（新聞）. 南朝熊沢史料調査会：熊沢靖元，1930.6—1933.5.

[17] 源雲界 . 普化的伝 明暗流尺八系統（紙片）. 東京市牛込区：明暗根本道場，1930.8.

[18] 棚瀬栗堂 . 無相流設立申譯書（紙片）. 大阪市北区：棚瀬栗堂，

1931.2.
[19] 不明 . 八重崎検校追慕会に就て（紙片）. 不明，1932.
[20] 和風会 . 中尾都山指揮 ・ 宮城道雄を聴くタ（紙片）. 京都市：和風会，1932.9.
[21] 森幽美 . 東京三曲名家一覧（尺八之部）（大紙片）. 国際楽劇聯盟社：東京市蒲田区，1933.5.
[22] 林洲郊 . 京都尺八名家品評番付（大紙片）. 員業通信新聞社芸術部：大阪市旭区，1933.11.
[23] 塚本栄太郎 . 三都尺八名家一覧（大紙片）. 技芸通信社：神戸市灘区，1934.3.
[24] 渡辺豊 . 三曲界覚醒運動に就て満天下紳士淑女に檄す（冊子）. 大阪市西城区：国民新報社，1934.3.
[25] 塚本栄太郎 . 関西現代尺八家名覧（小冊子）. 神戸市灘区：技芸通信社，1935.4.
[26] 塚本虚堂 . 尺八資料 琴古手帳全（冊子）. 京都市東山区：塚本虚堂，1937.2.
[27] 塚本虚堂 . 尺八資料 虚霊山明暗寺文献全（冊子）. 京都市東山区：塚本虚堂，1937.3.
[28] 森彦太郎 . 鷲峯餘光（初版）. 和歌山県日高郡：大本山興国寺，1938.1.
[29] 正派家元 . 昭和二十八年正月現在正派幹部住所名簿（全国）（冊子）. 東京都新宿区：正派邦楽会，1953.1.
[30] 普化禅師奉賛会 . 第 7 回虚竹禅師奉賛尺八本曲全国献奏大会（紙片）. 京都市東山区：虚竹禅師奉賛会，1956.1.
[31] 美風会本部 . 琴古流美風会 師匠名簿（第 1 期評議員選挙人名簿）（小冊子）. 不明：美風会本部，1957.7.
[32] 石黒敬七 . 写された幕末 人物篇 . 東京都新：アソカ書房，1958.3.
[33] 石黒敬七 . 写された幕末 庶民篇 . 東京都新：アソカ書房，1959.11.

[34] 石黒敬七 . 写された幕末 歴史篇 . 東京都新：アソカ書房，1960.2.
[35] 竹友社 . 故川瀬竹友翁追善演奏会（冊子）. 不明：宗家竹友社，1960.4.
[36] 笹野堅 . 能 狂言（中）（文庫本）. 東京都千代田区：岩波書店，1962.7.
[37] 菅江真澄 . 菅江真澄遊覧記（巻 1—5）. 東京都千代田区：平凡社，1965.11—1968.7.
[38] 鈴木棠三，朝倉治彦 . 江戸名所図会（巻 1—6）（文庫本）. 東京都千代田区：角川書店，1967—1968.
[39] 铃木棠三，朝倉治彦 . 江戸切絵図集（文庫本）. 東京都千代田区：角川書店，1968.1.
[40] 竹村俊則 . 都名所図会（上、下）（文庫本）. 東京都千代田区：角川書店，1968.9.
[41] 青梅市役所 . 広報おうめ（9 月号）（新聞）. 青梅市：青梅市役所，1968.9.
[42] 原田，竹内，平山 . 日本庶民生活史料集成第八巻見聞記（慶長見聞集）. 不明：三一書房，1969.
[43] 日本三曲協会 . 日本三曲協会会員名簿昭和四十五年度 . 東京都文京区：日本三曲協会，1970.1.
[44] 松崎慊堂 . 慊堂日歴（巻 1—5）. 東京都千代田区：平凡社，1970.8—1980.5.
[45] 池田逸漣 . 尺八逸漣会五十年誌 . 山梨県東八代郡：尺八逸漣会，1971.4.
[46] 明暗導主会 . 明暗寺所伝古典本曲要説（纸片）. 京都市東山区：明暗導主会，1972.1.
[47] 根岸鎮衛 . 耳袋（巻 1）. 東京都千代田区：平凡社，1972.3.4.
[48] 日本竹道家学館大阪支部 . 琴古流尺八 日本竹道学館大阪支部第一回演奏会（冊子）. 大阪，1973.3.

[49] 寺門静軒 . 江戸繁盛記（卷 1—3）. 東京都千代田区：平凡社，1974.10—1976.10.

[50] 琴古流宗家童門会 . 琴古流尺八 童門会 御案内 . 東京都新宿区：琴古流宗家童門会，1975.9.

[51] 千早赤阪村史編纂委員会 . 千早赤阪村史 資料編 . 大阪府南河内郡：千早赤阪村役場，1976.3.

[52] 石綱清圃 . 鹿沼三山一年の歩み（冊子）. 栃木県鹿沼市：石綱清圃，1977.2.

[53] 石綱清圃 . 鹿沼三曲二年目の歩み（冊子）. 栃木県鹿沼市：石綱清圃，1977.4.

[54] 松浦静山 . 甲子夜話（卷 1、2）. 東京都千代田区：平凡社，1977.4—1978.11.

[55] 竹友社 . 全国竹友会会員名簿（冊子）. 東京都新宿区：宗家竹友社，1979—1984.

[56] 音楽図書館協議会 . 音楽資料探訪東京とその周辺（冊子）. 東京都立川区：音楽図書館協議会（国立音大内），1979.3.

[57] 松浦静山 . 甲子夜話続篇（卷 2—8）. 東京都千代田区：平凡社，1979.10—1981.8.

[58] 伴蒿蹊 . 近世畸人伝、続近世畸人伝 . 東京都千代田区：平凡社，1981.3.

[59] 広瀬武男 . 週刊明星（1981 年 4 月 2 日号）（雑誌）. 東京都千代田区：集英社，1981.4.

[60] 木幡吹月 . 山本守秀解註 . 虚鐸伝記国字解 . 東京都渋谷区: 日本音楽社，1981.4.

[61] 斎藤月岑 . 武江年表（卷 1、2）. 東京都千代田区：平凡社，1982.1.

[62] 竹友社師範会 . 竹友社師範会 会員名簿（冊子）. 東京都新宿区：竹友社師範会，1982.11.

[63] 三宅酒壺洞 . 虚無僧寺一朝軒資料 . 東京都千代田区：磯譲山，1983.4.

[64] 都山流史編纂委員会 . 都山流八拾五年史（楽会十五年史）. 京都市北区：都山流尺八楽会，1984.4.

[65] 西園流尺八本部 . 西園流尺八演奏会（1986 秋季）（冊子）. 愛知県名古屋市：西園流尺八本部，1986.1.

[66] 中島義雄 . 花巻市史 資料編（花巻城代日誌 4 巻 15—17）. 花巻市：花巻市教育委員会，1986.3.

[67] 荒木愛子 . 琴古流尺八荒木宗家故三世荒木古童没後五十年記念誌 . 埼玉県南琦玉郡：古童会本部，1986.5.

[68] 竹友社神奈川支部 . 竹友社師範会 関東地区神奈川支部設立総会のご案内（冊子）. 神奈川県：竹友社師範会，1986.6.

[69] 神宮寺奉賛会 . 神宮寺吹禅五周年記念誌（冊子）. 神奈川県：神宮寺奉賛会，1986.8.

[70] 明暗導主会 . 明暗導主会会員名簿附会則抜粋（册子）. 京都市東山区：明暗導主会，1987—1998.

[71] 虚霊山明暗寺 . 虚霊山明暗寺（册子）. 京都市東山区：虚霊山明暗寺，1988.1.

[72] 新宿区教育委員会 . 新宿歴史博物館常設展示図録 . 東京都新宿区：新宿区教育委員会，1989.1.

[73] 福島和夫 . 日本音楽資料室展観近世の音楽資料（冊子）. 東京都台東区：上野学園 . 日本音楽資料室，1990.1

[74] 神宮寺奉賛会 . 照見山神宮寺奉賛会尺八吹禅十周年記念誌（冊子）. 神奈川県：神宮寺奉賛会，1991.11.

[75] 音楽文献目録委員会 . 音楽文献目録（21）（冊子）. 東京都練馬区：音楽文献目録委員会（武蔵野音楽大学内），1993.1.

[76] 白石つとむ . 江戸切絵図と東京名所絵 . 東京都千代田区：小学館，1993.3.

[77] 西園会本部 . 西園流尺八演奏会 春季（冊子）. 愛知県名古屋市：西園会本部，1993.5.

[78] 虚霊山明暗寺 . 虚霊山明暗寺（册子）. 京都市東山区：虚霊山明暗寺，1993.8.

[79] 西園会本部 . 西園流尺八演奏会小松検校作品特集（册子）. 愛知県名古屋市：西園会本部，1993.11.

[80] 国立国会図書館 . 日本全国書誌（册子）. 東京都千代田区：国立国会図書館，1994.1.

[81] 浜松市楽器博物館 . 所蔵楽器図録 IV 日本の楽器（册子）. 静岡県浜松市：浜松市楽器博物館，1995.4.

[82] 竹友社 . 琴古流尺八宗家竹友社奨励演奏会（折本）. 東京都新宿区：宗家竹友社，1995.11.

[83] 神宮寺奉賛会 . 照見山神宮寺奉賛会尺八吹禅十五周年記念誌（册子）. 神奈川県：神宮寺奉賛会，1996.8.

[84] 宮城道雄記念館 . 宮城道雄記念館蔵吉川文庫目録（册子）. 東京都新宿区：宮城道雄記念館，1997.3.

[85] 熊本県教育委員会 . 新宇土市史基礎資料山田文庫（1）. 熊本県宇土市：宇土市教育委員会，1998.3.

[86] 日本三曲協会 . 日本三曲協会会員名簿平成十年度 . 東京都港区：日本三曲協会，1998.4.

[87] 神田可遊，吉田幸一 . 近世前期歌謡集 . 東京都北区：古典文庫，1998.7.

[88] 中村亨 . 盆栽春秋（雑誌）. 東京都台東区：日本盆栽協会，2000.1.

[89] 熊本県教育委員会 . 新宇土市史基礎資料山岗田文庫（2）. 熊本県宇土市：宇土市教育委員会，2000.3.

[90] 尺八本曲東海連盟 . 尺八本曲東海連盟会員名簿（2003 年度版）（册子）. 愛知県名古屋市：尺八本曲東海連盟，2003.3.

[91] 日本伝統音楽研究センター . 日本三代実録音楽年表 . 京都市：京都市立芸術大学，2004.3.

[92] 明暗教会支部 . 明暗教会規則（册子）. 福岡市：明暗教会支部一朝軒，

不明 .
[93] 明暗会本部 . 明暗会規則（冊子）. 京都市東山区：明暗会本部，不明 .
[94] 虚霊山明暗寺 . 吹禅行化請願文（紙片）. 京都市東山区：明暗寺，不明 .
[95] 源雲界 . 明暗根本道場規約（紙片）. 東京市小石川区：興国寺関東支部，不明 .
[96] 竹友社 . 琴古流尺八楽譜 目録（紙片）. 東京都新宿区：竹友社，不明 .
[97] 竹友社 . 琴古流尺八楽曲修了証（折本）. 東京都新宿区：宗家竹友社，不明 .
[98] 山田楽器店，東京竹友社 . 琴古流尺八楽譜定価表（紙片）. 東京市浅草区：山田楽器店，不明 .

二、专刊期刊

[1] 竹友社 . 竹友（1，38，41，46—50 号）（冊子本 A5 判）. 竹友社 · 藤田俊一，1914.7—1918.8.
[2] 加藤清太郎 . 関西音楽（第 3 号 5 月号）（雑誌）. 関西音楽雑誌社，1917.5.
[3] 見崎鍵次郎 . 尺八界（80—163 号，途中欠 86—88，102—105，120—126，132，149，150，154—162 号）（雑誌）. 東京尺八講習会，見崎鍵次郎，1918.1—1939.11.
[4] 帝国楽事協会 . 音楽界（217—255 号，途中欠 218，220—231，233—242，246 号）（雑誌）. 日本音楽社，1919.11.
[5] 藤田俊一 . 三曲筝 · 三絃 · 尺八合本（巻 1—43）（雑誌）. 日本音楽社，1921.7—1944.5.
[6] 三木実 . 邦楽（5 月号—8 月号，途中欠 7 月号）（雑誌）. 邦楽社，1922.5—1923.1.
[7] 大浦栄太郎 . 楽友（創刊号—夏季特別号）（雑誌）. 当道音楽会雑誌部 · 楽友社，1923.1—1923.9.
[8] 吉田暎二 . 歌舞伎（7 号）（雑誌）. 歌舞伎座，1925.1.

[9] 明暗同人会 . 大明暗（第 1 巻第 1 号—第 3 巻第 2 号）（雑誌合本）. 明暗同人会本部 · 那須俊介，1928—1931.

[10] 中尾琳三 . 都山流楽報（227，237，291 号）（雑誌）.1928.1—1933.7.

[11] 浦本政三郎 . 普化道（1—20 号）（途中名称変更）（雑誌合本）. 煙雨亭書房 · 浦本政三郎，1928.6—1929.5.

[12] 富森茂樹（虚山坊）. 撃空聴響（再刊第 4 号，初号再初号，再刊第 2 号，再刊 3 号）（冊子）. 風一陣艸舎，1928.11—1958.5.

[13] 倉部信治 . 藝海（1—廃刊号，途中欠 9，10，12—18，20—24，26，31，33，35，36，38—48，67，71 号）（雑誌）. 藝海社 · 倉部信治，1929.4—1944.2.

[14] 上田喜一 . 上田流楽報（142—218 号，途中欠 143—153，155—165，157—186，191—192，195—205，207—211 号）（雑誌）. 大阪市北区：上田流楽報発行事務所 · 上田流家元，1929.7—1935.12.

[15] 渡辺芳童 . 琴古流尺八水野派（芳童一門通信第 1—第 7 信）（冊子）.1929.11—1931.1.

[16] 藤田斗南 . 藝術通信（39，86，93，97 号）（新聞）. 藝術通信社 · 藤田斗南，1930.3—1935.3.

[17] 西川慶治 . 洋山派尺八楽報（4 号）（雑誌）. 洋山派尺八楽报社 · 西川廣治，1930.4.

[18] 金子柳光 . 三曲界（創 T 1 刊号—廃刊号）（雑誌合本）. 三曲界社，1932—1933.

[19] 中島春二郎 . 尺八春秋（2 月号）（冊子）. 三曲春秋社 · 中島春二郎，1932.2.

[20] 樫村鎗一 . 音楽世界（4 巻 7，8，10，5 号，11 巻 3 号）（雑誌）. 音楽世界社，1932.7.

[21] 市側力 . 技藝新聞（雑誌）. 技艺新聞社 · 市側力，1932.11—1933.1.

[22] 酒井政美 . 竹保流尺八楽報（65 号 12 月号）（雑誌）. 竹保流尺八宗家 · 酒井政美，1934.12.

[23] 高松信十郎 . 尺八道（27 号）（新聞）. 尺八道新聞社，1935.2.

[24] 東章風 . 竹の友（第 2 年 4—8 号，第 4 年 1 号，37 号）（雑誌）. 大日本尺八音楽会 · 東章風，1935.5—1939.11.

[25] 塚本栄太郎 . 技藝通信（15，16 号）（冊子）. 技藝通信社，1936.1.

[26] 小野又次郎 . 箏曲（5 月号）（雑誌）. 関西音楽指針会，1938.5.

[27] 平塚晃山 . 晃山流楽報創立八周年記念（雑誌）. 晃山流宗家 · 平塚晃山，1941.1.

[28] 平塚晃山 . 晃山流楽報創立八周年記念演奏会（雑誌）. 晃山流宗家 · 平塚晃山，1942.4.

[29] 藤田俊一 . 日本音楽合本（1—70 号）（雑誌）. 日本音楽社，1944.7—1954.3.

[30] 尺八（1—15 号）. 尺八日本社，1950—1952.

[31] 田中義一 . 尺八（13 号）（雑誌）. 尺八日本社 · 田中義一，1952.4.

[32] 田中義一 . 尺八と箏曲（16，17 号及び再刊 18 号）（雑誌）. 尺八日本社 · 田中義一，1953.1.

[33] 福田栄五郎 . 三曲新報（9—230 号，途中欠 1—8，15，16，18—20，26—29，31，33—36，53—59，83，110，114，117，156，160—161，164—165，173，185，194，196，206—209，212—213，216—217，220—222，227，229 号）（新聞）. 三曲新報社，1954.6.

[34] 平住恵雲 . 吹禅（創刊号—3 号）（冊子）. 明暗寺，1955.3—1956.3.

[35] 霜鳥三郎 . 藝能新報（2—317 号，途中欠 1，3—43，56，57，62，128—130，132，138—141，145 号）（新聞）. 藝能新報社，1955.7—1982.2.

[36] 史光会本部 . 史光会報（復刊第 1—7 号）（冊子）. 史光会本部，1959.1—1959.7.

[37] 三曲往来社 . 三曲往来（通巻第 43—45 号）（冊子）. 三曲往来社，1959.2.

[38] 美風会本部 . 美風（16—105 号，途中欠 1—15，19—21，23，24，

26，31，33，34，47—82，89 号）（冊子）. 美風会本部，1960.2—1978.12.

[39] 東登美子 . いとたけ（絃竹）（冊子）. 琴麗会，1961.1.

[40] 菊水湖風 . 菊水便り（通巻 5—7，17，22，23，24 号）（冊子）. 菊水湖風，1961.10—1963.8.

[41] 藤田俊一 . 日本音楽（148—203 号，途中欠 154，157，161—174 号）（雑誌）. 日本音楽社，1962.1.

[42] 東登美子 . いとたけ（冊子）. 箏曲琴麗会，1962.8.

[43] 東幹（Tokan）（新聞片）.1962.11.

[44] 言志編集室 . 言志（冊子）. 言志編集室，1964.9.

[45] 村治邦一 . 村治流尺八協会会報（冊子）. 村治流，1965.7.

[46] 音楽学会 . 音楽学（巻 11）（冊子）. 音楽学会，1966.

[47] 弓削加寿子 . 合鳳（4 号）（冊子）. 京都学生三曲連盟，1967.1.

[48] 坂口丈夫 . 言志現代虚無僧考（冊子）. 天と地の間舎・坂口丈夫，1967.12.

[49] 山岸芦水 . 竹朋（初 2 号）（冊子）. 京都琴古流尺八協会，1967.12—1968.5.

[50] 坂口丈夫 . 古尺八道誌（冊子）. 古尺八者同士・坂口丈夫，1968.11.

[51] 日本竹道学館本部 . 竹道（2—67 号，途中欠 18，23—29，48—66 号）（冊子）. 日本竹道学館本部，1970.3—1988.4.

[52] 竹友社 . 竹友社報（再刊 1—124 号，途中欠あり）（冊子）. 竹友社，1970.10—2002.10.

[53] 社団法人当道音楽会 . 当道（17 号）（冊子）. 当道音楽会，1971.1.

[54] 福本虚庵 . 普化正宗明暗尺八禅（1—2 号）（冊子）. 福本虚庵，1973.4—1974.5.

[55] 須田純弘，中田弘司 . 季刊邦楽（創刊号—64 号，途中欠あり）（雑誌）.（株）邦楽社，1974.7—1990.9.

[56] 明暗導主会 . 明暗（1—11 号，途中欠 5—6 号）（冊子）. 明暗導主会，

1974.12—1993.9.
[57] 石綱清圃 . 清爽枯淡（初号）. 不明，1975.1.
[58] 枯竹会事務局 . 枯竹（創刊号—7 号）（冊子）. 枯竹会 · 黒田枯童，1976.3.
[59] 藤田俊郎 . 複刻（三曲）1921—1944. 総目次 · 索引（雑誌合本）. 日本音楽社，1976.6.
[60] 菊塚敦子 . 日本当道会報（1—12 号，途中欠 8，9）（冊子）. 日本当道会本部 · 菊塚敦子，1976.11.
[61] 中島利之 . 楽道（423—634，途中欠あり）（雑誌）. 正派邦楽会，1977.1.
[62] 邦楽社 . 季刊邦楽邦楽ファン（第 5 巻 1 号—第 7 巻 10 号迄部欠）（冊子）.（株）邦楽社，1978.1—1980.10.
[63] 歌雅和邦楽研究所 . 邦楽大阪（巻 5）（冊子）. 歌雅和邦楽研究所，1981. 秋 .
[64] 虚無僧研究会 . 一音成仏（1—36，39，44 号）. 虚無僧研究会，1981—2009，2014.
[65] 納富寿童 . 童門第 5 号納富寿翁七回忌 · 納富治彦十三回忌追悼号（冊子）. 童門会本部，1982.3.
[66] 西園会 . 松風西園会会誌（10—32 号，途中欠 15，19 号）（冊子）. 西園会，1982.3.
[67] 虚無僧研究会 . 虚無研会報（1—44 号）（冊子）. 虚無僧研究会，1982.4—2004.5.
[68] 藤田俊郎 . 複刻（日本音樂）1942—1973. 総目次 · 索引（雑誌合本）. 日本音楽社，1983.9.
[69] 池田耕造 . 財界（3 月号）（雑誌）. ティー · エー · シー企画財界研究所，1988.3.
[70] 河合良紀 . 青淵（7 月号）（雑誌）. 渋沢青淵紀念財団竜門社，1990.7.

[71] 島刚山 . 竹精（1—8 号）（雑誌）. 目白工具店 · 竹精会，1984.9—1991.11.

[72] 田中隆文 . 邦楽ジャーナル（通巻 3—211 号，途中欠 1，2，4，6，9—13，19，29—35 号）（雑誌）. 東京都新宿区：クエイティブミュージックハウス田中家，1987.4—2004.8.

[73] 日本航空文化事業センター .WINDS ウィンズ（2 月号）（雑誌）. 日本航空，1992.2.

[74] 神田可遊 . 可遊個人通信 · 尺八通信（1—10 号）（冊子）.1992.5—1999.7.

[75] 山本育夫 . ランデブー Rendez Vous（雑誌）. コミヤマエ業，2000.7.

[76] 古川猛 . コロンブス（12 月号）（雑誌）. ティー · エー · シー企画，2002.12.

[77] 虚霊山明暗寺 . 明暗寺便り（一部、「虚霊山便り」）（冊子）. 明暗寺，1997—2004.

[78] 神田可遊 . 尺八研究（創刊号—7 号）（冊子）.2000.4—2005.5.

三、譜本

（一）专集譜本

[1] 佐藤魯童 . 琴古流尺八曲譜目録 . 東京：佐藤魯童，1868—1912.

[2] 上村雪翁 . 大本山秘曲本手（全）. 大阪市：上村雪翁，1868—1912.

[3] 上村雪翁 . 大本山秘曲本手（二）. 大阪市：上村雪翁，1868—1912.

[4] 上村雪翁 . 本手曲譜本（全）. 大阪市：上村雪翁，1868—1912.

[5] 上村雪翁 . 無題（巣鶴鈴慕）. 大阪市：上村雪翁，1868—1912.

[6] 樋口対山 . 大本山秘曲本手「虚空」. 京都：樋口対山，1890.8.

[7] 川本逸童 . 尺八楽譜集第弐長唄「松の美登里」（全）. 東京市京橋区：東京尺八講習会，1911.1.

[8] 川本逸童 . 尺八楽譜集第壱長唄「雛鶴三番叟」（全）. 東京市京橋区：東京尺八講習会，1911.1.

［9］川本逸童．尺八楽譜集第五長唄「浅妻船」（全）．東京市京橋区：東京尺八講習会，1911.3.

［10］川本逸童．尺八楽譜集第九長唄「勧進帳」（全）．東京市京橋区：東京尺八講習会，1911.4.

［11］川本逸童．尺八楽譜集第六長唄「潮汲」（全）．東京市京橋区：東京尺八講習会，1911.6.

［12］川本逸童．尺八楽譜集第七長唄「老松」（全）．東京市京橋区：東京尺八講習会，1911.6.

［13］川本逸童．尺八譜 長唄「隈取安宅松」（全）．東京市京橋区：東京尺八講習会，1911.6.

［14］川本逸童．尺八楽譜集第拾長唄「道成寺」（全）．東京市京橋区：東京尺八講習会，1911.9（再版）.

［15］川本逸童．「残月」（全）．東京市京橋区：東京尺八講習会，1911.9.

［16］川本逸童．外曲「鶴の巣籠」．東京市京橋区：東京尺八講習会，1911.12.

［17］荒木竹翁，上原虚洞．「住吉」．東京市麹町区：川瀬順輔，1912.1.

［18］荒木竹翁，上原虚洞．「櫻狩」．東京市麹町区：川瀬順輔，1912.1.

［19］荒木竹翁，上原虚洞．「小督曲」．東京市麹町区：川瀬順輔，1912.1.

［20］川本逸童．「八千代獅子」．東京市京橋区：東京尺八講習会，1912.5（3版）.

［21］川本逸童．尺八譜等曲 「大内山」「こすのと」．東京市京橋区：東京尺八講習会，1912.8.

［22］荒木竹翁，上原虚洞．「越後獅子」．東京市麹町区：川瀬順輔，1912.12.

［23］荒木竹翁，上原虚洞．「熊野」．東京市麹町区：川瀬順輔，1912.12.

［24］川本逸童．尺八譜 長唄「秋の色くさ」．東京市京橋区：東京尺八講習会，1913.4（再版）.

［25］岡田卓次．「巌上之松」琴曲獨習備忘音譜．大阪府東区：絃鍵音楽会，

1913.4.
[26] 荒木竹翁，上原虚洞.「茶湯音頭」. 東京市麹町区：川瀬順輔，1913.7.
[27] 川本逸童. 鶴亀(全). 東京市京橋区：東京尺八講習会，1913.8(再版).
[28] 川本逸童. 長唄「吾妻八景」(全). 東京市京橋区：東京尺八講習会，1913.8(再版).
[29] 川本逸童. 松前追分節(全). 東京市京橋区：東京尺八講習会，1914.5.
[30] 川本逸童. 尺八譜箏曲「吾妻獅子」. 東京市京橋区：東京尺八講習会，1914.8(再版).
[31] 川本逸童. 箏曲「那須野」(全). 東京市京橋区：十字屋楽器店，1914.8.
[32] 川本逸童. 尺八譜箏曲「松づく志」. 東京市芝区：東京尺八講習会，1915.6(3版).
[33] 川本逸童. 尺八譜箏曲「都の春」. 東京市芝区：東京尺八講習会，1915.6(3版).
[34] 川本逸童. 尺八譜箏曲「八段調」. 東京市芝区：東京尺八講習会，1915.6(3版).
[35] 川本逸童. 尺八譜箏曲「臼の聲」. 東京市芝区：東京尺八講習会，1915.6(3版).
[36] 川本逸童. 尺八譜箏曲「里の暁」. 東京市芝区：東京尺八講習会，1915.6(3版).
[37] 川瀬順輔.「楫枕」. 東京市麹町区：竹友社，1915.9.
[38] 川瀬順輔.「新娘道成寺」. 東京市麹町区：竹友社，1915.9.
[39] 川瀬順輔.「四季之眺」. 東京市麹町区：竹友社，1915.9.
[40] 川瀬順輔.「除夜の月」. 東京市麹町区：竹友社，1915.11.
[41] 川瀬順輔.「松風」山田流. 東京市麹町区：竹友社，1915.11.
[42] 塚本一郎. 琴古流尺八外曲音譜(其の壱). 京都市：塚本虚堂，

1920.1.
[43] 中尾都山.「難波獅子」「有馬獅子」. 大阪市南区：前川合名会社，1921.6（11版）.
[44] 中尾都山.「歌戀慕」. 大阪市南区：前川合名会社，1921.8（10版）.
[45] 中尾都山.「郭公」. 大阪市南区：前川合名会社，1921.10（3版）.
[46] 中尾都山.「凱歌乃曲」. 大阪市南区：前川合名会社，1921.11（15版）.
[47] 中尾都山.「地久節」. 大阪市南区：前川合名会社，1922.1（3版）.
[48] 中尾都山.「夕顔」. 大阪市南区：前川合名会社，1922.2（18版）.
[49] 中尾都山.「常盤木」. 大阪市南区：前川合名会社，1922.3（2版）.
[50] 中尾都山.「凱歌乃曲」. 大阪市南区：前川合名会社，1922.3（16版）.
[51] 中尾都山.「萬歳」. 大阪市南区：前川合名会社，1922.5（23版）.
[52] 中尾都山.「墨繪乃月」. 大阪市南区：前川合名会社，1922.5（2版）.
[53] 中尾都山.「夕空」. 大阪市南区：前川合名会社，1922.8（26版）.
[54] 中尾都山.「松上鶴」. 大阪市南区：前川合名会社，1922.8（24版）.
[55] 中尾都山.「嵯峨の春」. 大阪市南区：前川合名会社，1922.8（7版）.
[56] 中尾都山.「夜々乃星」. 大阪市南区：前川合名会社，1922.8（8版）.
[57] 東京竹友社. 琴古流尺八楽譜「御国の春」. 東京市麹町区：東京竹友社，1922.9.
[58] 中尾都山.「新蘆か里」「袖香爐」. 大阪市南区：前川合名会社，1922.9（29版）.
[59] 中尾都山.「梅乃月」. 大阪市南区：前川合名会社，1922.9（11版）.
[60] 中尾都山.「椿津久志」（椿づくし）. 大阪市南区：前川合名会社，1922.10（20版）.
[61] 中尾都山.「菊乃露」「七草」. 大阪市南区：前川合名会社，1922.11（22版）.
[62] 中尾都山.「御園の松」. 大阪市南区：前川合名会社，1922.11（2版）.
[63] 中尾都山.「巌上乃松」. 大阪市南区：前川合名会社，1922.12（30版）.
[64] 中尾都山.「新鶴の巣籠」. 大阪市南区：前川合名会社，1922.12（12版）.
[65] 中尾都山.「小簾の外」「袖乃露」. 大阪市南区：前川合名会社，

1923.1（26 版）.
［66］中尾都山.「瀧盡し」. 大阪市南区：前川合名会社，1923.1（18 版）.
［67］中尾都山.「虫乃音」. 大阪市南区：前川合名会社，1923.1（15 版）.
［68］中尾都山.「最中乃月」. 大阪市南区：前川合名会社，1923.1（2 版）.
［69］中尾都山.「茶音頭」. 大阪市南区：前川合名会社，1923.1（27 版）.
［70］中尾都山.「松の壽」. 大阪市南区：前川合名会社，1923.2（25 版）.
［71］中尾都山.「常世乃曲」. 大阪市南区：前川合名会社，1923.2（2 版）.
［72］中尾都山.「扇盡」「綾きぬ」「朝とぞ」. 大阪市南区：前川合名会社，1923.3（3 版）.
［73］中尾都山.「露乃蝶」「由縁乃月」. 大阪市南区：前川合名会社，1923.3（13 版）.
［74］中尾都山.「新雪月花」. 大阪市南区：前川合名会社，1923.3（22 版）.
［75］中尾都山.「玉椿」. 大阪市南区：前川合名会社，1923.3（16 版）.
［76］中尾都山.「八嶋」. 大阪市南区：前川合名会社，1923.3（10 版）.
［77］中尾都山.「梅の宿」. 大阪市南区：前川合名会社，1923.3（3 版）.
［78］中尾都山.「ゆ幾」. 大阪市南区：前川合名会社，1923.4（35 版）.
［79］中尾都山.「金剛石」「水は器」. 大阪市南区：前川合名会社，1923.4（27 版）.
［80］中尾都山. 改訂「夕顔」. 大阪市南区：前川合名会社，1923.4（2 版）.
［81］中尾都山.「新松竹梅」. 大阪市南区：前川合名会社，1923.4（20 版）.
［82］中尾都山.「近江八景」. 大阪市南区：前川合名会社，1923.4（5 版）.
［83］中尾都山.「玉の宮居」. 大阪市南区：前川合名会社，1923.5（2 版）.
［84］中尾都山. 本曲「春霞」. 大阪市南区：前川合名会社，1923.5（9 版）.
［85］中尾都山.「雪乃花」. 大阪市南区：前川合名会社，1923.6（6 版）.
［86］中尾都山.「紅葉盡」. 大阪市南区：前川合名会社，1923.6（8 版）.
［87］中尾都山.「長等乃春」. 大阪市南区：前川合名会社，1923.6（6 版）.
［88］中尾都山.「玉川」. 大阪市南区：前川合名会社，1923.6（9 版）.
［89］中尾都山.「夜々乃里」. 大阪市南区：前川合名会社，1923.6（15 版）.

[90] 中尾都山 .「雪中竹」. 大阪市南区：前川合名会社，1923.7（3 版）.

[91] 中尾都山 .「竹生嶋」. 大阪市南区：前川合名会社，1923.7（15 版）.

[92] 中尾都山 .「銀世界」. 大阪市南区：前川合名会社，1923.8（17 版）.

[93] 中尾都山 .「筑紫の海」. 大阪市南区：前川合名会社，1923.8（3 版）.

[94] 中尾都山 .「新娘道成寺」. 大阪市南区：前川合名会社，1923.8（6 版）.

[95] 中尾都山 .「神楽初」. 大阪市南区：前川合名会社，1923.8（11 版）.

[96] 中尾都山 .「大内山」. 大阪市南区：前川合名会社，1923.8（3 版）.

[97] 中尾都山 .「櫻川」. 大阪市南区：前川合名会社，1923.9（7 版）.

[98] 中尾都山 .「かざしの雪」. 大阪市南区：前川合名会社，1923.9（2 版）.

[99] 中尾都山 .「初音」. 大阪市南区：前川合名会社，1923.10（3 版）.

[100] 中尾都山 .「菊水」. 大阪市南区：前川合名会社，1923.10（5 版）.

[101] 中尾都山 .「春日詣」. 大阪市南区：前川合名会社，1923.10（2 版）.

[102] 中尾都山 .「茶音頭」. 大阪市南区：前川合名会社，1923.10（9 版）.

[103] 中尾都山 .「四季乃遊」. 大阪市南区：前川合名会社，1923.11（2 版）.

[104] 中尾都山 .「榊」. 大阪市南区：前川合名会社，1923.11（2 版）.

[105] 中尾都山 .「雪の峰」. 大阪市南区：前川合名会社，1923.12（3 版）.

[106] 中尾都山 .「末乃契」. 大阪市南区：前川合名会社，1923.12（12 版）.

[107] 中尾都山 .「那須野」. 大阪市南区：前川合名会社，1923.12（2 版）.

[108] 中尾都山 .「夏乃曲」. 大阪市南区：前川合名会社，1923.12（23 版）.

[109] 中尾都山 .「藤戸」. 大阪市南区：前川合名会社，1924.1.

[110] 中尾都山 .「越後獅子」. 大阪市南区：前川合名会社，1924.2.

[111] 中尾都山 .「松風」（山田）. 大阪市南区：前川合名会社，1924.2（2 版）.

[112] 中尾都山 .「秋風」. 大阪市南区：前川合名会社，1927.2（4 版）.

[113] 中尾都山 .「富士太鼓」. 大阪市南区：前川合名会社，1924.3（8 版）.

[114] 中尾都山 .「臼の聲」. 大阪市南区：前川合名会社，1924.3（29 版）.

[115] 中尾都山 .「嵯峨乃秋」. 大阪市南区：前川合名会社，1924.3（15 版）.

[116] 中尾都山 . 改訂「千鳥の曲」. 大阪市南区：前川合名会社，1924.3.

[117] 中尾都山 . 改訂「茶音頭」. 大阪市南区：前川合名会社，1924.3（5 版）.

［118］中尾都山 .「けしの花」. 大阪市南区：前川合名会社，1924.3（36 版）.
［119］中尾都山 .「雲雀乃曲」. 大阪市南区：前川合名会社，1924.3（5 版）.
［120］中尾都山 .「八重霞」. 大阪市南区：前川合名会社，1924.3（9 版）.
［121］中尾都山 . 本曲「湖上の月 第一、二部」. 大阪市南区：前川合名会社，1924.3（3 版）.
［122］中尾都山 .「松の榮」. 大阪市南区：前川合名会社，1924.4（4 版）.
［123］中尾都山 .「收穫乃野」. 大阪市南区：前川合名会社，1924.4（3 版）.
［124］中尾都山 .「御国乃春」. 大阪市南区：前川合名会社，1924.4（15 版）.
［125］中尾都山 .「住吉詣」. 大阪市南区：前川合名会社，1924.4（5 版）.
［126］中尾都山 .「萩乃露」. 大阪市南区：前川合名会社，1924.4（10 版）.
［127］中尾都山 .「三乃景色」. 大阪市南区：前川合名会社，1924.5（12 版）.
［128］中尾都山 .「秋乃言の葉」. 大阪市南区：前川合名会社，1924.5（18 版）.
［129］中尾都山 .「吾妻獅子」. 大阪市南区：前川合名会社，1924.5.
［130］中尾都山 .「常盤の榮」. 大阪市南区：前川合名会社，1924.6（9 版）.
［131］中尾都山 .「舟乃夢」. 大阪市南区：前川合名会社，1924.6（9 版）.
［132］中尾都山 .「須磨乃嵐」. 大阪市南区：前川合名会社，1924.6.
［133］中尾都山 .「残月」. 大阪市南区：前川合名会社，1924.6（19 版）.
［134］中尾都山 .「紅薔薇」. 大阪市南区：前川合名会社，1924.6.
［135］中尾都山 .「若菜」. 大阪市南区：前川合名会社，1924.7.
［136］中尾都山 .「満ゝ乃川」. 大阪市南区：前川合名会社，1924.7（11 版）.
［137］中尾都山 .「冬の曲」. 大阪市南区：前川合名会社，1924.7（16 版）.
［138］中尾都山 .「新玉乃曲」. 大阪市南区：前川合名会社，1924.8（3 版）.
［139］中尾都山 .「壽くらべ」. 大阪市南区：前川合名会社，1924.8（2 版）.
［140］中尾都山 .「西行櫻」. 大阪市南区：前川合名会社，1924.8（14 版）.
［141］中尾都山 . 本曲「春霞」. 大阪市南区：前川合名会社，1924.8（3 版）.
［142］中尾都山 .「楫枕」. 大阪市南区：前川合名会社，1924.10（10 版）.
［143］中尾都山 .「磯の春」. 大阪市南区：前川合名会社，1924.10（7 版）.
［144］中尾都山 . 改訂「玉川」. 大阪市南区：前川合名会社，1924.10（2 版）.

[145] 中尾都山 . 改訂「楓乃花」. 大阪市南区：前川合名会社，1924.10（2 版）.
[146] 中尾都山 .「明治松竹梅」. 大阪市南区：前川合名会社，1924.11（3 版）.
[147] 中尾都山 .「朧月」. 大阪市南区：前川合名会社，1924.11.
[148] 中尾都山 .「稚児櫻」. 大阪市南区：前川合名会社，1924.11（13 版）.
[149] 中尾都山 .「時鳥の曲」. 大阪市南区：前川合名会社，1924.11（12 版）.
[150] 中尾都山 .「松竹梅」. 大阪市南区：前川合名会社，1924.12（20 版）.
[151] 中尾都山 .「ひぐらし」. 大阪市南区：前川合名会社，1924.12.
[152] 中尾都山 .「船歌 第一至第二部」. 大阪市南区：前川合名会社，1925.1.
[153] 中尾都山 . 本曲「寒砧」本手 . 大阪市南区：前川合名会社，1925.1.
[154] 中尾都山 .「新玉かづ良」. 大阪市南区：前川合名会社，1925.2（5 版）.
[155] 中尾都山 .「秋乃曲」. 大阪市南区：前川合名会社，1925.2（21 版）.
[156] 中尾都山 .「名取川」. 大阪市南区：前川合名会社，1925.2.
[157] 中尾都山 .「青柳」. 大阪市南区：前川合名会社，1925.3（11 版）.
[158] 中尾都山 .「楓乃花」. 大阪市南区：前川合名会社，1925.3（20 版）.
[159] 中尾都山 .「櫻狩」. 大阪市南区：前川合名会社，1925.3（2 版）.
[160] 中尾都山 . 改訂「春乃曲」. 大阪市南区：前川合名会社，1925.3（2 版）.
[161] 中尾都山 .「春乃夜」. 大阪市南区：前川合名会社，1925.3.
[162] 中尾都山 . 本曲「潮風」本手 . 大阪市南区：前川合名会社，1925.3（6 版）.
[163] 中尾都山 .「千里乃梅」. 大阪市南区：前川合名会社，1925.4.
[164] 中尾都山 .「四季乃詠」. 大阪市南区：前川合名会社，1925.4（13 版）.
[165] 中尾都山 .「古す毛す」. 大阪市南区：前川合名会社，1925.4.
[166] 中尾都山 .「せきれい」. 大阪市南区：前川合名会社，1925.5.
[167] 中尾都山 .「春乃曲」. 大阪市南区：前川合名会社，1925.6（29 版）.
[168] 中尾都山 .「吾妻獅子」. 大阪市南区：前川合名会社，1925.6（16 版）.
[169] 中尾都山 .「浮舟」. 大阪市南区：前川合名会社，1925.6（9 版）.
[170] 中尾都山 .「春乃聲」. 大阪市南区：前川合名会社，1925.6（3 版）.
[171] 中尾都山 .「比良」. 大阪市南区：前川合名会社，1925.6.

[172] 中尾都山.本曲「春風」本手.大阪市南区：前川合名会社，1925.6（10版）.

[173] 中尾都山.「若水」.大阪市南区：前川合名会社，1925.7.

[174] 中尾都山.「春乃おとづれ」.大阪市南区：前川合名会社，1925.9.

[175] 中尾都山.「さむし路」.大阪市南区：前川合名会社，1925.10（23版）.

[176] 中尾都山.「谷間乃水車」.大阪市南区：前川合名会社，1925.10（2版）.

[177] 中尾都山.「名所土産」.大阪市南区：前川合名会社，1925.11（16版）.

[178] 中尾都山.「江乃嶋」.大阪市南区：前川合名会社，1925.11（2版）.

[179] 中尾都山.「梓」.大阪市南区：前川合名会社，1925.12（6版）.

[180] 中尾都山.改訂「磯千鳥」.大阪市南区：前川合名会社，1925.12（3版）.

[181] 中尾都山.改訂「夏乃月」.大阪市南区：前川合名会社，1926.1（2版）.

[182] 中尾都山.「清水楽」.大阪市南区：前川合名会社，1926.1.

[183] 中尾都山.本曲「海邊の夕映」.大阪市南区：前川合名会社，1926.1.

[184] 中尾都山.「小督乃曲」.大阪市南区：前川合名会社，1926.2（2版）.

[185] 中尾都山.「石橋」.大阪市南区：前川合名会社，1926.2（2版）.

[186] 中尾都山.「初鶯」.大阪市南区：前川合名会社，1926.3（2版）.

[187] 中尾都山.「磯千鳥」.大阪市南区：前川合名会社，1926.4（21版）.

[188] 中尾都山.「春乃調」.大阪市南区：前川合名会社，1926.5（2版）.

[189] 中尾都山.「京名所」.大阪市南区：前川合名会社，1926.5（4版）.

[190] 中尾都山.「桂男」.大阪市南区：前川合名会社，1926.6（7版）.

[191] 中尾都山.「五段」「雲井五段」.大阪市南区：前川合名会社，1926.6（6版）.

[192] 中尾都山.「御山獅子」.大阪市南区：前川合名会社，1926.7（5版）.

[193] 中尾都山.「竹生嶋」（山田）.大阪市南区：前川合名会社，1926.7（2版）.

[194] 中尾都山.「秋乃夜」.大阪市南区：前川合名会社，1926.7.

[195] 中尾都山.「住吉」.大阪市南区：前川合名会社，1926.9（2版）.

[196] 中尾都山.「今小町」.大阪市南区：前川合名会社，1926.9（12版）.

[197] 中尾都山.「和風集」.大阪市南区：前川合名会社，1926.9.

[198] 中尾都山.「根曳乃松」.大阪市南区：前川合名会社，1926.10（16版）.

[199] 中尾都山.改訂「越後獅子」.大阪市南区:前川合名会社,1926.10(4版).
[200] 阿部凶介筆.錦風流尺八笛之譜(本調子).北海道函館:阿部凶介,1926.12.25—1989.1.7.
[201] 野中筑聖.本曲「鶴の巣籠」.長崎:諫早筑紫音楽学院,1926.12.25—1989.1.7.
[202] 桜井無笛.普化法蕭楽譜(上).大阪:桜井無笛,1926.12.25—1989.1.7.
[203] 木村友齋.琴古流本曲譜.東京:竹仙会,1926.12.25—1989.1.7.
[204] 中尾都山.「陽炎」.大阪市南区:前川合名会社,1927.1.
[205] 中尾都山.「秋乃鄙唄」「悲しい海」「水郷小唄」.大阪市南区:前川合名会社,1927.1.
[206] 平田,佐藤,柳井.洋曲尺八楽譜「トラウメライ・荒城の月」.小倉市米町:大日本革新音楽会本部,1927.1.
[207] 中尾都山.「熊野」.大阪市南区:前川合名会社,1927.2(2版).
[208] 中尾都山.「笹乃露」.大阪市南区:前川合名会社,1927.2(2版).
[209] 中尾都山.「新玉かづ良」.大阪市南区:前川合名会社,1927.2(6版).
[210] 中尾都山.「佐渡乃印象」.大阪市南区:前川合名会社,1927.2.
[211] 中尾都山.「歓喜」.大阪市南区:前川合名会社,1927.2.
[212] 東京竹友社.琴古流尺八楽譜「楓之花」.東京市麹町区:東京竹友社,1927.3.
[213] 東京竹友社.琴古流尺八楽譜「名所土産」.東京市麹町区:東京竹友社,1927.3.
[214] 中尾都山.「宇治巡」.大阪市南区:前川合名会社,1927.4(8版).
[215] 福田(幸彦)蘭童.新尺八楽譜長唄「羽根の禿」.東京市芝区:吾妻社,1927.4.
[216] 吉田晴風.本居長世作曲光明へ.東京市外高井户:楽精社,1927.4.
[217] 中尾都山.「長恨歌」.大阪市南区:前川合名会社,1927.5(2版).
[218] 東京竹友社.琴古流尺八楽譜「雨夜の月」山田流.東京市麹町区:

東京竹友社，1927.6.

［219］東京竹友社 . 琴古流尺八楽譜 「水の玉」. 東京市麹町区：東京竹友社，1927.7.

［220］東京竹友社 . 琴古流尺八楽譜「四季の眺」. 東京市麹町区：東京竹友社，1927.7.

［221］東京竹友社 . 琴古流尺八楽譜「根引の松」. 東京市麹町区：東京竹友社，1927.7.

［222］中尾都山 .「七小町」. 大阪市南区：前川合名会社，1927.7（10 版）.

［223］東京竹友社 . 琴古流尺八楽譜 「新娘道成寺」. 東京市麹町区：東京竹友社，1927.12.

［224］中尾都山 .「八重衣」. 大阪市南区：前川合名会社，1927.12（7 版）.

［225］吉田晴風 . 宮城道雄作曲 . 花紅葉 . 東京市小石川区：楽精社，1928.1.

［226］兼安洞童 . 尺八獨習 大衆篇 童謡 ・ 唱歌 ・ 流行歌 . 京都市上京区：大日本竹道学館，1928.1.

［227］兼安洞童 . 尺八獨習 大衆篇 練習曲 . 京都市上京区：大日本竹道学館，1928.1.

［228］三浦琴童 . 琴古流尺八本曲楽譜 乾 . 東京市小石川区：琴霊会，1928.1.

［229］中尾都山 .「千代の鶯」. 大阪市南区：前川合名会社，1928.2（6 版）.

［230］荒木古童 .「浪花獅子」. 東京市浅草区：童窓会本部，1928.2.

［231］中尾都山 .「青柳」. 大阪市南区：前川合名会社，1928.5（14 版）.

［232］中尾都山 .「五段砧」. 大阪市南区：前川合名会社，1928.5（5 版）.

［233］東京竹友社 . 琴古流尺八楽譜「時鳥の曲」. 東京市麹町区：東京竹友社，1928.6.

［234］東京竹友社 . 琴古流尺八楽譜 「さらし」（晒）. 東京市麹町区：東京竹友社，1928.7.

［235］中尾都山 .「郭公」. 大阪市南区：前川合名会社，1928.7.

［236］兼安洞童 . 尺八獨習 大衆篇 童謡 ・ 唱歌 ・ 流行歌 . 京都市上京区：

大日本竹道学館，1928.9.
[237] 中尾都山 . 本曲「青海波」. 大阪市南区：前川合名会社，1928.11（14 版）.
[238] 中尾都山 .「海乃幸 第一至第四楽章」. 大阪市南区：前川合名会社，1929.1（4 版）.
[239] 中尾都山 . 本曲「朝霧 第一至四部」. 大阪市南区：前川合名会社，1929.3（6 版）.
[240] 中尾都山 . 本曲「夜乃懐」. 大阪市南区：前川合名会社，1929.4（5 版）.
[241] 東京竹友社 . 琴古流尺八楽譜 「越後獅子」長唄 . 東京市麹町区：東京竹友社，1929.5.
[242] 吉田晴風 . 宮城道雄作曲 . 天女舞曲 . 東京市小石川区：新日本音楽協会，1929.11.
[243] 吉田晴風 . 宮城道雄作曲 . よろこび . 東京市小石川区：新日本音楽協会，1929.12.
[244] 吉田晴風 . 宮城道雄作曲 . 童曲 球と鈴 ・ 夢見のめがね ・ 春の風 . 東京市小石川区：新日本音楽協会，1930.1.
[245] 酒井竹保 . 竹保流 尺八音譜「千鳥の曲」. 大阪市東区：竹保流尺八宗家，1930.1（3 版）.
[246] 吉田晴風 . 宮城道雄作曲 . 童曲 春の夜の風 ・ 山の水車 . 東京市小石川区：新日本音楽協会，1930.3.
[247] 吉田晴風 . 宮城道雄作曲 . 紅薔薇 . 東京市小石川区：新日本音楽協会，1930.3.
[248] 吉田晴風 . 祈り . 東京市小石川区：東京尺八一新会，1930.3.
[249] 中尾都山 .「躑躅」. 大阪市南区：前川合名会社，1930.5（4 版）.
[250] 吉田晴風 . 宮城道雄作曲 . 若水 . 東京市小石川区：新日本音楽協会，1930.6.
[251] 吉田晴風 . 宮城道雄作曲 . ひぐらし . 東京市小石川区：新日本音楽協会，1930.6.

［252］吉田晴風．宮城道雄作曲．以歌護世・青山の池．東京市小石川区：新日本音楽協会，1930.6.
［253］吉田晴風．宮城道雄作曲．清水楽．東京市小石川区：新日本音楽協会，1930.11.
［254］吉田晴風．吉田晴風作曲．山路．東京市小石川区：東京尺八一新会，1930.12.
［255］石川雅童．「吾妻の曲」「下り葉の曲」「雲井獅子」．名古屋市中区：曙社，1931.1.
［256］石川雅童．「五段砧」．名古屋市中区：曙社，1931.1.
［257］石川雅童．「五段砧」雲井調子．名古屋市中区：曙社，1931.1.
［258］石川雅童．「千代の鶯」．名古屋市中区：曙社，1931.1.
［259］石川雅童．「四つの民」．名古屋市中区：曙社，1931.1.
［260］石川雅童．「住吉詣」．名古屋市中区：曙社，1931.3.
［261］石川雅童．「壽重」．名古屋市中区：曙社，1931.3.
［262］中尾都山．「春日詣」．大阪市南区：前川合名会社，1931.6（5版）.
［263］中尾都山．「清水楽」．大阪市南区：前川合名会社，1931.9（9版）.
［264］阿部凶介．錦風流尺八笛之譜曙調子・雲井調子．北海道函館：阿部凶介，1931.11.
［265］阿部凶介．錦風流尺八笛之譜大極調子・夕暮調子．北海道函館：阿部凶介，1931.12.
［266］三浦琴童．琴古流尺八本曲楽譜（全）．東京市小石川区：琴霊会，1932.1.
［267］野中筑聖．「調子」「虚鈴」．長崎：諫早筑紫音楽学院，1932.2.
［268］吉田晴風．宮城道雄作曲．嘆き給いそ・米搗きて．東京市小石川区：新日本音楽協会，1932.6.
［269］吉田晴風．宮城道雄作曲．春の唄．東京市小石川区：新日本音楽協会，1932.6.
［270］野中筑聖．「河水清」．長崎：諫早筑紫音楽学院，1932.7.

[271] 東京竹友社 . 琴古流尺八楽譜 「岸の柳」長唄 . 東京市麹町区：東京竹友社，1932.8.
[272] 荒木古童 .「都の壽」. 東京市赤坂区：琴古流宗家，1934.3.
[273] 吉田晴風 . 宮城道雄作曲 . 高麗の春 . 東京市小石川区：東京尺八一新会，1934.8.
[274] 吉田晴風 . 宮城道雄作曲 . 新暁 . 東京市小石川区：東京尺八一新会，1934.8.
[275] 吉田晴風 . 宮城道雄曲 . 水三題 . 東京市小石川区：東京尺八一新会，1934.8.
[276] 吉田晴風 . 宮城道雄曲 . こほろぎ . 東京市小石川区：東京尺八一新会，1934.8.
[277] 吉田晴風 . 宮城道雄曲 . 潮音 (附「落葉」). 東京市小石川区：東京尺八一新会，1934.8.
[278] 吉田晴風 . 宮城道雄曲 . 雲の彼方へ (附「えにし」). 東京市小石川区：東京尺八一新会，1934.8.
[279] 吉田晴風 . 宮城道雄曲 . 虫の武蔵野 . 東京市小石川区：東京尺八一新会，1934.8.
[280] 吉田晴風 . 宮城道雄曲 . 千代の壽 . 東京市小石川区：東京尺八一新会，1934.8.
[281] 荒木古童 .「若菜」. 東京市赤坂区：琴古流宗家，1935.5.
[282] 吉田晴風 . 宮城道雄曲 . コスモス . 東京市麹町区：晴風会本部，1939.2.
[283] 吉田晴風 . 宮城道雄曲 . うわさ・ひばり . 東京市麹町区：晴風会本部，1939.2.
[284] 吉田晴風 . 宮城道雄曲 . 母の唄 . 東京市麹町区：晴風会本部，1939.2.
[285] 吉田晴風 . 宮城道雄曲 . せきれい . 東京市麹町区：晴風会本部，1939.2.
[286] 吉田晴風 . 宮城道雄曲 . 初だより・章魚つき . 東京市麹町区：晴風会

本部，1939.2.
[287] 兼安洞童 . 兵隊さんよ有り難ふ・日の丸行進曲・露営の歌 . 京都市左京区：大日本竹道学館，1939.11.
[288] 兼安洞童 . 洞童曲 慕郷 . 京都市左京区：大日本竹道学館，1939.11.
[289] 兼安洞童 . 洞童曲 子守 . 京都市左京区：大日本竹道学館，1939.11.
[290] 兼安洞童 . 洞童曲 鈴鹿 . 京都市左京区：大日本竹道学館，1939.12.
[291] 吉田晴風 . 宮城道雄曲 . 比良 . 東京市麹町区：晴風会本部，1940.2.
[292] 吉田晴風 . 宮城道雄曲 . 初鶯 . 東京市麹町区：晴風会本部，1940.2.
[293] 吉田晴風 . 宮城道雄曲 . 湖辺の夕 . 東京市麹町区：晴風会本部，1940.2.
[294] 吉田晴風 . 宮城道雄曲 . 小鳥の歌 . 東京市麹町区：晴風会本部，1940.2.
[295] 兼安洞童 . 父をたづねて . 京都市左京区：大日本竹道学館，1940.2.
[296] 兼安洞童 . 父よあなたは強かつた・愛馬進軍歌 . 京都市左京区：大日本竹道学館，1940.3.
[297] 兼安洞童 . 大陸行進曲・太平洋行進曲 . 京都市左京区：大日本竹道学館，1940.3.
[298] 吉田晴風 . 宮城道雄曲 . 和風楽 . 東京市麹町区：晴風会本部，1940.5.
[299] 吉田晴風 . 宮城道雄曲 . 春の夜 . 東京市麹町区：晴風会本部，1940.5.
[300] 兼安洞童 . 愛国行進曲 . 京都市左京区：大日本竹道学館，1940.7.
[301] 竹之友社 . 琴古流尺八楽譜「新娘道成寺」. 東京市小石川区：竹之友社，1941.2.
[302] 吉田晴風 . 宮城道雄曲 . 軒乃雫 . 東京市麹町区：晴風会本部，1941.5.
[303] 竹之友社 . 琴古流尺八楽譜「明治松竹梅」. 東京市小石川区：竹之友社，1941.5.
[304] 村瀬三之助 . 琴古流尺八楽譜「黒髪」. 東京市小石川区：竹之友社，1941.8.
[305] 村瀬三之助 . 琴古流尺八楽譜「深夜之月」. 東京市小石川区：竹之友

社，1941.8.

[306] 佐藤晴美 . 新高砂 . 大阪市住吉区：大日本尺八報国会，1942.3.

[307] 伊東笛斎写 . 古流尺八本曲音譜写 . 大阪：伊東笛斎，1942.3.

[308] 村瀬三之助 .「乱輪舌」. 東京市小石川区：竹之友社，1942.7.

[309] 村瀬三之助 .「摘草」. 東京市小石川区：竹之友社，1942.7.

[310] 村瀬三之助 .「秋之言葉」. 東京市小石川区：竹之友社，1942.7.

[311] 村瀬三之助 .「ままの川」. 東京市小石川区：竹之友社，1942.7.

[312] 村瀬三之助 .「大内山」. 東京市小石川区：竹之友社，1942.7.

[313] 村瀬三之助 .「けしの花」. 東京市小石川区：竹之友社，1942.7.

[314] 村瀬三之助 .「新高砂」. 東京市小石川区：竹之友社，1942.7.

[315] 村瀬三之助 .「茶湯音頭」. 東京市小石川区：竹之友社，1942.7.

[316] 村瀬三之助 .「八千代獅子」. 東京市小石川区：竹之友社，1942.7.

[317] 兼安洞童 . 久本玄智作曲 . 初雁 . 京都市左京区：大日本竹道学館，1942.9.

[318] 吉田晴風 . 宮城道雄曲 . 春の訪れ . 東京市麹町区：晴風会本部，1942.12.

[319] 吉田晴風 . 宮城道雄曲 . 遠砧 . 東京市麹町区：晴風会本部，1942.12.

[320] 草野茂 . 正調追分節（琴古流尺八獨習）. 東京市杉並区：シンフォニー，1946.1.

[321] 佐藤晴美 . 吉田晴風作曲集 . 熊本県人吉市：美風会出版部，1948.1.

[322] 池田逸漣 . 琴古流尺八楽「特選歌謡曲集」. 東京都新宿区：全音楽譜出版社，1948.1.

[323] 谷北無竹筆 . 明暗三虚霊音譜 . 京都：谷北無竹，1949.2.

[324] 吉田晴風，佐藤晴美 . 宮城道雄作曲集 第弐編 . 熊本県八吉市：美風会出版部，1949.3.

[325] 佐藤晴美 . 荒城の月 ・ 庭の千草 . 大阪市西区：美風会本部，1950.11.

[326] 佐藤晴美 . 櫻吹雪 . 大阪市西区：美風会本部，1951.5.

[327] 佐藤晴美 . 鷺の舞 . 大阪市西区：美風会本部，1951.5.

[328] 佐藤晴美 . 若草の夢 . 大阪市西区：美風会本部，1951.5.
[329] 佐藤晴美 . 夜明けの曲 . 大阪市西区：美風会本部，1951.5.
[330] 佐藤晴美 . 戀慕調 ・ 秋の想い . 大阪市西区：美風会本部，1951.5.
[331] 佐藤晴美 . 若人よ進め . 大阪市西区：美風会本部，1951.5.
[332] 佐藤晴美 . 福田蘭童作曲 . 麦笛の頃 . 大阪市南区：琴古出版社，1953.5.
[333] 佐藤晴美 . 宮城道雄作曲 . 花紅葉 . 大阪市南区：琴古出版社，1953.6.
[334] 佐藤晴美 . 渡辺浩風作曲 . 移風調 . 大阪市南区：琴古出版社，1954.
[335] 佐藤晴美 . 琴古流尺八本曲 第四篇 . 大阪市南区：琴古出版社，1954.3.
[336] 佐藤晴美 . 琴古流尺八本曲 第五篇 . 大阪市南区：琴古出版社，1954.3.
[337] 佐藤晴美 . 琴古流尺八本曲 第七篇 . 大阪市南区：琴古出版社，1954.3.
[338] 佐藤晴美 . 琴古流尺八本曲 第八篇 . 大阪市南区：琴古出版社，1954.3.
[339] 佐藤晴美 . 琴古流尺八本曲 第拾篇 . 大阪市南区：琴古出版社，1954.3.
[340] 佐藤晴美 . 琴古流尺八本曲 第拾壱篇 . 大阪市南区：琴古出版社，1954.3.
[341] 佐藤晴美 . 尺八古典本曲秘譜 第壱巻 . 大阪市南区：琴古出版社，1954.3.
[342] 佐藤晴美 . 尺八古典本曲秘譜 第弐巻 . 大阪市南区：琴古出版社，1954.3.
[343] 佐藤晴美 . 尺八古典本曲秘譜 第叁巻 . 大阪市南区：琴古出版社，1954.3.
[344] 佐藤晴美 . 尺八古典本曲秘譜 第四巻 . 大阪市南区：琴古出版社，1954.3.

[345] 上田喜一 . 長唄 元禄花見踊 . 大阪府豊中市：上田流尺八楽譜刊行会・上田喜一，1954.3.
[346] 石高琴風 . 尺八のよる日本民謡集 . 東京都大田区：共同音楽出版社，1955.7.
[347] 菊池淡水 . 尺八日本民謡集（1）. 東京都中野区：シンフォニー楽譜出版社，1956 秋 .
[348] 兼安洞童 . 尺八曲 夕もみじ . 東京都渋谷区：大日本竹道学館，1957.1.
[349] 兼安洞童 . 尺八曲 思い出 . 東京都渋谷区：大日本竹道学館，1957.1.
[350] 佐藤晴美 . 山川直士作曲 . 南部牛追い唄による幻想曲 . 大阪市南区：琴古出版社，1957.4.
[351] 佐藤晴美 . 尺八歌謡曲集（1）. 大阪市南区：琴古出版社，1957.7.
[352] 兼安洞童 . 尺八曲 荒城のひぐらし . 東京都渋谷区：大日本竹道学館，1957.9.
[353] 兼安洞童 . 尺八曲 友よいずこ . 東京都渋谷区：大日本竹道学館，1957.9.
[354] 兼安洞童 . 尺八曲 山彦 . 東京都渋谷区：大日本竹道学館，1957.9.
[355] 兼安洞童 . 尺八曲 春雨くづし . 東京都渋谷区：大日本竹道学館，1957.9.
[356] 兼安洞童 . 尺八曲 鈴鹿 . 東京都渋谷区：大日本竹道学館，1957.9.
[357] 兼安洞童 . 尺八曲 深山の早暁 . 東京都渋谷区：大日本竹道学館，1957.9.
[358] 兼安洞童 . 尺八曲 いとし児よ . 東京都渋谷区：大日本竹道学館，1957.9.
[359] 兼安洞童 . 尺八曲 友情 . 東京都渋谷区：大日本竹道学館，1957.9.
[360] 兼安洞童 . 尺八曲 秋しぐれ . 東京都渋谷区：大日本竹道学館，1957.9.
[361] 兼安洞童 . 尺八曲 純情 . 東京都渋谷区：大日本竹道学館，1957.9.
[362] 兼安洞童 . 尺八曲 天地有情 . 東京都渋谷区：大日本竹道学館，1957.9.

[363] 兼安洞童 . 尺八曲 農村の秋 . 東京都渋谷区：大日本竹道学館，1957.9.

[364] 菊池淡水 . 尺八日本民謡集（3）. 東京都中野区：シンフォニー楽譜出版社，1958.

[365] 菊池淡水 . 尺八日本民謡集（第 2 編）. 東京都中野区：シンフォニー楽譜出版社，1958.7.

[366] 菊池淡水 . 尺八日本民謡集（2）. 東京都中野区：シンフォニー楽譜出版社，1958.7.

[367] 中尾都山 .「黒髪」「鶴乃聲」. 大阪市南区：前川合名会社，1958.9.

[368] 佐藤晴美 . 宮城道雄作曲 . 遠砧 . 大阪市南区：琴古出版社，1958.12（3 版）.

[369] 廣門伶風 . 尺八三部合奏曲「漁村」. 不明，1959.4.

[370] 佐藤晴美 . 宮城道雄作曲 . 比良 . 大阪市南区：琴古出版社，1960.4（2 版）.

[371] 佐藤晴美 . 宮城道雄作曲 . 軒の雫 . 大阪市南区：琴古出版社，1960.8（2 版）.

[372] 佐藤晴美 . 福田蘭童作曲 . 月草の夢 . 大阪市南区：琴古出版社，1961.3（2 版）.

[373] 佐藤晴美 . 宮城道雄作曲 . 小鳥の歌 . 大阪市南区：琴古出版社，1961.3（3 版）.

[374] 佐藤晴美 . 久本玄智作曲 . 飛躍 · 大阪市南区：琴古出版社，1961.4（3 版）.

[375] 中尾都山 .「黒髪」「鶴乃聲」. 東京都新宿区：全音楽譜出版社，1961.7.

[376] 兼安洞童 . 洞童曲 舟路 . 東京都渋谷区：大日本竹道学館，1961.9.

[377] 佐藤晴美 . 宮城道雄作曲 . 飛鳥の夢 . 大阪市南区：琴古出版社，1962.3.

[378] 佐藤晴美 . 中村双葉作曲 . 日本名曲集 . 大阪市南区：琴古出版社，

1964.8.
[379] 佐藤晴美 . 琴古流尺八本曲 第壱篇 . 大阪市南区：琴古出版社，1965.10（3 版）.
[380] 佐藤晴美 . 琴古流尺八本曲 第貳篇 . 大阪市南区：琴古出版社，1965.10（2 版）.
[381] 佐藤晴美 . 琴古流尺八本曲 第叁篇 . 大阪市北区：琴古出版社，1965.10（2 版）.
[382] 佐藤晴美 . 琴古流尺八本曲 解説篇 . 大阪市南区：琴古出版社，1966.12（3 版）.
[383] 佐藤晴美 . 琴古流尺八本曲 第六篇 . 大阪市北区：琴古出版社，1967.5（2 版）.
[384] 佐藤晴美 . 琴古流尺八本曲 第九篇 . 大阪市北区：琴古出版社，1967.5（2 版）.
[385] 佐藤晴美 . 宮城道雄作曲 . 祈り ・ 子守唄 . 大阪市南区：琴古出版社，1969.3（3 版）.
[386] 佐藤晴美 . 宮城道雄作曲 . 春の海 . 大阪市南区：琴古出版社，1969.9（7 版）.
[387] 石高琴風 . 尺八日本民謡集 . 東京都新宿区：協楽社，1970.8.
[388] 明暗導主会 . 明暗尺八経譜（全 32 曲）. 京都市東山区：明暗導主会，1972.7.
[389] 川瀬順輔 . 一二三鉢返調瀧落之曲 . 東京都新宿区：竹友社，1975.5.
[390] 川瀬順輔 . 盤涉調 ・ 真虚霊 . 東京都新宿区：竹友社，1976.2.
[391] 川瀬順輔 . 鹿の遠音 . 東京都新宿区：竹友社，1976.8.
[392] 阿部凶介 . 錦風流本曲五調子対照譜本 . 北海道函館：阿部凶介，1979.
[393] 川瀬順輔 . 虚空鈴慕 . 東京都新宿区：竹友社，1980.1.
[394] 川瀬順輔 . 鶴之巣籠 . 東京都新宿区：竹友社，1980.3.
[395] 樋口対山 . 大本山秘曲本手「虚鈴」. 京都：樋口対山，1890.8.

[396] 明暗導主会 . 明暗尺八経譜 （全 32 曲及び解説）. 京都市東山区：明暗導主会，1981.7.
[397] 川瀨順輔 . 霧海篪鈴慕 . 東京都新宿区：竹友社，1982.1.
[398] 妙音会本部 . 摩頂山国泰寺 法竹ロ博譜（全 53 曲）. 富山県高岡市：明音会本部，1982.6.
[399] 稲垣衣白 . 尺八本曲音譜 （覆刻版 全 26 曲）. 愛知県：稲垣衣白，1986.5.
[400] 佐藤魯童 . 琴古流尺八曲譜目録 （秩入り）. 東京：佐藤魯童，1899.3.
[401] 竹内史光 . 古典尺八楽譜録 （全 32 曲）. 岐阜市金園町：全国古典尺八楽普及会，1990.7.
[402] 神如道 . 尺八古典本曲譜本 （全 51 曲）. 東京都新宿区：神如正編，1999.1.
[403] 須藤青風 . 根笹派錦風流管曲譜 . 青森県八戸市：須藤青風，2001.3.
[404] 佐藤魯童 . 長唄「越後獅子」. 東京：佐藤魯童，不明 .
[405] 佐藤魯童 .「八重衣之曲」. 東京：佐藤魯童，不明 .
[406] 佐藤魯童 .「六段」. 東京：佐藤魯童，不明 .
[407] 佐藤魯童 .「八千代獅子」. 東京：佐藤魯童，不明 .
[408] 佐藤魯童 .「さらし乃曲」. 東京：佐藤魯童，不明 .
[409] 佐藤魯童 .「巣鶴鈴慕」. 東京：佐藤魯童，不明 .
[410] 佐藤魯童 .「六段の前うた」. 東京：佐藤魯童，不明 .
[411] 佐藤魯童 .「秋風の曲序」「六段の初段」. 東京：佐藤魯童，不明 .
[412] 佐藤魯童 . 琴古流尺八曲譜 目録 . 東京：佐藤魯童，不明 .
[413] 酒井竹翁 . 明暗真法古曲 （全 55 曲）. 大阪市鶴見区：竹保流尺八出版部，不明 .
[414] 伊東笛斎 . 明暗流尺八音譜（巻一）. 千葉：伊東笛斎，不明 .
[415] 伊東笛斎 . 普化法笛楽譜（巻一）. 千葉：伊東笛斎，不明 .
[416] 石高琴風 . 尺八吟詠 尺八による伴奏のしかた . 東京都新宿区：協楽社，不明 .

[417] 石高琴風 . 尺八曲集 . 東京都新宿区：協楽社，不明 .
[418] 源雲界 . 明暗的伝「鉢返し」. 東京市牛込区：明暗根本道場，不明 .
[419] 清水静山 . 明暗派尺八曲譜 月 . 佐賀県：清水静山，不明 .
[420] 清水静山 . 明暗派尺八曲譜 風 . 佐賀県：清水静山，不明 .
[421] 清水静山 . 明暗派尺八曲譜 （全 14 曲）. 佐賀県：清水静山，不明 .
[422] 清水静山 . 明暗派尺八曲譜 （全 10 曲）. 佐賀県：清水静山，不明 .
[423] 清水静山 . 明暗派尺八曲譜 （全 8 曲）. 佐賀県：清水静山，不明 .
[424] 清水静山 . 明暗派尺八譜 （全 15 曲）. 佐賀県：清水静山，不明 .
[425] 清水静山 . 明暗派尺八譜 （全 20 曲）. 佐賀県：清水静山，不明 .
[426] 清水静山 . 清水静山調 明暗派尺八曲譜 . 佐賀県：清水静山，不明 .
[427] 棚瀬栗堂写 . 西園流本曲譜 . 京都：棚瀬栗堂，不明 .
[428] 吉田天風 . 西園流尺八音譜 . 名古屋：吉田天風，不明 .
[429] 大釋艸園 . 西園流尺八本曲譜 (全) . 名古屋：大釋艸園，不明 .
[430] 納富壽童 . 琴古流尺八本曲楽譜 . 不明 .
[431] 楽風会 . 尺八本曲 「楽風」. 東京市四谷区：楽風会，不明 .
[432] 鈴木黎風 .「博多節」「三谷ノ曲」. 横須賀市：尺八楽会，不明 .
[433] 白雲斎探幽 . 古曲「本曲集」結巻 . 大阪市東住古区：山田政男商店，不明 .
[434] 井上重美 .「融之曲」. 京都市上京区：江雲会，不明 .
[435] 聖美音楽会本部 . 楯山検校作曲 .「龍の宮姫」. 神戸市：聖美音楽会本部，不明 .
[436] 楽友社 .「更衣」. 東京市牛込区：楽友社，不明 .
[437] 高田翠箏 . 唱歌集 （手書き琴曲譜面）. 不明 .
[438] 宮城道雄 . 童曲 「燕と乙女」. 不明 .

（二）其他

[1] 鶯聲散士 . 尺八獨習の友 (全). 大阪市南区：青木崇山堂，1893.2 (再版).
[2] 鶯聲散士 . 尺八獨習の友 . 大阪市南区：青木崇山堂，1893.6（4 版）.
[3] 百足登 . 尺八之栞 . 東京市日本橋区：博文舘，1896.10（7 版）.

［4］鶯聲散士 . 尺八獨習の友（巻之三）. 大阪市南区：青木崇山堂，1902.9（6 版）.
［5］中尾都山 . 尺八吹奏獨稽古 . 大阪市西区：柏原圭文堂，1908.7（再版）.
［6］芝市太郎 . 尺八流行俗曲（附唱歌軍歌）. 大阪市南区：又間精華堂，1910.12（12 版）.
［7］極道酔人 . 尺八音譜集（第 3 編雑曲集上）. 東京市京橋区：東京尺八講習会，1911.6.
［8］極道酔人 . 尺八はうた集（1）. 東京市京橋区：東京尺八講習会，1913.5（再版）.
［9］芝廼家紫園 . 尺八獨奏之友（第 2 編）. 大阪市南区：岡本増進堂，1913.8.
［10］極道酔人 . 尺八はうた集（2）. 東京市京橋区：東京尺八講習会，1914.2（再版）.
［11］瀧井南舟 . 琴古流尺八楽譜 竹の志らべ（第 2 集）. 東京市日本橋区：盛林堂，1915.1（再版）.
［12］町田櫻園 . 尺八獨案内 . 東京市日本橋区：伝文館・久保田書店，1916.4.
［13］佐々醒雪 . 文学博士佐々醒雪先生校訂 . 糸竹大全 . 東京市浅草区：いろは書房，1916.11.
［14］小金井蔵之助 . 尺八音譜 松前追分節（全）. 東京市下谷区：小金井蔵之助，1917.4.
［15］林堅蔵（愚郷）. 正訂 尺八の栞 琴古流雑曲音譜集 . 東京市浅草区：岡村書店，1917.5（再版）.
［16］中尾琳三（都山）. 都山流尺八音譜 解説（附綴譜練習）. 大阪市南区：前川合名会社，1917.8（32 版）.
［17］極道酔人 . 尺八雑曲集（全）. 東京市芝区：東京凡八講習会，1917.8（5 版）.
［18］水野呂童 . 琴古流尺八楽譜解説 . 東京市小石川区：洞風会，1917.12

（13 版）.

［19］古海静湖 . 尺八独案内 . 東京市浅草区：三盟舎書店，1918.5.

［20］極道醉人 . 尺八はうた集（1）. 東京上野：家庭音楽院，1919.9（10 版）.

［21］片山與三吉 . 尺八獨案内 . 東京市神田区：三友会，1920.4（再版）.

［22］古館鼠之助 . 蝦夷民謡松前追分 . 北海道函館区：小島千代松，1920.9.

［23］見砂東樂 . 追分研究 . 東京市神田区：追分節好正会，1921.7.

［24］宇田川孝道 . 尺八講義 （琴古流）. 東京市上野公園：教文書院，1921.7（8 版）.

［25］福田蘭童 . 追分の研究 . 東京市神田区：大日本家庭音楽会，1925.3.

［26］伊藤順子 . 通信教授 音楽講義録（臨時増刊会則号）. 福岡市中島町：大日本家庭音楽会，1925.7（250 版）.

［27］富森虚山 . 明暗吹蕭法入门の手引（附譜面 6 冊）. 東京都文京区：虚山坊同友会，1926.12.25—1989.1.7.

［28］木村友斎 . 琴古流尺八指法要綱 . 東京：竹仙会，1926.12.25—1989.1.7.

［29］坂本秋月 . 通信教授 尺八講義録（第壱編）. 福岡市中島町：大日本家庭音楽会，1927.7（81 版）.

［30］坂本秋月 . 通信教授 尺八講義録（第叄編）. 福岡市中島町：大日本家庭音楽会，1927.8（78 版）.

［31］松林呑洲 . 純眞江差追分節図式音譜 . 東京府北豊島郡：松林呑洲，1927.12.

［32］坂本秋月 . 通信教授 尺八講義録（第弐編）. 福岡市中島町：大日本家庭音楽会，1928.6（70 版）.

［33］坂本歌都野 . 通信教授 琴曲講義録（第叄編）. 福岡市中島町：大日本家庭音楽会，1929.8（5 版）.

［34］大日本家庭音楽会 . 通信教授 尺八講義録（臨時増刊）. 福岡市中島町：大日本家庭音楽会，1930.3.

［35］吉田晴風 . 吉田晴風責任指導 一ヶ月速成尺八獨習 . 東京市小石川区：東京尺八一新会，1930.9.

[36] 高田紫雲 . 尺八解説 . 東京市深川区：東京尺八楽院，1934.6.
[37] 吉田晴風 . 尺八入門 (吉田晴風指導) . 東京市麹町区：晴風楽堂，1934.8.
[38] 遠藤眠山 . 尺八手引 . 京都市東山区：遠藤亀太郎，1934.11.
[39] 吉田晴風 . 尺八讀本 (全) (満洲開拓青年義勇隊用) . 東京市麹町区：晴風会本部，1935.1.
[40] 吉田晴風 . 吉田晴風指導 . 尺八讀本 . 東京市神田区：日本大学出版部，1936.1.
[41] 村治虚憧 . 尺八讀本 一名 尺八獨修 . 大阪市南区：村治流宗家，1938.8 (5 版) .
[42] 上村雪翁 . 曲譜正確 尺八獨案内 . 大阪市南区：矢島誠進堂，1904.11 (25 版) .
[43] 吉田晴風 . 尺八独習 . 東京都港区：邦楽社，1949.3.
[44] 草野鈴風 . 琴古流「尺八獨習」. 東京都中野区：シンフォニー楽譜出版社，1957.11.
[45] 田中允山 . 新しい尺八教室 (五線譜対照) . 東京都新宿区：協楽社，1963.3.
[46] 当道会 . 箏曲の常識と楽理 . 京都：京都当道会，1970.3.
[47] 内山嶺月 . 根笹派大音笹流錦風流尺八本曲伝 . 弘前市：内山嶺月，1972.3.
[48] 内山嶺月 . 根笹派大音笹流錦風流尺八本曲伝 (追録版) . 弘前市：内山嶺月，1972.11.
[49] 稲垣衣白 . 樋口対山遺譜 (明暗教会譯教) . 京都市東山区：明暗寺明暗教会，1976.11.
[50] 稲垣衣白 . 勝浦正山遺譜 . 東京都世田谷区：勝浦正俊，1977.6.
[51] 稲垣衣白 . 対山譜拾遺 . 明暗三十七世谷北無竹集 . 京都市左京区：谷北廉三，1981.1.
[52] 山口五郎 . 尺八のおけいこ NHK テキスト . 東京都渋谷区：NHK，

1982.4.
[53] 山上月山 . 対山派譯 . 勝浦正山遺譜 . 東京都世田谷区：勝浦正俊，1982.7.
[54] 出井静山 ・ 高橋呂竹編 . 山上月山蒐集尺八譜 奥州篇 ・ 九州篇 . 佐賀県藤津郡：山上月山，1984.4.
[55] 出井静山 . 高橋呂竹編 . 対山譜拾遺 池田壽山集 . 東京都世田谷区：池田和雄，1984.11.
[56] 内山嶺月 . 根笹派大音笹流 錦風流尺八本曲伝（覆刻 ・ 増補版）. 弘前市：神田俊一，1989.3.
[57] 佐々本晴風 . 初歩から六段 ・ 千鳥まで 尺八入門 . 東京都世田谷区：晴風会，1995.8（3 版）.
[58] 小野正童 . 琴古流尺八教本 「初歩の手習い」. 福岡市中央区：大日本家庭音楽会，1996.1.
[59] 善養寺惠介 . はじめての尺八 . 東京都新宿区：音楽之友社，2000.2.
[60] 須藤青風 . 根笹派錦風流尺八入門 . 青森県八戸市：須藤青風，2000.3.

四、古文献资料（按著者，标题，体裁，尺寸，发行年月，编者，发行者顺序排列）

[1] 本多上野介 . 板倉伊賀守 . 本多佐渡守 . 慶長年中御掟書控（書付包紙共）.355 × 927（15 折）. 本多上野介 . 板倉伊賀守 . 本多佐渡守，1614 寅正月 .
[2] 不明 . 虚無僧諸式録全（和装 ・ 古文献）.244 × 166. 不明，1706 より .
[3] 秀峯山明暗寺現住鏡山 . 鈴鐸話（折紙）.185 × 535（8 折）. 秀峯山明暗寺，1747 正月 .
[4] 不明 . 近年村々江虚無僧修行之体云々（書状）.304 × 720（7 折）. 不明，1774.9.
[5] 不明 . 寺院社家修験虚無僧陰陽師宗門人別帳写（和装 ・ 古文献秩入り）.242 × 175. 不明，1781 より 1792.

[6] 隅田村名主 次郎左衛門 梅沢村同 庄左衛門 大久保村同蔵之助 尻内村同 五郎左衛間 中方村書状同 八郎兵衛 犬塚村同 銀七 〇〇村同 小左衛門 千手村同 千蔵 . 取替申連判一札之事（書状）.267 × 385（4 折）. 隅田村他名主一同，1788 申 6.

[7] 堀口兵蔵，源貞景写 . 虚無僧御掟書 （写本）（和装 · 古文献）.241 × 170. 堀口兵蔵，源貞景，1799 巳未写 .

[8] 京大仏虚無僧 · 本寺明暗寺院代 文道 . 覚（書状）.280 × 1255（12 折）. 明暗寺院代文道，1807 丁卯 7.

[9] 京大仏明暗寺取締方 . 取締一札 · 合印鑑（書状及び紙片）.281 × 409（5 折）. 京大仏明暗寺，1813 閏 10.

[10] 惣代 中小川原村藤兵衛 . 乙黒村明暗寺御答書（和装 · 書付）.275 × 178. 藤兵衛，1812.11.

[11] 中村宗三流写 . 尺八初心集 （写本）（和装 · 古文献）.163 × 116. 中村宗三流，1814 戌 3.

[12] 虚無僧本寺 京大仏明暗寺院代天元 . 覚（書状）. 304 × 370. 明暗寺院代天元，1816 子 5.

[13] 一應寛止 . 虚無僧本則（巻子）.185 × 3080. 竹林山 松岩軒，1824 甲申 5.

[14] 藤まがり鬼遊 . 虚無僧一件手控（写本）（和装 · 古文献）.126 × 173. 藤まがり鬼遊，1827.12.

[15] 虚竹派 虚無僧本寺京大仏 明暗寺 法春ほか . 覚（書牀）. 320 × 712（6 折）. 京大仏明暗寺，1864 甲子 2.

[16] 虚無僧本寺 京都明暗寺院代 一掌 . 覚（書牀）.285 × 430. 明暗寺院代一掌，1829.10.

[17] 明暗寺 役者 . 覚（紙片）.269 × 115. 乙黒明暗寺役者，1831 卯 11.

[18] 山壽堂永楽写 . 普化尺八由来記（仮称）（書付折紙）.159 × 570（15 折）. 山壽堂永楽写，1834.10.

[19] 乙黒明暗寺 納所 . 覚（書付）.269 × 164. 乙黒明暗寺納所，1835？ 未 3.

[20] 奥村 玄宿 . 因伯虚無僧合印鑑（紙片）.150 × 70. 奥村玄宿，1835 未 3.

[21] 不明 . 封回状 仙石道之助家来一件（写本）（古文献）.144 × 445. 不明，1836 申正月写 .
[22] 不明 . 虚無僧宗旨掟書（写本）（和装 · 古文献）.238 × 170. 不明，1836.3 写 .
[23] 虚無僧本寺 京大仏明暗寺院代 寛哲 . 覚（書状）.293 × 822（17 折）. 明暗寺院代寛哲，1837.4.
[24] 明暗寺納所 . 覚（紙片）.243 × 112. 乙黒明暗寺納所，1837 酉 7.
[25] 明暗寺納所 . 覚（紙片）.265 × 105. 乙黒明暗寺納所，1837 酉 7.
[26] 明暗寺納所 . 覚（紙片）.264 × 107. 乙黒明暗寺納所，1838 戊年 2.
[27] 明暗寺役僧 . 覚（紙片）.242 × 113. 乙黒明暗寺役僧，1839 亥年 4.
[28] 明暗寺納所 . 覚（紙片）.275 × 119. 乙黒明暗寺納所，1839 亥年 6.
[29] 明暗寺納所 . 受取（紙片）.248 × 110. 乙黒明暗寺納所，1840 子年 2.
[30] 明暗寺納所 . 覚（紙片）.265 × 116. 乙黒明暗寺納所，1841 丑年正月 .
[31] 明暗寺納所 . 請取書（紙片）.264 × 114. 乙黒明暗寺納所，1842 寅年 2.
[32] 明暗寺納所 . 覚（紙片）.264 × 110. 乙黒明暗寺納所，1843 寅年 11.
[33] 乙黒明暗寺 . 合鑑（紙片）.167 × 118. 乙黒明暗寺納所，1845 乙巳年 2.
[34] 明暗寺役僧 . 覚（紙片）.239 × 111. 乙黒明暗寺納所，1846 午年正月 .
[35] 明暗寺納所 . 覚（紙片）.245 × 110. 乙黒明暗寺納所，1847 丁未 5.
[36] 庄屋専次郎 . 大和国平群郡東安堵村御触書写帳（和装 · 古文献（大福帳型）.125 × 335. 庄屋専次郎，1848.
[37] 佐古氏写 . 慶長 19 年御掟書之写（和装 · 書付）.243 × 182. 不明，1848 申 4.
[38] 安藤脩内写 . 東照大権現源家康公御定御條目（写本）（巻子）. 215 × 2050 × 30?. 安藤脩内，1849.
[39] 明暗寺用達 . 覚（紙片）.247 × 114. 明暗寺用達，1853 丑 2 月 .
[40] ○佐ノ都（○字不明）. 因伯合印鑑（紙片）.147 × 108. ○佐ノ都，1853 巳 4.
[41] 波光 . 竪笛唱歌便覧（和装 · 古文献秩入り）.230 × 154. 不明，1855

乙卯仲夏 .

［42］宮原村東組 名主次郎兵衞同理衞門 . 覚（紙片）.161 × 264. 宮原村東組 名主次郎兵衞同理衞門，1855 卯 10.

［43］明暗寺役僧 . 覚（紙片）.247 × 115. 明暗寺役僧，1857 ？ 巳 3.

［44］明暗寺役僧 . 覚（紙片）.245 × 111. 明暗寺役僧，1858 ？ 午 7.

［45］石井子蔵 . 因伯虛無僧合印鑑（紙片）.156 × 90. 石井子蔵，1861.5.

［46］明暗寺用役桑原市郎兵衞 . 覚（紙片）.241 × 113. 明暗寺用役桑原市郎兵衞，1862 ？ 戌 1.

［47］御留宿堀溝村音吉 . 覚（書状）.280 × 604（4 折）. 崛溝村音吉，1863 亥正月 .

［48］明暗寺用役桑原市郎兵衞 . 覚（紙片）.244 × 111. 明暗寺用役桑原市郎兵衞，1863? 亥 2.

［49］御印宿堀溝村仁兵衞 . 京大仏明暗寺御印宿云々（書状）.273 × 383. 御印宿崛溝村，1833 巳 3.

［50］明暗寺用役桑原市郎兵衞 . 覚（紙片）.241 × 117. 明暗寺用役桑原市郎兵衞，1865? 年丑 8.

［51］明暗寺用役桑原市郎兵衞 . 覚（紙片）.248 × 114. 明暗寺用役桑原市郎兵衞，1866? 年寅 4.

［52］明暗寺用役桑原市郎兵衞 . 覚（紙片）.243 × 114. 明暗寺用役桑原市郎兵衞，1867? 年卯正月 .

［53］明暗寺用役桑原市郎兵衞 . 覚（紙片）.242 × 113. 明暗寺用役桑原市郎兵衞，1867? 年 卯正月 .

［54］明暗寺用役桑原市郎兵衞 . 覚（紙片）.245 × 110. 明暗寺用役桑原市郎兵衞，1867? 午卯 6.

［55］明暗寺用役桑原市郎兵衞 . 覚（紙片）.238 × 113. 明暗寺用役桑原市郎兵衞，1868 ? 辰 6.

［56］明暗寺用役桑原市郎兵衞 . 覚（紙片）.248 × 112. 明暗寺用役桑原市郎兵衞，1869? 巳 5.

[57] 明暗寺用役桑原市郎兵衞 . 覚（紙片）.248 × 113. 明暗寺用役桑原市郎兵衞，1869? 巳 5.

[58] 明暗寺用役山西舟次 . 覚（紙片）.238 × 114. 明暗寺用役山西舟次，1869? 巳 11.

[59] 明暗寺用役桑原市郎兵衞 . 覚（紙片）.239 × 113. 明暗寺用役桑原市郎兵衞，1870? 午正 .

[60] 明暗寺用逹役桑原市郎兵衞 . 覚（紙片）.241 × 113. 明暗寺用逹役桑原市郎兵衞，1871? 未正月 .

[61] 明暗寺用逹役桑原市郎兵衞 . 覚（紙片）.239 × 114. 明暗寺用逹役桑原市郎兵衞，1872? 申 3.

[62] 明暗寺纳所方桑原市郎兵衞 . 覚（紙片）.245 × 114. 明暗寺纳所方桑原市郎兵衞，1872? 申 11.

[63] 元明暗寺用逹桑原市郎兵衞 . 記（紙片）.248 × 116. 元明暗寺用逹桑原市郎兵衞，1872 壬申 11.

[64] 虚無僧本寺京大仏明暗寺 大阪出役獅吼 . 覚 · 合鑑（書状）.280 × 402（4 折）. 京大仏明暗寺，1810.

[65] 不明 . 虚無僧御掟書（写本）（和装 · 古文献）.247 × 167. 不明 .

[66] 不明 . 虚無僧御定書（和装册子）.268 × 81. 不明 .

[67] 越後明暗寺 . 越後明暗寺飛脚札（木札）.309 × 68 × 6.2. 越後明暗寺，不明 .

[68] 武田園齋 . 因伯合印鑑（紙片）.150 × 55. 武田園齋，不明 .

[69] 武田園次 . 因伯合印鑑（紙片）.152 × 56. 武田園次，不明 .

[70] 不明 . 因伯合印鑑御役人合鑑（紙片）.153 × 55. 不明 .

[71] 不明 . 仙石騒動（写本）（和装 · 古文献）.238 × 172. 不明 .

[72] 不明 . 河合律考（和装 · 古文献）.245 × 173. 不明 .

[73] 不明 . 尺八伝記（書付折紙）.163 × 665（18 折）. 不明 .

[74] 不明 . 伝記（和装 · 書付）.290 × 207. 不明 .

[75] 盧山僧巨海 . 明暗寺徒素行墓（墓碑銘）（条幅）.1045 × 303（8 折）. 盧

山僧巨海，不明 .

五、唱片（按照标题、出版社、番号、发行年或录音年、收录曲的顺序排序）

（一）LP 及小型唱片

[1] 新三曲 ・ 荒城の月 ・ 藤の花 . ビクター .SK-l05，1952. 尺八：山口五郎 .

[2] 新三曲 ・ さくら ・ 日本こもりうた ・ 通りゃんせ ・ てまりうた . ビクター .SK-103，1962. 尺八：山口五郎 .

[3] 新三曲 ・ 南部牛追い唄 ・ 江差追分 . ビクター .SK-111，1963. 尺八：山口五郎 .

[4] 新三曲 ・ 花 ・ 城ヶ島の雨 . ビクター .SK-110，1963. 尺八：山口五郎 .

[5] 新三曲 ・ 八千代獅子 ・ 滝流し . ビクター .SK-112，1963. 尺八：山口五郎 .

[6] 錦風流尺八本曲（演奏：内山嶺月）. フロンティア . ヴォイス . 不明，1972.（曙調子）調 ・ 下り葉、（本調子）三谷清攬 .

[7] 竹の魅力尺八（演奏：山口五郎，青木鈴慕）. デンオン .WX-7515，1978. 鹿の遠音 ・ 秋田菅垣鶴のすごもリ一巣鶴鈴慕一 .

[8] 六段（監修 ・ 解説：平野健次）. 東芝 . TH-60054-55，1978.11.

[9] 琴古流尺八山口五郎の三曲山田流篇（監修：平野健次）. 東芝 . TH-60076–7, 1979. 鐘が岬 ・ さらし ・ 須磨の嵐 ・ かざしの雪 ・ 那須野 ・ 千鳥の曲 ・ 雨夜の月 .

[10] 普化宗根笹派所伝錦風流尺八本曲（吹奏：岡本竹外）. ビクター .PRC-30200，1979. 調 ・ 下り葉 ・ 松風 ・ 三谷清攬 ・ 獅獅 ・ 流鈴慕 ・ 通里 ・ 門附 ・ 鉢返 ・ 虚空 ・ 越後鈴慕 .

[11] 古典本曲の集大成者 ・ 神如道の尺八（監修：上参郷祐康）. テイチク .GM-6005-10（6 枚組別冊解説書付）.1980. 調 ・ 下り葉 ・ 三谷清攬 ・ 通り、門付け、鉢返し、流し鈴慕、松風 ・ 獅子 ・ 調、虚空（裏調子）、下り葉 ・ 松風（裏調子）（以上根笹派）、一閑流六段、三谷（越後明暗寺）、 秘曲鶴之巣籠（蓮芳軒）、 三谷 ・ 鈴慕（布袋軒）、鈴慕（松岩軒）、盤涉調 ・ 鹿之遠音 ・ 一二三鉢返し之調 ・ 三

谷菅垣（以上琴古流）、瀧落（龍源寺）、鶴之巣籠・虚空・霧海篪・調子・虚鈴（以上普大寺）、調子・陀羅尼・紫鈴法・鶴之巣籠（以上京都明暗寺）、蓬莱（国泰寺）、薩・盤渉・吾妻之曲・雲井獅子（以上一朝軒）、阿字観（宮川如山伝）、呼び竹・受け竹（所伝不詳）、大和楽・無住心曲（神如道生曲）.

[12] 琴古流尺八 山口五郎の三曲 山田流箏曲篇その三（監修：平野健次）. 東芝 .TH–80007–8，1981. 江の島曲・桜狩、寿くらべ・都の春 .

[13] 日本古典音楽体系第三巻箏曲・地歌・尺八（演奏：箏：宮城道雄，中能島欣一，尺八：納富治彦）. ビクター（出版は講談社）.KD1301，1980.12. 六段の調べ・みだれ・菜蕗、千鳥の曲・五段砧 .

[14] 日本古典音楽体系第三巻箏曲・地歌・尺八（演奏：箏：藤井千代賀，米川文子）. ビクター（出版は講談社）.YDAS-4，1980.12. 飛燕の曲・琉球組、秋風の曲 .

[15] 日本古典音楽体系第三巻箏曲・地歌・尺八（演奏：箏：宮城喜代子，三絃：富山清琴等）. ビクター（出版は講談社）. KD1302，1980.12. 秋の曲・明治松竹梅、早舟・ゆかりの月 .

[16] 日本古典音楽体系第三巻箏曲・地歌・尺八（演奏：三絃：菊原初子，箏：米川文子等）. ビクター（出版は講談社）.YDAD-5，1980.12. 晴嵐・残月・八重衣 .

[17] 日本古典音楽体系第三巻箏曲・地歌・尺八（演奏：箏：富山美恵子，中能島欣一等）. ビクター（出版は講談社）.KD1303，1980.12. 雪、こすのと、すり鉢・れん木、小督の曲 .

[18] 日本古典音楽体系第三巻箏曲・地歌・尺八（演奏：三弦：富山清琴，箏：中能島欣一等）. ビクター（出版は講談社）.KD1304，1980.12. 曲ねずみ、ほととぎす、松風い岡康砧 .

[19] 日本古典音楽体系第三巻箏曲・地歌・尺八（演奏：箏：中能島欣一，尺八：山口五郎）. ビクター（出版は講談社）.KD1305，1980.12. 新ざらし、真虚霊・一二三鉢返し .

[20] 日本古典音楽体系第三巻箏曲・地歌・尺八（演奏：尺八：二世青木鈴慕，島原帆山等）. ビクター（出版は講談社）.KD1306，1980.12. 阿字観・鹿の遠音、岩清水、若葉.

[21] 日本古典音楽体系第三巻箏曲・地歌・尺八（録音構成：平野健次，上参郷祐康）. ビクター（出版は講談社）.YGAS-6，1980.12. 三曲楽器の奏法と調律.

[22] 古典尺八楽全集（演奏：竹内史光）. ビクター .PRC-30374-8，1984.1. 調子・一二三調・虚鈴・鉢返レ・鳳鐸、転清播・秋田菅垣・吾妻の曲、打鼓・霧海篪・滝落、善哉・三谷・筑紫鈴慕・奥州流レ、鳳叫・志図・大和調子・阿字観、虚空・籠吟虚空・九州鈴慕、布袋軒鈴慕・布袋軒産安・筑後薩字・恋慕流レ、奥州三谷、（以下錦風流）調べ・下り葉・松風之調・松風・三谷清攬・獅子、通り・門附・鉢返レ・鶴の巣籠.

[23] 尺八古典・現代ベスト30（監修：平野健次，演奏：高橋虚白，神如道等）. ビクター . SJL-2387-91（5枚組），1984.（明暗系）調子・（錦風流）調・虚空・（宮川如山作）阿字観・（琴古流）秋田菅垣・巣鶴鈴慕・鹿之遠音・（都山流）鶴の巣籠・慷月調・寒月・木枯・（海童道）産安（福田蘭童作）わだつみのいろこの宮・（山本邦山作）竹・（他）三本の尺八のためのソネット・竹籟五章・エクリプス・尺八三重奏曲・風動・鼎・波斯・詩曲・二つの尺八のためのアキ・詩曲二番・蒼茫・霜夜の砧・六段・六段八段吹合せ・春の海.

[24] 酒井松道 . 竹を吹く第一集（编集：大阪芸術大学）. 大阪芸術大学 .SS-1001.1986—1987. 鶴の巣籠・阿字観・鈴慕（以上布袋軒）、三谷（越後明暗寺）.

[25] 津軽伝承錦風流尺八本曲（演奏：内山嶺月等）. アテネレコード工業 .a-2673/4，不明 . 曙調子「調・下り葉・松風・三谷清攬」雲井調子「調・下り葉・松風，三谷清攬」本調子「三谷清攬」本調子「三谷清攬」連管「調・下り葉」.

[26] 錦風流尺八本曲（演奏：内山嶺月）. アテネレコード工業 .T-9018/9，不明 .（本調子）調・下り葉、（曙調子）松風 .

[27] 津軽伝承 錦風流尺八本曲（演奏：内山嶺月等）. アテネレコード工業 .a-2617/8，不明 . 調下り葉・松風・三谷清攬、獅子、流鈴慕・通・門附・鉢返、（曙調子）調・下り葉、流六段 .

[28] 高橋空山 . 竹の響き（演奏：高橋空山、E.A. シュワルツ、藤由雄蔵）. 私家版 .KT-1001，不明 . 虚霊・真蹟・鶴の巣籠・下りに・虫の音・調・讃仰・夏末 .

[29] 普化宗尺八 . 明暗双打（私家版第一集）（吹奏：坂口鉄心）. 私家版 .a-5899/5900，不明 . 本調子・秋田菅掻：阿字観・如意・九州鈴慕・鉢返・虚空・霧海篪・虚鐸 .

[30] 普化宗尺八 . 明暗双打（私家版 第二・三集）（吹奏：坂口鉄心）. 私家版 .a-12237-40（2 枚组），不明 . 一二三调子・虚鈴・転清搔・門開・手向・志図・降葉・如意・霧海篪・巣鶴、大和調子・滝落・吾妻・深夜・阿字・九州・吉野・鹿丿遠音・雲井獅子・鏤字 .

[31] 普化宗尺八 . 明暗双打（私家版 第四・五集）（吹奏：坂口鉄心）. 私家版 .a-17769-72（2 枚組），不明 . 本調子・阿字観、紫野・下り葉・通里・覚睡鈴・戦夜・礼法・大和調子・三谷・越後鈴慕・吉野・遮莫者・托鉢、如意・夕暮・夜座吟・伊予鈴慕・魁・曙・呼笛・応笛・遇対曲・根笹調子・鏤字・鈴慕・秋田清搔・下野・真蹟・高音調子 .

[32] 源雲界・普化的伝明暗流尺八（吹奏：源雲界）. 私家版 .FR-1027（別冊 源雲界尺八譜集），不明 . 瀧落之曲・呼笛応笛・尺八問答・竹調・雲井曲・黄鐘調・阿字観 .

[33] 錦風流尺八（Ⅰ～Ⅳ）（山上月山，小菅大徹，高橋呂竹編私家版）（吹奏：瀧谷孤瀧）. 東京レコーディングサービス .TRS-5100-3（4 枚組），不明 . 調・松風調・松風・通り・門附・鉢返・三谷清攬・流

六段・獅子・流鈴慕・阿宇観・岡崎明道伝鈴慕・真虚空・鶴巣籠・下り葉・瀧谷孤瀧師の話・（以下山上月山吹奏）下り葉・松風調・松風.

[34] 後藤桃水師の悌（山上月山，高橋呂竹編 私家版）（演奏：山上月山等）. 東京レコーディングサービス.TRS-5099，不明. 江差追分（後藤桃水）・松前追分・桃水伝布袋軒鈴慕（以上木村江桃）・桃水伝布袋軒鈴慕・桃水伝布袋軒三谷（以上山上月山）.

[35] 谷北無竹の尺八（I）（谷北一声編 私家版）. 東京レコーディングサービス.TRS-5105，不明. 本手調子・瀧落・三谷・九州鈴慕、一二三調・鉢返し・志図・善哉.

[36] 谷北無竹の尺八（Ⅱ）（谷北一声編 私家版）. 東京レコーディングサービス.TRS-5106，不明. 奥州流・打波・秋田菅掻・門開喜・吾妻獅子・恋慕流・大和調.

[37] 谷北無竹の尺八（Ⅲ）（谷北一声編 私家版）. 東京レコーディングサービス.TRS-5107，不明. 深夜・巣鶴・陸奥鈴慕・雲井獅子・虚空・虚鐸.

[38] 谷北無竹の尺八（Ⅳ）（谷北一声編 私家版）. 東京レコーディングサービス.TRS-5108，不明. 虚鈴・虚空（全曲）・霧海篪・阿字観・鈴慕（又は宮城野鈴慕）.

[39] 谷北無竹の尺八（Ⅴ）（谷北一声編 私家版）. 東京レコーディングサービス.TRS-5109，不明. 鹿遠音・鶴巣籠・栄獅子・鳳叫虚空・龍吟虚空.

[40] 谷北無竹の尺八（Ⅵ・拾遺）（谷北一声編 私家版）. 東京レコーディングサービス.TRS-5110，不明. 調子・虚空（今仲章月）・鈴慕、参安（佐藤如風）・栄獅子（小泉了庵）.

[41] 樋口対山師の悌（Ⅰ.Ⅱ）（出井静山，高橋呂竹編 私家版）（演奏：宮川如山，池田壽山等）. 東京レコーディングサービス.TRS-5092-3（2枚組），不明. 調・松風調・松風・通り・門附・鉢返・三谷清

攪・流六段・獅子・流鈴慕・阿字観・岡崎明道伝鈴慕・真虚空.

[42] 明暗真法流尺八（I—V）（佐藤鈴童，高橋呂竹編 私家版 吹奏：山上月山（病中），佐藤鈴童）. 東京レコーディングサービス.TRS-5094-8（5枚組），不明. 本曲之調子・三谷之曲・紫鈴法曲・慕流・滝落之曲・艸霧海篪・艸虚鈴・艸虚空・真霧海篪・真虚空曲・伊豫戀慕・真虚鈴曲・焼香文・懺悔文・鉢返・鹿之遠音之曲・鶴之巣籠・楠氏父子別之曲・伊豫鈴慕（鈴暮）・神仙感得・感心篪・神仙感得二・真霧海篪・山上月山先生辞・伊豆・紫鈴法曲・佐藤鈴童辞・曲名朗読・高橋呂竹.

[43] 山上月山の尺八（I—Ⅲ）（出井静山，高橋呂竹編）. 東京レコーディングサービス.TRS-5085-7（3枚組），不明. 鶴田南童の鈴慕・布袋軒の鶴の巣籠・後藤桃水の鈴慕・小野寺源吉の鈴慕・浦本浙潮の三谷・後藤桃水の三谷・坂田東水の鈴慕・浦山義山の神保三谷・神保巣籠・錦風流調・錦風流下り葉・越後三谷・越後鈴慕・阿字観.

[44] 琴古流尺八. 古典本曲・近代尺八曲（演奏：青木静夫・川瀬勘輔，納富治彦，山口五郎）. 東芝.TH-7018，不明. 一二三鉢返し・鶴の巣篭変奏曲・虚空鈴慕・月・夕暮れの曲・三谷菅垣によれる小品・霧海篪鈴慕・秋に寄す.

[45] 普化宗本曲虚鐸（演奏：西村虚空，高橋虚白）. 東芝.TH-9066，不明. 合図高音・阿字観・虚空・一二三調・鈴慕・京調子・大和調子.

（二）SP 唱片

[1] 筝曲•岡康砧（2枚組）. ビクター.NK・3214-5，1957，尺八：納富寿童.

[2] 筝曲•千鳥の曲・松風. コロムビア.CLS-43，1964. 尺八：山口五郎.

[3] 筝曲•竹生島. コロムビア.CLS-67，1965. 尺八：山口五郎.

[4] 筝曲•千鳥の曲（2枚組み）. コロムビア.A164-5，不明. 尺八：納富寿童.

[5] 山田流筝曲六段. コロムビア.24079，不明. 尺八：納富寿童.

[6] 生田流三曲乱. アメリカンレコード.2220，不明. 尺八：小曾根蔵太.

[7] 尺八古典本曲 鶴の巣籠（2枚組）. 邦樂同好会.5045–8，不明. 尺八：

廣澤静輝 .

[8] 尺八六段 . コロムビア .A 664，不明 . 尺八：吉田晴風 .

[9] 尺八正調追分 . ビクター .V-40088，不明 . 尺八：吉田晴風 .

[10] 尺八連管松前追分 ・ 越後追分 . コロムビア .26809，不明 . 尺八：菊池淡水 ・ 榎本秀水 .

[11] 尺八合奏馬子唄 ・ 江差追分 . リーガル .65109，不明 . 尺八：菊池淡水，榎本秀水 .

[12] 尺八高原挽歌 . 子守唄即興曲 . タイヘイ音響 .S5314，不明 . 尺八：福田蘭童 .

[13] 生田流箏曲摘草，都山流尺八青海波，千鳥の曲（2 枚組）. ニッポノホン . 2542，853，854-5，不明 . 尺八：中尾都山 .

[14] 三曲七小町 . ビクター .50770，不明 . 尺八：荒木古童 .

六、论文

[1] 倉本有紗，高橋義典，水野明哲，高崎和之，山本昇志 . 文化財の保護を目的とした尺八の 3 D モデルの生成と附加製造法による復元 . 音楽音響研究会資料 39（7），1—6，2020.11.

[2] 加藤いつみ . 陽明文庫所蔵 ・ 宗佐流尺八手数并唱歌目錄 . 人文資料研究（13），1—19，2020.9.

[3] 小島正典 . 尺八の打ち音による共鳴周波数と端補正の検討 . 音樂音響研究会資料 39（1），19—22，2020.4.

[4] 中尾秀博 . 越境ポートレート ・ ギャラリー（4）尺八奏者と少女 . 中央評論 72（2），167—181，2020.

[5] 今井仁 . 普化宗尺八曲“布袋軒鈴慕”の旋律構造 . 日本音響学会誌 76（12），684—695，2020.

[6] 高橋雅光 . 邦楽やぶにらみ尺八の音が聞こえる . 音楽の世界：音楽家がつくる芸術 ・ 社会のための季刊誌 58（2），34—37，2019.

[7] 小島正典 . 尺八三国志 . 音楽音響研究会資料 38（6），99—104，2019.

10. 25.

[8] 小島正典 . 尺八の吹奏気流を管とみなした時の端補正 . 音楽音響研究会資料 38（5），7—12，2019.8.24.

[9] 村川友彦 . 信達の歴史シリズⅢ：人物からみた信達の歴史（第 4 回）虚無僧尺八の名人神保政之助 . 福島の進路（444），29—32，2019.8.

[10] 小島正典 . 尺八の端補正 9000 年をたどる . 音楽音響研究会資料 38（3），1—6，2019.6.22.

[11] 小島正典 . 吹奏気流が尺八の端補正に与える影響 . 音楽音響研究会資料 38（1），7—11，2019.4.27.

[12] 森山剛，石塚美月，小沢慎治 . 尺八演奏音の音響解析による階層的奏法認識（知覚情報研究会 ・ マルチモーダル応用及び一般）. 電気学会研究会資料 2019（8—15），1—4，2019.3.1.

[13] 大久保清朗 . 尺八と人形浄瑠璃：お国と五平における成瀬巳喜男の音響演出 . 山形大学人文社会科学部研究年報，132—190，2019.2.

[14] 小島正典 . 管端の絞りが尺八の端補正に与える影響 . 音楽音響研究会資料 37（8），21—25，2019.1.26.

[15] 織田皎嶽 . 尺八と禅僧に就ての一考察 . 禅学研究 （2），105—116，1926.3.10.

[16] 椎野礼仁 .「尺八と頭脳警察」が国際音楽祭にヤルタに響いた日本の音色：「水会クリミア人道 ・ 文化訪問団」に同行して思う現地の実情，月刊 42（10），23—25，2018.12.

[17] 小島正典 . 開口径が小さい尺八の端補正に関する検討 . 音楽音響研究会資料 37（7），21—26，2018.11.17.

[18] 小島正典 . 等価回路による尺八の共鳴特性に関する検討（電子回路研究会 ・ 電子回路一般）. 電気学会研究会資料 2018（43—55），1—4，2018.6.14.

[19] 渕上広志 . ブラジル尺八愛好家への古典本曲の指導について . 東京音楽大学大学院博士後期課程 2017 年度博士共同研究 A 報告書『リズム

創造性』，19—28，2018.3.31.

[20] 田澤梓．古代の尺八：正倉院宝物樺纏尺八を中心に．鹿園雑集：奈良国立博物館研究紀要（20），79—91，2018.3.

[21] 渕上広志．ブラジルにおける尺八の普及の様相：非日系ブラジル人を事例に．東京音楽大学大学院論文集 3（2），4—20，2018.3.1.

[22] 山ロ賢治．尺八のアタツク奏法についての分析と考察：古典本曲、三曲合奏におけるアタリの技法．洗足論叢（46）洗足学園音楽大学，343—354，2018.2.21.

[23] 小島正典．尺八の発音に伴う損失を含む共鳴に関する等価回路を用いた検討．音楽音響研究会資料 36（7），25—28，2018.2.17.

[24] 泉武夫．中世尺八の肖像：朗庵像をめぐって．美術史学（39），1—31，2018.

[25] 嶋和彦．平成 29 年度静岡県博物館協会地域セミナ一事例報告夏休み子どもワークショップ一休さんも吹いた笛「小さな尺八『一節切』を作って演奏しよう！」．静岡県博物館協会研究紀要（41），26—29，2017.

[26] 中村明一，池田康．尺八奏者作曲家未来の音楽としての日本音楽（特集日本の音楽の古里）．洪水：詩と音楽のための（19），44–50，2017.

[27] 山口賢治．尺八のアタック奏法についての分析と考察：古典本曲、三曲合奏におけるアタリの技法．洗足論叢 46，2018.2.

[28] 小島正典．尺八の最低音における共鳴の減衰特性に関する等価回路を用いた検討．音楽音響研究会資料 36（6），13—18，2017.12.17.

[29] 小島正典．尺八の最低音における共鳴の等価回路による検討．音楽音響研究会資料 36（4），157—162，2017.10.22.

[30] 加藤いつみ．一節切尺八の研究．国際人間学フォーラム（13），43—47，2017.3.

[31] 高橋雅光．ザ・ステージドア尺八の楽の音によせて．音楽の世界：音楽家がつくる芸術・社会のための季刊誌 56（1），34—38，2017.

[32] 志村哲．書籍紹介小菅大徹著『江戸時代における尺八愛好者の記録：

細川月翁文献を中心として』. 東洋音楽研究（83），140—142，2017.
[33] 山口信次，森輝雄. 和楽器「尺八」演奏上達の重要因子の探索研究（4）文化・趣味に対する最適化研究（5）（第24回品質工学研究発表大会全体最適への原点回帰：マクロ視点での品質工学の実践）. 品質工学研究発表大会論文集24，358—361，2016.
[34] 山口賢治. 尺八を用いた音楽づくりワークショップの実施例とその意義：尺八音楽や楽器特性に基づく音楽教育法. 洗足論叢（45），77—92，2016.
[35] 明土真也. 六孔尺八と八十四調の関係. 音楽学62（1），14—30，2016.
[36] 山川烈.「木と竹の文化：箏と尺八」講演と演奏［2016年度芸術工学会春期大会（フィンランド）（シンポジウム木・竹・水と文化：フィンランドと日本）］. 芸術工学会誌（71），15—21，2016.9.
[37] 大海由佳，舘亜里沙. 宮城道雄「春の海」の現代性：初等教育における扱いの見直し. 帝京科学大学教職指導研究：帝京科学大学教職センター紀要1（1），27—32，2016.3.15.
[38] 加藤いつみ. 一節切尺八の研究. 国際人間学フォーラム（12），19—37，2016.3.
[39] 高橋雅光. 日本の伝統楽器尺八の魅カ（特集地の響き、民族の声：民族音楽・伝統音楽へのご招待）. 音楽の世界：音楽家がつくる芸術・社会のための季刊誌55（2），7—11，2016.
[40] 山口信次，森輝雄.「尺八」演奏上達の重要因子の探索研究（3）：文化・趣味に対する最適化研究（4）（第23回品質工学研究発表大会全体最適への原点回帰：マクロ視点での品質工学の実践）. 品質工学研究発表大会論文集23，314—317，2015.
[41] 加藤いつみ. 一節切尺八（ひとよぎりしゃくはち）の軌跡：誕生から復活まで（portfolio 文化と研究の現場）アリーナ（18），373—378，2015.
[42] 寺田己保子. 演奏家が語る——演奏が生まれるまで（4）：尺八奏

者 · 作曲家中村明一 . 学校音楽教育研究 19，250—251，2015.

［43］西園芳信，遠藤綾子 . 尺八と箏のアンサンブル教材の開発——わらべうたや民謡を素材にし .NII–Electronic Library Service.

［44］上原隆 . くよくよするなよ： Don't think twice，it's all right（第 66 回）尺八の音色 . 正論（520），340—345，2015.4.

［45］藤原道山，阿木燿子 . 阿木燿子の艶もたけなわ（第 41 回）藤原道山尺八演奏家尺八っていうと、時代劇で虚無僧が吹く「ブォー」って鳴って終わるイメージ . サンデー毎日 94（5），50—54，2015.2.8.

［46］佐藤英助 . 琴 · 尺八による音楽の脳波への効果 . 環境と健康（第 92 報）. 研究紀要 37（3），89—109，2015.2.

［47］斎藤完 . 日本伝統楽器による「コラボレーション」考：『尺八演奏論』から読みとれる文化観 . 研究論叢 . 芸術 · 体育 · 教育 · 心理（64），93—98，2015.1.31.

［48］佐藤英助 . 環境と健康（第 90 報）琴および尺八演奏による音楽のゆらぎ . 研究紀要 37（2），35—52，2014.11.

［49］山口信次，森輝雄，和楽器「尺八」演奏上達の重要因子の探索研究（2）文化 · 趣味に対する最適化研究（3）（第 22 回品質工学研究発表大会品質工学の果たすべき役割を探る：マクロ視点で問題解決からの脱却）. 品質工学研究発表大会論文集 22，398—401，2014.

［50］石上和也，泉川秀紋 . 日本人のノイズ観の考察：尺八の脈絡変換と西洋音楽の調整崩壊を通して . 京都精華大学紀要（44），127—145，2014.

［51］斎藤完 . リンデルグンナル . ヨーロッパにおける日本音楽の受容：尺八の受容史ならびに 2014 年プラハ尺八フェスティヴァルの事例報告 . 研究論叢 . 第 3 部，芸術 · 体育 · 教育 · 心理 64，107—115，2014.

［52］一人一業 · 私の生き方新しい楽器を生み出し続ける青い目の尺八奏者尺八奏者 · 製作者ジョン · 海山 · ネプチューン（千葉景鴨川市）. 松下幸之助塾ビジネスレビュー 10，82—85，2013.3.

［53］筒石賢昭，安久津太一，山口明子，塩津洋子 . 明治時代における邦楽

と洋業の音楽指導の関わり：中尾都山に見る尺八とヴァイオリン楽譜出版の経緯とその背景 43（2），87—88，2013.

[54] 筒石賢昭 . 国際学生と日本人学生の日本伝統音楽尺八の比較研究（4）文化理解としての音楽経験，II 音楽経験と認識学校音楽教育研究：日本学校音楽教育実践学会紀要 学校音楽教育研究：日本学校音楽教育実践学会紀 17，187—188，2013.

[55] 宮川武治 . 古代のロマン聖徳太子と尺八：舞楽蘇莫者から . あいち国文（7），19—33，2013.9.「メリハリ」が生む深違な尺八の調べ：ブルース・ヒューバナーアメリカ尺八奏者（日本を極める）28（31），40，2013.8.13.

[56] 高木いずみ，藤井浩基 . 尺八を用いた中学校音楽科の授業実践の試み——「鹿の遠音」を手がかりに . 教育臨床総合研究 11，2012.

[57] 中村明一 . ビートたけし . 達人対談 尺八ほど「倍音」が豊かな楽器はない 尺八の達人 中村明一 作曲家・尺八演奏家 VS. ビートたけし . 新潮 45 31（4），240—251，2012.4.

[58] 藤原道山，シュトイデ フォルクハルト，歌崎和彦 .「2 つの世界」が溶け合う場所で藤原道山［尺八］フォルクハルト・シュトイデ［ヴァイオリン］. レコード芸術 61（3），82—84，2012.3.

[59] 佐藤聰明，中村明一 .DIALOGUE 音楽の道、沈黙の淵： 尺八がひらく音の天地から（特集 佐藤聰明の大音）. 洪水：詩と音楽のための（10），24—37，2012.

[60] 伴谷晃二 .「ヒロシマの詩IV」尺八とピアノのために（2011）. エリザベト音楽大学研究紀要，79—92，2012.

[61] 高木いずみ，藤井浩基 . 尺八を用いた中学校音楽科の授業実践の試み：「鹿の遠音」を手がかりに .

[62] 志村哲 . 月溪恒子考：尺八の科学的研究の道を拓いた人 . 芸術：大阪芸術大学紀要（34），85—92，2011.12.

[63] 藤原道山 . シュトイデ フォルクハルト .CD「FESTA」リリース ウィーンに響

く尺八の音色 藤原道山×シュトイデ弦楽四重奏団 . ストリング 26（12），18—22，2011.12.

［64］宮川武治 . 一休——その尺八禅に寄せる心［含一休和尚年譜］. あいち国文（5），37—50，2011.7.

［65］吉川茂 . 正倉院尺八吹奏時の歌口端補正長さの推定 . 音楽情報科学（MUS），2011.

［66］中村一竿子 . 尺八の音か風の音か . セイフティダイジェスト 57（1），56—58，2011.1.

［67］八木玲子，中村明一，仁科エミ .「江戸の音」の超知覚構造——尺八の響きを対象として（特集 江戸の音、江戸の色と形）. 民族芸術 27，110—115，2011.

［68］神田可遊 . ある尺八家の幕末（portfolio 文化と社会）. アリーナ（11），444—447，2011.

［69］今井仁 . 普化宗尺八曲の音律 . 日本音響学会誌 67（3），101—112，2011.

［70］井尻憲一 . 尺八と虚無僧 .Isotope news（680），13，2010.12.1.

［71］山本邦山，根津義明 . 今を語る（第 94 回）尺八が教えた「音楽は一つ」山本邦山氏（尺八演奏家、人間国宝）. 商工ジャーナル 36（11），62–65，2010.11.

［72］村上丘 . 尺八と口伝（その 2）. 大妻レヴュー（43），47—58，2010.7.

［73］ヨーク尺八道場「虚吹庵」を事例に . 比較文化研究（92），67—76，2010.6.30.

［74］加藤いつみ，飯田勝利 . 生涯学習における一節切（ひとよぎり）尺八の楽しみ——「大学連携講座」の実践を通して . 名古屋経営短期大学紀要（51），71—80，2010.6.

［75］泉川秀文，石上和也，志村哲地 . 無し尺八特性付加ツールの開発 . 情報処理学会研究報告 . 音楽情報科学 81，a1—a3，2009.7.29.

［76］ブレィズデル クリストファー・遥盟 . 国際文化会館だより IHJ 伝統文化シ

リーズ（6）IHJ アーティスト・フォーラム 一音成仏——尺八の世界 尺八思考 . 国際文化会館会報 20（1），54—57，2009.6.

［77］三好芫山，磯彰格 . ウオッチング 2009 interview 尺八とともに歩む . 月刊福祉 92（7），62—67，2009.6.

［78］加藤いつみ . 一節切（ひとよぎり）尺八で吹かれた江戸初期の「はやり唄」——『糸竹初心集』を中心に［（名古屋経営短期大学）学園創立 60 周年記念号］. 名古屋経営短期大学紀要（50），95–109，2009.6.

［79］宇都木陽介，森山剛 . 尺八演奏音からの奏法の識別 . 情報処理学会研究報告 .［音楽情報科学］80，D1—D6，2009.5.21.

［80］加藤 . 史談往来 / 北から南から 歴史の旅（3）尺八と友釣り——「瀧落之曲」と大平 . 歴史研究 51（4），8—10，2009.4.

［81］筒石賢昭山 . 尺八指導法の実践的研究：東京学芸大学国際クラスでの実践授業、公開講座を通して（5）（教員を目指す学生の音楽表現と指導法の学び，I 表現活動の展開）. 学校音楽教育研究：日本学校音楽教育実践学会紀要 13，73—74，2009.3.31.

［82］中村光彦 . いしみ のぞむ . 正倉院尺八調新義 . 長崎総合科学大学紀要 50，11—20，2009.

［83］出田和泉，種村純，岸本寿男 . 尺八譜と五線譜の読み書きに乖離を呈した失音楽症の 1 例 . 高次脳機能研究：日本高次脳機能障害学会誌 28（4），404—415，2008.12.31.

［84］筒石賢昭 . 日本伝統音楽の基礎的教授法について——尺八の音楽教育導入への基礎的アプローチ . 東京学芸大学紀要 芸術・スポーツ科学系 60，11—30，2008.10.

［85］村上丘 . 尺八と口伝（その壱）. 大妻レヴュー（41），43—52，2008.7.

［86］家近慧純 . 海外禅事情 ヨーロッパの禅事情——尺八行脚を通して . 禅（26），88—95，2008.

［87］蒲生郷昭 . 絵画資料に見る貞享以前の「三曲合奏」. 東洋音楽研究（73），

43—61，2008.

[88] 西園芳信，遠藤綾子 . 尺八と箏のアンサンブル教材の開発：わらべうたや民謡を素材にして（2）（わらべ歌や民謡を教材とする授業実践，II 教材の働きと授業の展開）. 学校音楽教育研究 12，74—75，2008.

[89] 諸井誠 . エンドレス・レクィエム（4）尺八の縁 . 春秋（491），9—11，2007.8.

[90] 細川周平 .「日本的ジャズ」をめぐって . 日本研究 35，451—467，2007.5.

[91] 根間弘海 . 加藤先生には尺八があった（櫻井通晴教授，加藤克己教授退職記念号）. 専修経営学論集（84），9—13，2007.3.

[92] 茂木健一郎，中村明一 . 茂木健一郎と愉しむ科学のクオリア（9）日本人の身体が生んだ複雑系としての楽器——ゲスト：中村明一（作曲家・尺八演奏家）日経サイエンス 37（2），68—73，2007.2.

[93] 染矢聡，岡本孝司，飯田将雄 . ダイナミック PIV による尺八演奏時の管内振動流計測 . 可視化情報学会誌 27（104），14—18，2007.1.1.

[94] きものな人々（第 1 回）都山流尺八・三好芫山師 そめとおり（672），36—39，2007.1.

[95] 岸本寿男，釣谷真弓 . 岸本寿男さんに聞く 尺八による癒し効果と音楽療法（特集 2 癒しと音楽）音楽文化の創造 43，26—29，2007.

[96] 染矢聡，岡本孝司，飯田将雄 . 尺八演奏時の呼気流れのダイナミック PIV 計測 . 可視化情報学会誌 . Suppl. 26（1），117—118，2006.7.1.

[97] 高桑いづみ，野川美穂子 . 調査報告・現存する一節切——正倉院と虚無僧尺八のはざまで . 芸能の科学（33），43—78，2006.3.31.

[98] 伴谷晃 . 二エルミタージュの回想，独奏尺八のために（2003）（楽譜）. エリザベト音楽大学研究紀要（26），99—109，2006.

[99] 松島俊明 .『招待講演』尺八譜のマルチメディア情報処理 . 画像電子学会年次大会予稿集 34，23—30，2006.

[100] 染矢聡，岡本孝司 . 尺八内部流れのダイナミック PIV 計測［J13-1 流動

励起振動 1（管内流れによる振動），J13 流体関連の騒音と振動］. 年次大会講演論文集 2006.7，43—44，2006.

［101］沖津省己，櫻井和敏 . 沖津省己の対談シリーズ（12）和楽器を身近な存在としてくれる「邦楽文化伝承館」の早期設置を！尺八演奏家、作曲家、蕎麦研究家 櫻井和敏 三足の草鞋は人生の集約 . 日本の伝統文化「民謡」の後継者づくりに、日々心血を注ぐ . とうほく財界 31（9），36—39，2005.12.

［102］「祖父は尺八・母は琴」古風が生んだ「エロ歌姫」倖田來未（新顔ワイド特集）. 週刊文春 47（38），179—180，2005.10.6.

［103］野口将人，志村哲，坪井邦明［他］，松島俊明 . 伝統的尺八楽譜の情報処理システムに関する研究 . 電子情報通信学会論文誌 D 情報・システム 88（5），954—962，2005.5.

［104］加藤明 . 尺八の効果的な指導法と教材についての一考察 . 教材学研究 16，149—154，2005.

［105］神田可遊 . 名古屋の尺八（特集 名古屋のカルチュラル・スタディズ）. アリーナ（2），118—127，2005.

［106］クリストファー遥盟，竹中弥生 . クリストファー ヨメイ . タケナカ ヤヨイ . 尺八音楽：天の音色に魅せられて（2004 年度教養文化研究所第 3 回公開講演会報告）. 駿河台大学論叢（30），178—190，2005.

［107］クリストファー遥盟，竹中弥生 . 公開講演会 2004 年度教養文化研究所第 3 回公開講演会報告「尺八音楽——天の音色に魅せられて」. 駿河台大学論叢（30），177—190，2005.

［108］ニッポンにあり（28）T.M. ホッフマン創造の旅の求道者が尺八で奏でるインド音楽 . ヨミウリウイークリー 63（49），48—50，2004.11.21.

［109］岸本寿男 .［2003 年度（関西医科大学）教養部特別講義尺八の調べと音楽療法］. 音楽と医療 . 関西医科大学教養部紀要 24，49–53，2004.3.

［110］安藤由典 . 書評 志村哲著『古管尺八の楽器学』. 音楽学 49（2），

127—129，2004.3.

[111] 茂木俊宏，鹿野一郎，高橋一郎 . 尺八の発音原理の実験的解明（流体工学 II–3）. 日本機械学会東北支部秋季講演会講演論文集 2004.40，115—116，2004.

[112] 椎原裕美 . 単位の豆知識（4）尺八と関係ある長さの基準 . 日本マリンエンジニアリング学会誌 38（9），646—649，2003.9.1.

[113] 尺八（特集 関西の邦楽——その現状）（関西邦楽人物録——第一線で活躍する演奏家・グループを紹介）. 上方芸能（148），40—44，2003.6.

[114] 佐々木信之 . 尺八伴奏独習のための民謡楽曲データベースの作成 . 日本音響学会研究発表会講演論文集 2003（1），845—846，2003.3.18.

[115] 釣谷真弓 . 楽器の職人さん（5）尺八製管師 晏弘尺八工房 三代目 遠藤晏弘（やすひろ）さん . 音楽文化の創造：29，44—47，2003.

[116] 伴谷晃二 . 伴谷晃二作曲『カーラ・チャクラの風，バリトン，尺八，三絃のために』（2002）の創作過程について . 音楽表現学 1，49—58，2003.

[117] 高橋正道 . 尺八と二十弦箏による三つの風景——薫風 晩鐘 雲の嶺（含楽譜）. 清泉女学院短期大学研究紀要（22），85—96，2003.

[118] 郡司すみ . 志村哲著『古管尺八の楽器学』. 東洋音楽研究 2003（68），82—85，2003.

[119] 小野田隆 . 今月のインタビュー 風と尺八遍路旅 小野田隆（その 2）. 仏事，16—20，2002.11.

[120] 野口将人，田島ゆう子，松島俊明，坪井邦明，志村哲 . 尺八譜の情報処理システム「尺八くん 2002」：システム評価と新機能 . 情報処理学会研究報告 . MUS，音楽情報科学 47，53—58，2002.10.25.

[121] 小野田隆 . 今月のインタビュー 風と尺八遍路旅 小野田隆（その 1）. 仏事，26—30，2002.10.

[122] 趣味のコーナー 尺八と私 . らん（57），61—63，2002.10.

[123] 山田博 . シリーズ ・ ひと . 匠を語る——関口聖岳氏（北本市）尺八界に新風吹かす製管師 . ぶぎんレポート（62），36—38，2002.9.

[124] 新保博之 . 散歩道 日本の伝統楽器 箏 ・ 尺八の世界 . 人と国土 21 28（2），78—81，2002.7.

[125] クリストファー遥盟 . 音の本質を追求する尺八家 音色を聴く：日本音楽の魅力（特集 外国人が魅せられた日本の音楽）. 音楽文化の創造：27，40—43，2002.

[126] 坪井邦明 . 伝統的尺八楽譜のための情報処理システムの構築とネットワークによるサービス提供に関する検討 . 千葉職業能力開発短期大学校紀要（9），7—14，2002.

[127] 野口将人，田島ゆう子，松島俊明，坪井邦明，志村哲 . 尺八くん 2001：尺八譜情報の処理システム . 情報処理学会研究報告 . MUS，音楽情報科学 41，15—20，2001.8.4.

[128] 松島俊明，坪井邦明，志村哲 . 尺八譜の作成 ・ 出版支援システム . 情報処理学会研究報告 . MUS，音楽情報科学 39，93—100，2001.2.22.

[129] 有元慶太 . 吉川茂エアリード楽器における流速分布と擾乱波動の成長率について . 情報処理学会研究報告 . MUS，音楽情報科学 39，5—11，2001.2.22.

[130] 松島俊明，坪井邦明，志村哲 . 尺八譜の作成 ・ 出版支援システム . 電子情報通信学会技術研究報告 . SP，音声 100（636），7—14，2001.2.16.

[131] 有元慶太，吉川茂 . エアリード楽器における流速分布と擾乱波動の成長率について . 電子情報通信学会技術研究報告 . SP，音声 100（635），5—11，2001.2.15.

[132] 水野尊文，高島俊 . 尺八自動演奏ロボットの開発：運指機構と人工口顎部の実験的検討（22. アミューズメントロボット II）. ロボティクス ・ メカトロニクス講演会講演概要集 2001，12，2001.

[133] クリストファー遥盟 . この人に聞く 天の音色に魅せられて——尺八演奏家

クリストファー遥盟．教育じほう（634），12—15，2000.11.

[134] 日高邦夫．日高邦夫の人生二毛作（126）クリストファー遥盟（尺八奏者）天の音色に魅せられて28年 邦楽の星は世界に尺八行脚．週刊東洋経済，62—63，2000.9.30.

[135] 水野明哲．尺八——日本人の心を吹く．ペトロテック23（9），786—787，2000.9.1.

[136] 徳丸十盟．グラビア 平成の麒麟 金子朋沐枝.Voice（271），27—30，2000.7.

[137] Pope Edgar W. 尺八と普化宗に関する歴史の論争．北星学園女子短期大学紀要（36），31—44，2000.3.

[138] 井上和博．グラビア ジャズも聴かせる尺八奏者．月刊タイムス24（2），3—6，2000.2.

[139] 木村仁，高島俊．尺八自動演奏ロボットの開発．ロボティクス・メカトロニクス講演会講演概要集2000，64，2000.

[140] 佐々木隆．なるほど！茶の湯のイコノロジー（11）利休の竹花入（1）．淡交53（11），60—64，1999.11.

[141] 植木朝子．王昭君と尺八——謡曲「籠尺八」の詞章から．国語国文68（10），40—53，1999.10.

[142] 尾藤広喜．「尺八」の魅力．自由と正義50（6），11—13，1999.6.

[143] 瀬川博子．医楽同の心をさぶる尺八の音色．日経メディカル.1999.2.

[144] 松島俊明，坪井邦明，志村哲．複数流派への拡張が容易な尺八譜情報処理システム．情報処理学会研究報告．MUS，音楽情報科学30，51—56，1999.1.1.

[145] 澤木美奈子，村瀬洋，萩田紀博[他]，等．石井健一郎．複数情報が重畳した尺八譜認識に関する一検討．電子情報通信学会論文誌．D–2. 情報・システム2・情報処理00081（00010），2480—2482，1998.10.

[146] 松島俊明，坪井邦明，志村哲.COMSO：尺八譜のための標準デー

タ形式．情報処理学会研究報告．MUS，音楽情報科学 26，9—16，1998.8.7.

［147］坪井邦明，松島俊明，鈴木孝，田中多佳子，志村哲．デモンストレーション：音楽研究のための試み．情報処理学会研究報告．MUS，音楽情報科学 25，29—36，1998.5.27.

［148］吉川茂．尺八の音はなぜ出にくい．日経サイエンス 28（5），84—89，1998.5.

［149］水上勉．虚竹の笛——尺八私考（15）．すばる 20（3），350—357，1998.3.

［150］本多佐保美．音楽科の授業における「ことば」と「経験」：三味線と尺八による「鬼」の鑑賞授業を例として．千葉大学教育実践研究 5，43—53，1998.3.

［151］河原英紀，片寄晴弘．高品質音声分析変換合成法 STRAIGHT の楽音への応用：最初の一歩 情報処理学会研究報告．MUS，音楽情報科学 24，43—44，1998.2.19.

［152］水上勉．虚竹の笛——尺八私考（14）．すばる 20（2），252—260，1998.2.

［153］水上勉．虚竹の笛——尺八私考（13）．すばる 20（1），348—356，1998.1.

［154］水上勉．虚竹の笛——尺八私考（12）．すばる 19（12），282—290，1997.12.

［155］臼井淑晃，松島俊明．Windows 版尺八譜の手書き入力編集システム．情報処理学会研究報告．MUS，音楽情報科学 22，13—18，1997.10.18.

［156］中屋真紀，松島俊明．尺八譜の自動認識システム．情報処理学会研究報告．MUS，音楽情報科学 22，7—12，1997.10.18.

［157］水上勉．虚竹の笛——尺八私考（10）．すばる 19（10），240—248，1997.10.

［158］金田潮児．現代尺八曲の楽曲分析と分節法に関する一考察——新作独

奏曲『光昏』の場合 . 東京学芸大学紀要第 5 部門芸術 ・ 健康 ・ スポーツ科学（49），1—32，1997.10.

[159] 水上勉 . 虚竹の笛——尺八私考（9）. すばる 19（9），228—236，1997.9.

[160] 金森務, 片寄春弘, 志村哲 [他], 井口征士 . 新世代楽器「Cyber 尺八」の開発 . 計測自動制御学会論文集 33（8），735—742，1997.8.31.

[161] 澤木美奈子，村瀬洋，萩田紀博，石井健一郎 . 複数情報が重畳した文字列認識の検討：尺八譜認識の例 . 電子情報通信学会ソサイエティ大会講演論文集 1997 年 . 情報システム 211，1997.8.13.

[162] 水上勉 . 虚竹の笛——尺八私考（8）. すばる 19（8），224—232，1997.8.

[163] 水上勉虚竹の笛——尺八私考（7）. すばる 19（7），288—296，1997.7.

[164] 水上勉 . 虚竹の笛——尺八私考（6）. すばる 19（6），228—238，1997.6.

[165] 牧原伸一郎 .TPO に合わせた尺八演奏 [特集 私の生涯学習（上）]. 生涯フォーラム（1170），12—14，1997.5.

[166] 水上勉 . 虚竹の笛——尺八私考（5）. すばる 19（5），236—245，1997.5.

[167] 水上勉 . 虚竹の笛——尺八私考（4）. すばる 19（4），240—250，1997.4.

[168] 水上勉 . 虚竹の笛——尺八私考（3）. すばる 19（3），226—236，1997.3.

[169] 花田伸久 . 虚無僧の天蓋（2）. 哲学年報（56），25—73，1997.3.

[170] 水上勉 . 虚竹の笛——尺八私考 . すばる 19（1），24—34，1997.1.

[171] 小木香, 嶋和彦, 村瀬正巳 . 普化尺八をめぐる一連の取り組みと考察 . 静岡県博物館協会研究紀要（21），22—33，1997.

[172] 志村哲，片寄晴弘，金森務，白壁弘次，井口征士 .「Cyber 尺八」の

コンセプトとテクノロジー . 情報処理学会研究報告 . MUS，音楽情報科学 18，1—6，1996.12.13.

［173］片寄晴弘，金森務，白壁弘次，井口征士 . LIST におけるマルチメディアアート制作状況：竹管の宇宙プロジェクト，DMI プロジェクト . 情報処理学会研究報告 . MUS，音楽情報科学 16，47—50，1996.7.27.

［174］月溪恒子 . 琴古流尺八本曲指南 . 東洋音楽研究 1996（61），76—81，1996.

［175］山田浩之，乾由明，森谷尅久，三木稔，三好芫山 . 伝統文化と現代文化 . 文化経済学会日本論文集 1996（2），13—25，1996.

［176］金森務，片寄晴弘，志村哲，井口征士 .Cyber 尺八の開発 情報処理学会研究報告 . MUS，音楽情報科学 11，15—19，1995.7.21.

［177］坪井邦明 . 三味線奏法譜の情報処理における口三味線の利用 . 全国大会講演論文集第 50 回（応用），345—346，1995.3.15.

［178］佐原秀一 . 二本の尺八と箏のための前奏曲 . 岐阜大学教育学部研究報告 . 人文科学 43（2），179—182，1995.3.

［179］富樫康 . 人物クローズアップ 100 横山勝也——世界へ向けての尺八音楽祭に尽力して . 音楽芸術 52（11），1994.11.

［180］河部力，長沢理恵，松島俊明 . 尺八楽譜のオンライン入力 ・ 編集システム . 全国大会講演論文集第 48 回（応用），375—376，1994.3.7.

［181］長沢理恵 . 尺八くん——尺八譜の手書き入力 編集システム . 情報処理学会研究報告，1994.

［182］金森務，片寄晴弘，志村哲，井口征士 .Cyber 尺八の製作 . 情報処理学会音楽情報科学研究会資料，45—48，1994.

［183］遠藤周作 .Meguro Masaya，Wilkinson Hugh E 翻訳 .「尺八の音」白百合女子大学研究紀要 29，165—192，1993.12.

［184］長嶋洋一，片寄晴弘，金森務，志村哲，井口征士 .Virtual Musician における演奏モーションの情報処理 . 全国大会講演論文集第 47 回（応用），353—354，1993.9.27.

[185] 岩澤弘，田中正志，松島俊明. 尺八楽譜の入力・編集システム. 全国大会講演論文集第46回（応用），359—360，1993.3.1.

[186] 笠羽映子. 尺八音楽界に新たな文化触変が結実——諸井誠の世界『竹林奇譚之壱「斐陀以呂波」』三橋貴風尺八リサイタルを聴いて. 音楽芸術51（1），1993.1.

[187] 志村哲，坪井邦明，松島俊明. 日本音楽の情報処理——尺八の場合. 情処研報，17—24，1993.

[188] 坪井邦明，曽布川三枝，志村哲. 邦楽器尺八のための伝統的文字譜作成支援システム. 全国大会講演論文集第45回（応用），359—360，1992.9.28.

[189] 志村哲.「竹の縁（えにし）」を三河にもとめて——稲垣衣白氏所蔵古管尺八調査記. 季刊邦楽（72），1992.9.

[190] 横山勝也等. 尺八百科（特集）. 季刊邦楽（71），1992.6.

[191] 秋吉久紀夫. 卞之琳の詩「尺八」の内含するもの. 文学論輯（37），1992.3.

[192] 田辺順一. 生きる（36）. 尺八諸君24（3），1992.3.

[193] 古谷忠義，猿渡賢. 倍音構造のカラ——図示化による尺八の音色の解析. 北九州工業高等専門学校研究報告（25），1992.1.

[194] 井出幸男. 中世尺八追考——伝後醍醐天皇御賜の尺八を中心に. 高知大学学術研究報告，人文科学（41），1992.

[195] 安藤由典，田中祥司. アルトリコーダの構造要素とバロック音楽に望ましい音色特徴との関係. 日本音響学会誌48（8），1992.

[196] 山口五郎，岡敏夫. 尺八の吹き方（地歌箏曲「松竹梅」——名曲めぐり）. 季刊邦楽（69），1991.12.

[197] 小林健一郎. ニューサウンズ・フォーバンブーウインド——管楽器の可能性と尺八（よみがえる日本楽器 特集）. 音楽の世界30（9），1991.10.

[198] 青木鈴慕，山本邦山，横山勝也. 第21回モービル音楽賞受賞「尺

八三本会」に聞く. 季刊邦楽（68），1991.9.

[199] 青木鈴慕. 中井猛 [まとめ]. 尺八の吹き方（「春の海」——名曲めぐり）. 季刊邦楽（66），1991.3.

[200] 今井重晃，片寄晴弘，志村哲，井口征士. 尺八吹奏音における指遣いと倍音構造の関係について. 全国大会講演論文集第41回（応用），257—258，1990.9.4.

[201] 山口五郎，上参郷祐康. 尺八の演奏法（箏曲古今組「秋の曲」——名曲めぐり）. 季刊邦楽（64），1990.9.

[202] 古谷忠義，添田満，道家久人. 尺八における音色の解析と演奏者の比較. 州工業大学研究報告 工学（61），1990.9.

[203] 月渓恒子. 出雲路の調べ——木幡家旧蔵尺八・雅楽史料調査記. 季刊邦楽（62），1990.3.

[204] 月渓恒子. 尺八——文学的イメージの振幅（入門・近世音曲の世界——近世文学を読み解くために 特集）（非劇場）の音曲. 国文学解釈と鑑賞 54（8），1989.8.

[205] 三浦太郎. 太郎銘尺八. 富士竹類植物園報告（33），1989.7.

[206] 花田伸久. 尺八の美学——世阿弥の芸術論に即して(1). テオリア（30），1989.3.

[207] 馬淵卯三郎. 真法流（菅垣）の系譜（3）. 大阪教育大学紀要人文科学 37（1），41—54，1988.8.

[208] 安藤由典. エアリード楽器の研究から：I フルートの発音における駆動条件限界値 II 尺八管の形状の微小変化が性能に及ぼす影響（基研短期研究会報告「非可積分系の量子力学」，研究会報告）. 物性研究 49(5)，472—473，1988.

[209] 安藤由典，田上亮. 尺八における音律修正のための寸法変化について（その2）. 日本音響学会誌 44（8），556—565，1988.

[210] 馬淵卯三郎. 真法流（菅垣）の系譜（1）. 大阪教育大学紀要（0xF9C1）人文科学 36（1），1987.8.

[211] 松本逸舟 . 尺八の呼吸法——豊かな音量をめざして . 季刊邦楽（51），1987.6.

[212] 安藤由典，前田雅一郎 . 尺八における音律修正のための寸法変化について . 日本音響学会誌 42（7），1986.

[213] 安藤由典 . 尺八の入力アドミタンスと演奏時の共鳴特性 .Journal of the Acoustical Society of Japan 7（2），1986.

[214] 大橋鯛山 . 尺八の常識とウソ——楽器店の悩み . 季刊邦楽（45），1985.12.

[215] 栗林秀明，菅原久仁義 . 箏・尺八で信濃 33 番札所巡りコンサート . 季刊邦楽（45），1985.12.

[216] 三橋貴風 .「現代」に於ける尺八の存在性（現代邦楽の問題点——承前）. 音楽の世界 24（10），1985.11.

[217] 西村鏘山 . 尺八道うわすべり . 季刊邦楽（44），1985.9.

[218] 安藤由典，大谷木靖 . 尺八入力アドミタンスの測定・計算法 .Journal of the Acoustical Society of Japan 6（2），1985.

[219] 矢野暢 . 諸井誠（竹籟五章）における尺八（伝統楽器と創作（特集））. 音楽芸術 42（9），1984.9.

[220] 広瀬量平 . 広瀬量平『尺八協奏曲』における尺八——「回帰」としてではなく（伝統楽器と創作 特集）. 音楽芸術 42（9），1984.9.

[221] 山川直春，片山彦三 . 尺八界の今後を探る——NHK カセット「尺八のすべて第 2 集」の制作を終えて . 季刊邦楽（39），1984.6.

[222] 山口五郎 . 尺八の吹き方［さらし　名曲の総合研究（9）特集］. 季刊邦楽（39），1984.6.

[223] 筒井紘一 . 茶器余聞（37）遠州作竹尺八切「深山木」. 日本美術工芸（549），1984.6.

[224] 岩本由和 . ダーティントン芸術大学の尺八音楽 . 音楽芸術 42（4），1984.4.

[225] 須賀井忠男 . 普化尺八の流派と伝曲（日米四人尺八談義 特集）. 季刊

邦楽（38），1984.3.
[226] 西村鏘山 . 表六玉師匠の回顧——邦楽名家の思い出（日米四人尺八談義 特集）. 季刊邦楽（38），1984.3.
[227] Blasdel Christopher. 法器から楽器への尺八（日米四人尺八談義 特集）. 季刊邦楽（38），1984.3.
[228] Neptune John 海山 . 尺八考（日米四人尺八談義 特集）. 季刊邦楽（38），1984.3.
[229] 花田伸久 . 普化尺八の原理 . テオリア（27），1984.3.
[230] 川瀬順輔 . 尺八を吹くに際して [楫枕 名曲の総合研究（7）特集]. 季刊邦楽（37），1983.12.
[231] 月渓恒子 . 尺八楽と女性（女性と邦楽 特集）. 季刊邦楽（36），1983.9.
[232] 久保田敏子 . 地歌 ・ 箏曲と女性 . 季刊邦楽（36），1983.9.
[233] 北原篁山 .「小督の曲」の尺八を吹くに際して（小督の曲 特集）. 季刊邦楽（36），1983.9.
[234] 野村峰山 . 塩ビ管による簡単な尺八の作り方 . 季刊邦楽（36），1983.9.
[235] 西野春雄 . 古作能の面影——（尺八の能）は現在能（信夫）か（能）. 文学 51（7），1983.7.
[236] 青木鈴慕 .「八重衣」の尺八の吹き方 [八重衣 名曲総合研究（4）特集]. 季刊邦楽（34），1983.3.
[237] 山口五郎 .「茶音頭」の演奏法——尺八の吹き方 [茶音頭 名曲総合研究（2）特集]. 季刊邦楽（32），1982.9.
[238] フュージョンミュージック（融合音楽）（4）その人，その世界——尺八ゾリステン VS 尺八 1979. 季刊邦楽（31），1982.6.
[239] 山口五郎 . 曲調の研究——尺八の吹き方 [（千鳥の曲）名曲総合研究（1）特集]. 季刊邦楽（31），1982.6.
[240] 竹内茂 . 尺八の音響学的研究（5）長さ 2 尺 2 寸の尺八の乙音 . 北海道教育大学紀要第 2 部 A 数学 ・ 物理学 ・ 化学 ・ 工学編 32（2），

1982.3.
[241] 小島美子 . 普化宗尺八曲の音律 . 東洋音楽学日本の音階，290–295，1982.
[242] Neptune John 海山，市雄貴 . 尺八師範，ネプチューン氏——和楽器の「気」は世界に通じる（ぴーぷる・いんたなしょなる）. 朝日ジャーナル 24（6），1982.2.12.
[243] 安藤由典，山谷英男 . 尺八の筒音における特徴物理量 . 日本音響学会講演論文集，335—336，1982.
[244] 山本邦山，横山勝也 , 吉川英史 . 尺八家と NHK 邦楽技能者育成会 . 季刊邦楽（29），1981.12.
[245] 青木鈴慕等 . NHK カセット「尺八のすべて」に参加して . 季刊邦楽（29），1981.12.
[246] 月渓恒子 . 尺八の獅子もの［獅子もの（1）三曲の獅子もの 名曲のルーツ（12）］. 季刊邦楽（28），1981.9.
[247] 安藤由典 , 田中二朗 . 尺八音の品質に関する演奏家の心象について . 日本音響学会講演論文集，1981.
[248] 須賀井忠男 . 普化尺八の時代的背景 . 季刊邦楽（26），1981.3.
[249] 竹内茂 . 尺八の音響学的研究（4）長さ 1 尺 6 寸の尺八の甲音 . 北海道教育大学紀要第 2 部 A 数学・物理学・化学・工学編 31（2），1981.3.
[250] 山川直春 . 木管尺八の出現 . 季刊邦楽（25），1980.12.
[251] 助川敏弥 . 日本の楽器（8）尺八 音楽の世界 19（11），1980.12.
[252] 竹内茂 . 尺八の音響学的研究（3）長さ 1 尺 6 寸の尺八の乙音 . 北海道教育大学紀要第 2 部 A 数学・物理学・化学・工学編 31（1），1980.9.
[253] 竹田正敏 . 竹の妙音——尺八の歴史について . 富士竹類植物園報告（24），1980.7.
[254] 宮島博敏 . 紅毛尺八日記 . 富士竹類植物園報告（24），1980.7.

[255] 竹内茂.尺八の音響学的研究(第2報):長さ1尺8寸の尺八の甲音.北海道教育大学紀要.第二部A数学・物理学・化学・工学編30(2),1980.3.

[256] 竹内茂.尺八の音響学的研究(2)長さ1尺8寸の尺八の甲音(北海道教育大学開学30周年記念号).北海道教育大学紀要第2部A数学・物理学・化学・工学編30(2),1980.3.

[257] 辰巳洋子.琴古流尺八古典本曲の装飾性.大阪音楽大学研究紀要(19),1980.

[258] 辰巳洋子.琴古流尺八におけるメリ込技法による微少ピッチ変動.大阪音楽大学研究紀要(19),1980.

[259] 月渓恒子.尺八曲の「すががき」[すががき名曲のルーツ(5)特集]季刊邦楽(21),1979.12.

[260] 佐薙岡豊,助川敏弥.北海道の土壌に根ざした音楽を——箏とともに……(現代の尺八・箏特集).音楽の世界18(10),1979.10.

[261] 尺八の発展(現代の尺八・箏特集).音楽の世界18(10),1979.10.

[262] 宮田耕八朗,小宮多美江.日本音楽史のなかの尺八(現代の尺八・箏特集)音楽の世界18(10),1979.10.

[263] 木本勝山.「現代尺八」思考(現代の尺八・箏特集).音楽の世界18(10),1979.10.

[264] 山下孝太朗.尺八の実音と唱譜(現代の尺八・箏特集).音楽の世界18(10),1979.10.

[265] 土佐孝蔵.民謡と尺八(現代の尺八・箏特集).音楽の世界18(10),1979.10.

[266] 横山勝也.私と尺八・雑感(現代の尺八・箏特集).音楽の世界18(10),1979.10.

[267] 山本邦山.「おしゃべり」(現代の尺八・箏特集).音楽の世界18(10),1979.10.

[268] 村岡実. 私の現代尺八考(現代の尺八 ・ 箏 特集). 音楽の世界 18(10), 1979.10.

[269] 北原篁山 . 尺八この二十年の発展 (現代の尺八 ・ 箏 特集) . 音楽の世界 18 (10) , 1979.10.

[270] 現代の尺八 ・ 箏 (特集) . 音楽の世界 18 (10) , 1979.10.

[271] 竹内茂 . 尺八の音響学的研究 (1) 長さ 1 尺 8 寸の尺八の乙音 . 北海道教育大学紀要第 2 部 A 数学 ・ 物理学 ・ 化学 ・ 工学編 30 (1) , 1979.9.

[272] 日本音楽の楽器 (1) 尺八 . 同志社女子大学学術研究年報 29 (3) , 1978.11.

[273] 大築邦雄 . 近代尺八の創建者——荒木古童 [日本史発掘 (38)] . 日本及日本人, 1978.5.

[274] 田中正 . 日本伝統音楽の鑑賞指導法 (2) 尺八 . 音楽学 23 (1) , 1977.

[275] 大柴文雄 . 尺八音の解析 (第 3 報: 最高音程域における正則音ならびに非正則音) . 音講論集 617, 1976.5.

[276] 西川秀利 . 尺八の音色の研究 (音律と歌口流速の関係) . 音講論集 61, 1976.10.

[277] 伊東久之 . 一休宗純と尺八の頓阿 . 風俗 15 (1) , 1976.12.

[278] 寺内定夫 . 竹ざおで尺八 [みんな手作り (11)] . 科学朝日 35 (11) , 1975.11.

[279] 大柴文雄 . 尺八音の音響学的研究 (1) . 工学院大学研究報告 (38) , 1975.6.

[280] 渡辺護, 山本晋也, 北川康春 . 尺八弁天と女湯の巨匠, おおいに語る (渡辺護と山本晋也 特集) . 映画評論 30 (4) , 1973.4.

[281] 吉田秀和 . 現代音楽についての十章 (5) 諸井誠の尺八の現代音楽について . 芸術新潮 23 (7) , 1972.7.

[282] 中野幡能 . 豊後国岡藩の尺八について . 研究紀要 (9) , 1–5,

1972.3.31.

［283］宮田耕八郎．尺八演奏家として（芸術における日本的伝統と現代 特集）——（伝統芸術と現代の創造）．文化評論（126），74—77，1972.2.

［284］月渓恒子．尺八と現代——古典の再認識．音楽芸術 29（5），70—73，1971.5.

［285］安部巌．笛（横笛、尺八、竹貝）：大分県の竹史（一）．報告 大分縣地方史（61），41—49，1971.3.

［286］諸井誠．ロベルトの日曜日（11）．尺八のために……（3）．音楽芸術 28（12），68—71，1970.11.

［287］諸井誠．ロベルトの日曜日（10）．尺八のために……（2）．音楽芸術 28（11），70—73，1970.10.

［288］辻村明．尺八と天体望遠鏡（文明と文化——その光と影 特集）．日本及日本人（1489），48—55，1970.9.

［289］諸井誠．ロベルトの日曜日（9）．尺八のために……（1）．音楽芸術 28（10），66—69，1970.9.

［290］諸井誠．ロベルトの日曜日（8）．尺八本曲のリズム（2）．音楽芸術 28（9），64—67，1970.8.

［291］諸井誠．ロベルトの日曜日（7）．尺八本曲のリズム（1）．音楽芸術 28（7），70—73，1970.7.

［292］月渓恒子．尺八古典本曲の研究——構成法について．音楽学（15），43—52，1970.7.

［293］諸井誠．ロベルトの日曜日（6）尺八とピアノと（2）．音楽芸術 28（6），68—71，1970.6.

［294］諸井誠．ロベルトの日曜日（5）尺八とピアノと（1）．音楽芸術 28（5），62—65，1970.5.

［295］諸井誠．ロベルトの日曜日（2）尺八頌．音楽芸術 28（2），54—57，1970.2.

［296］栗原正次．日本楽器の音響学的研究（4）尺八について．新潟大学教育学部紀要 7（2），17—27，1966.3.

［297］伊東五雲．和楽と洋楽の両面に使える尺八について．フィルハーモニー 29（5），1957.4.

［298］青江舜二郎．忘れた尺八．悲劇喜劇 9（7），1955.7.

［299］久松風陽の尺八手記「独問答」．日本音楽 7（12），1952.12.

［300］藤田鈴朗．尺八特殊音の研究．日本音楽 7（12），15—16，1952.12.

［301］藤田鈴朗．尺八特殊音のこと——ウ音の説明．日本音楽 7（11），18–19，1952.11.

［302］藤田鈴朗．尺八メリ音研究の結び．日本音楽 7（10），18，1952.10.

［303］藤田鈴朗．尺八のメリカリ音．日本音楽 7（9），17—18，1952.9.

［304］藤田鈴朗．尺八のメリカリ音．日本音楽 7（8），22—23，1952.8.

［305］藤田鈴朗．尺八の鶴の巣篭り．日本音楽 7（7），23，1952.7.

［306］藤田鈴朗．尺八のメリカリ音．日本音楽 7（6），22—23，1952.6.

［307］藤田鈴朗．尺八の甲呂メリカリ．日本音楽 7（5），22—23，1952.5.

［308］藤田鈴朗．尺八の甲呂メリカリ．日本音楽 7（4），20—21，1952.4.

［309］原野充．尺八と迷信．日本音楽 7（4），19，1952.4.

［310］藤田鈴朗．尺八の音味音色——送りの指法・逃げ手．日本音楽 7（3），11—12，1952.3.

［311］藤田鈴朗．尺八の音味音色——当りと送り音符．日本音楽 7（2），10—11，1952.2.

［312］原野充．尺八と迷信．日本音楽 7（2），27，1952.2.

［313］藤田鈴朗．尺八の音味音色——経過音．日本音楽 7（1），10–11，1952.1.

［314］原野充．尺八と迷信．日本音楽 7（1），19，1952.1.

［315］藤田鈴朗．尺八の音味音色——装飾的加音．日本音楽 6（11），10—11，1951.12.

［316］藤田鈴朗．尺八の音味音色——装飾的加音．日本音楽 6（10），15—

16，1951.11.
[317] 藤田鈴朗 . 尺八の音味音色——ハラロの意義 . 日本音楽 6（9），20—21，1951.10.
[318] 田中義一 . 尺八の血統 . 日本音楽 6（9），9—10，1951.10.
[319] 田中義一 . 尺八の血統 . 日本音楽 6（8），13—14，1951.9.
[320] 藤田鈴朗 . 尺八の音味音色——ナヤシとル音の解義 . 日本音楽 6（7），32—34，1951.8.
[321] 藤田鈴朗 . 尺八の音味音色——ナヤシ音 . 日本音楽 6（6），21—22，1951.6.
[322] 藤田鈴朗 . 尺八の音味音色——スリ音の研究 . 日本音楽 6（5），9—10，1951.5.
[323] 藤田鈴朗 . 尺八の音味音色——ユリやスリの技巧 . 日本音楽 6（4），18—19，1951.4.
[324] 神如道 .「侘」と「寂」——尺八の古典本曲 . フィルハーモニー 23（3），15—19，1951.3.
[325] 堀井小二郎 . 尺八新奏法の研究 . 日本音楽 6（3），10—11，1951.3.
[326] 藤田鈴朗 . 尺八の音味音色とユリ技巧 . 日本音楽 6（3），17，1951.3.
[327] 藤田鈴朗 . 尺八の音味音色とユリ技巧 . 日本音楽 6（2），14—15，1951.2.
[328] 藤田鈴朗 . 尺八の調子 . 日本音楽 5（10），14—15，1950.11.
[329] 藤田鈴朗 . 風陽先生「独言」の解——尺八吹奏心得 . 日本音楽 5（10），22—23，1950.11.
[330] 藤田鈴朗 . 尺八の調子 . 日本音楽 5（9），19，1950.10.
[331] 藤田鈴朗 . 風陽先生「独言」の解——尺八吹奏心得 . 日本音楽 5（9），12—13，1950.10.
[332] 藤田鈴朗 . 風陽先生「独言」の解——尺八本曲の研究 . 日本音楽 5（8），18—19，1950.9.
[333] 尺八本曲の話 . 日本音楽 5（7），10—11，1950.8.

[334] 藤田鈴朗 . 尺八調子の研究 . 日本音楽 5（7），18—19，1950.8.

[335] 藤田鈴朗 . 尺八調子の研究 . 日本音楽 5（6），10—11，1950.7.

[336] 尺八本曲の話 . 日本音楽 5（5），13—14，1950.6.

[337] 尺八本曲の話 . 日本音楽 5（4），9—10，1950.5.

[338] 尺八本曲の話 . 日本音楽 5（3），11—12，1950.4.

[339] 尺八本曲の話 . 日本音楽 5（2），14—16，1950.2.

[340] 尺八本曲の話 . 日本音楽 5（1），9—11，1950.1.

[341] 渡辺浩風 . 尺八新曲の研究 . 日本音楽 5（1），14—15，1950.1.

[342] 渡辺浩風 . 尺八新曲の研究 . 日本音楽 4（10），11—12，1949.12.

[343] 尺八本曲の話 . 日本音楽 4（9），11—12，1949.11.

[344] 尺八本曲の話 . 日本音楽 4（7），11—13，1949.9.

[345] 渡辺浩風 . 尺八新曲の研究 . 日本音楽 4（7），13—14，1949.9.

[346] 尺八本曲の話 . 日本音楽 4（6），9—10，1949.8.

[347] 渡辺浩風 . 尺八新曲の研究 . 日本音楽 4（6），12—13，1949.8.

[348] 尺八本曲の話 . 日本音楽 4（5），14—15，1949.6.

[349] 尺八本曲の話 . 日本音楽 4（4），14—15，1949.5.

[350] 渡辺浩風 . 尺八新曲の研究 . 日本音楽 4（4），16—18，1949.5.

[351] 渡辺浩風 . 尺八新曲の研究 . 日本音楽 4（3），12，1949.3.

[352] 尺八本曲の話 . 日本音楽（15），14—16，1949.2.

[353] 渡辺浩風 . 尺八新曲の研究 . 日本音楽（15），17—18，1949.2.

[354] 渡辺浩風 . 尺八新曲の研究 . 日本音楽（14），13—14，1949.1.

[355] 田辺尚雄 . 正倉院御物尺八の音律に關する研究 . 東洋音楽研究 1（3），1—10，1938.

[356] 田辺尚雄 . 日本樂律論 . 東洋音楽研究 1936（1），3—25，1936.

[357] 乳井建道 . 尺八本曲余談 . 三曲 . 日本音楽社，153：39—43，1934.

第二部分　中国文献

中国关于尺八的专著整体来看扎实而全面，更显示了史学价值，也足以证明尺八的文化源头在中国。相关文献中史学性书籍占主体，唐、宋、辽、元、明、清等朝代的史书均有涉猎。尺八相关内容大致出现在人物传记、文学作品、音乐志专辑等部分里。其次便是出现在乐器书籍中竹管乐器部分。其余部分主要侧重历史考证、文化交流、考古、音乐与乐器功能等方面的研究。

一、史籍、著书

［1］林霁秋著 . 泉南指谱重编 . 续修四库全书・子部艺术类 . 上海：上海文瑞楼书莊石印本影印，1921.

［2］王辑五著 . 中国日本交通史 . 北京：商务印书馆，1937.

［3］吴承洛著 . 中国度量衡史 . 北京：商务印书馆，1937.

［4］沈括著 . 梦溪笔谈 . 北京：中华书局，2009.

［5］中国音乐研究所编 . 信西古乐图 . 北京：音乐出版社，1959.

［6］欧阳修，宋祁撰 . 新唐书 . 北京：中华书局，1975.

［7］牛龙菲著 . 嘉峪关魏晋墓砖壁画乐器考 . 兰州：甘肃人民出版社，1981.

［8］吴钊编 . 中国古代乐器 . 北京：文物出版社，1983.

［9］中央民族学院少数民族文学艺术研究所编 . 中国少数民族乐器志 . 北京：新世界出版社，1986.

［10］刘春曙，王耀华编著 . 福建民间音乐简论 . 上海：上海文艺出版社，1986.6.

［11］礼记・乐记 . 北京：人民文学出版社，1986.

［12］刘昫撰 . 旧唐书 . 景印文渊阁四库全书・正史类 . 台北：台湾商务印书馆，1986.

［13］杜佑撰 . 通典 . 景印文渊阁四库全书・正史类 . 台北：台湾商务印书馆，1986.

[14] 王定保撰 . 唐摭言 . 景印文渊阁四库全书 · 小说家类一 . 台北：台湾商务印书馆，1986.

[15] 赞宁撰 . 宋高僧传 . 景印文渊阁四库全书 · 释家类 . 台北：台湾商务印书馆，1986.

[16] 李昉撰 . 太平广记 . 景印文渊阁四库全书 · 小说家类二 . 台北：台湾商务印书馆，1986.

[17] 欧阳修撰 . 新唐书 . 景印文渊阁四库全书 · 正史类 . 台北：台湾商务印书馆，1986.

[18] 陈旸著 . 乐书 . 景印文渊阁四库全书 · 乐类 . 台北：台湾商务印书馆，1986.

[19] 释惠洪撰 . 石门文字禅 . 景印文渊阁四库全书 · 别集类二 . 台北：台湾商务印书馆，1986.

[20] 沈括撰 . 梦溪笔谈 . 景印文渊阁四库全书 · 杂家类三 . 台北：台湾商务印书馆，1986.

[21] 朱胜非撰 . 绀珠集 . 景印文渊阁四库全书 · 杂家类五 . 台北：台湾商务印书馆，1986.

[22] 曾慥编 . 类说 . 景印文渊阁四库全书 · 杂家类五 . 台北：台湾商务印书馆，1986.

[23] 江少虞撰 . 事实类苑 . 景印文渊阁四库全书 · 杂家类五 . 台北：台湾商务印书馆，1986.

[24] 王钦若等撰 . 册府元龟 . 景印文渊阁四库全书 · 类书类 . 台北：台湾商务印书馆，1986.

[25] 高承撰 . 事物纪原 . 景印文渊阁四库全书 · 类书类 . 台北：台湾商务印书馆，1986.

[26] 王应麟撰 . 玉海 . 景印文渊阁四库全书 · 类书类 . 台北：台湾商务印书馆，1986.

[27] 计有功撰 . 唐诗纪事 . 景印文渊阁四库全书 · 诗文评类 . 台北：台湾商务印书馆，1986.

[28] 葛胜仲撰 . 丹阳词 . 景印文渊阁四库全书 · 词曲类 . 台北：台湾商务印书馆，1986.

[29] 刘辰翁撰 . 须溪四景诗集 . 景印文渊阁四库全书 · 别集类三 . 台北：台湾商务印书馆，1986.

[30] 罗愿撰 . 新安志 . 景印文渊阁四库全书 · 地理类三 . 台北：台湾商务印书馆，1986.

[31] 洪迈撰 . 容斋随笔 · 四笔卷 . 景印文渊阁四库全书 · 杂家类二 . 台北：台湾商务印书馆，1986.

[32] 王应麟撰 . 困学纪闻 . 景印文渊阁四库全 · 书杂家类 . 台北：台湾商务印书馆，1986.

[33] 释普济撰 . 五灯会元 . 景印文渊阁四库全 · 书释家类 . 台北：台湾商务印书馆，1986.

[34] 脱脱撰 . 辽史 . 景印文渊阁四库全书 · 正史类 . 台北：台湾商务印书馆，1986.

[35] 马端临撰 . 文献通考 . 景印文渊阁四库全书 · 政书类 . 台北：台湾商务印书馆，1986.

[36] 陶宗仪撰 . 说郛 . 景印文渊阁四库全书 · 杂家类五 . 台北：台湾商务印书馆，1986.

[37] 富大用撰 . 古今事文类聚新集 . 景印文渊阁四库全书 · 子部 . 台北：台湾商务印书馆，1986.

[38] 何良俊撰 . 何氏语林 . 景印文渊阁四库全书 · 小说家类一 . 台北：台湾商务印书馆，1986.

[39] 王世贞撰 . 弇州四部稿 . 景印文渊阁四库全书 · 别集类五 . 台北：台湾商务印书馆，1986.

[40] 偶桓编 . 乾坤清气 . 景印文渊阁四库全书 · 总集类 . 台北：台湾商务印书馆，1986.

[41] 徐溥撰 . 明会典 . 景印文渊阁四库全书 · 政书类一 . 台北：台湾商务印书馆，1986.

[42] 袁华撰．耕学斋诗集．景印文渊阁四库全书·别集类五．台北：台湾商务印书馆，1986.

[43] 朱诚泳撰．小鸣稿．景印文渊阁四库全书·别集类五．台北：台湾商务印书馆，1986.

[44] 杨慎撰．丹铅余录．景印文渊阁四库全书·杂家类二．台北：台湾商务印书馆，1986.

[45] 方以智撰．通雅．景印文渊阁四库全书·杂家类二．台北：台湾商务印书馆，1986.

[46] 彭大翼撰．山堂肆考．景印文渊阁四库全书·类书类．台北：台湾商务印书馆，1986.

[47] 梁国治撰．钦定国子监志．景印文渊阁四库全书·职官类一．台北：台湾商务印书馆，1986.

[48] 乾隆官修．续文献通考．景印文渊阁四库全书·政书类．台北：台湾商务印书馆，1986.

[49] 弘历官修．皇朝文献通考．景印文渊阁四库全书·政书类．台北：台湾商务印书馆，1986.

[50] 允禄官修．皇朝礼器图式．景印文渊阁四库全书·政书类．台北：台湾商务印书馆，1986.

[51] 秦蕙田撰．五礼通考．景印文渊阁四库全书·礼类五．台北：台湾商务印书馆，1986.

[52] 允禄官修．御制律吕正义后编．景印文渊阁四库全书·乐类．台北：台湾商务印书馆，1986.

[53] 毛奇龄撰．皇言定声录．景印文渊阁四库全书·乐类．台北：台湾商务印书馆，1986.

[54] 胡彦升撰．乐律表微．景印文渊阁四库全书·乐类．台北：台湾商务印书馆，1986.

[55] 官修．御定渊鉴类函．景印文渊阁四库全书类·书类．台北：台湾商务印书馆，1986.

[56] 官修 . 御定骈字类编 . 景印文渊阁四库全书类・书类 . 台北：台湾商务印书馆，1986.
[57] 官修 . 御定分类字锦 . 景印文渊阁四库全书类・书类 . 台北：台湾商务印书馆，1986.
[58] 陈元龙撰 . 格致镜原 . 景印文渊阁四库全书类・书类 . 台北：台湾商务印书馆，1986.
[59] 官修 . 御定佩文韵府 . 景印文渊阁四库全书类・书类 . 台北：台湾商务印书馆，1986.
[60] 吴绮撰 . 林蕙堂全集 . 景印文渊阁四库全书・别集类六 . 台北：台湾商务印书馆，1986.
[61] 官修 . 御定全唐诗 . 景印文渊阁四库全书・总集类 . 台北：台湾商务印书馆，1986.
[62] 朱彝尊编 . 明诗综 . 景印文渊阁四库全书・总集类 . 台北：台湾商务印书馆，1986.
[63] 陈焯编 . 宋元诗会 . 景印文渊阁四库全书・总集类 . 台北：台湾商务印书馆，1986.
[64] 顾嗣立编 . 元诗选 . 景印文渊阁四库全书・总集类 . 台北：台湾商务印书馆，1986.
[65] 郑方坤撰 . 全闽诗话 . 景印文渊阁四库全书・诗文评类 . 台北：台湾商务印书馆，1986.
[66] 孙默编 . 十五家词 . 景印文渊阁四库全书・词曲类 . 台北：台湾商务印书馆，1986.
[67] 中国艺术研究院音乐研究所编 . 中国音乐史图鉴 . 北京：人民音乐出版社，1988.
[68] 龙门文物保管所，北京大学考古系编 . 中国石窟：龙门石窟 . 北京：北京文物出版社，1991.
[69] 李林甫等撰 . 陈仲夫点校 . 唐六典 . 出版社：中华书局，1992.
[70] 中国艺术研究院音乐研究所编 . 刘东升主编 . 中国乐器图鉴 . 济南：山

东教育出版社，1992.
[71] 金家翔编绘. 中国古代乐器百图. 合肥：安徽美术出版社，1994.
[72] 王子初著. 荀勖笛律研究. 北京：人民音乐出版社，1995.
[73] 方建军著. 中国古代乐器概论（远古—汉代）. 西安：陕西人民出版社，1996.
[74] 季羡林，吴亨根著. 禅与东方文化. 北京：商务印书馆，1996.
[75] 李纯一著. 中国上古出土乐器综论. 北京：文物出版社，1996.
[76] 孙星群著. 千古绝唱——福建南音探究. 福州：海峡文艺出版社，1996.
[77] 王勇，上原昭一主编. 中日文化交流史大系·艺术卷. 杭州：浙江人民出版社，1996.
[78] 王勇，中西进主编. 中日文化交流史大系·人物卷. 杭州：浙江人民出版社，1996.
[79]《中国音乐文物大系》总编辑部编著. 中国音乐文物大系·河南卷. 郑州：大象出版社，1996.
[80]《中国音乐文物大系》总编辑部编著. 中国音乐文物大系·四川卷. 郑州：大象出版社，1996.
[81]《中国音乐文物大系》总编辑部编著. 中国音乐文物大系·陕西卷 天津卷. 郑州：大象出版社，1996.
[82]《中国音乐文物大系》总编辑部编著. 中国音乐文物大系·新疆卷. 郑州：大象出版社，1996.
[83]《中国音乐文物大系》总编辑部编著. 中国音乐文物大系·湖北卷. 郑州：大象出版社，1996.
[84] 黄佐撰. 南雍志. 见四库全书存目丛书·史部. 济南：齐鲁书社，1997.
[85] 郑祖襄著. 中国古代音乐史学概论. 北京：人民音乐出版社，1998.
[86] 曾遂今著. 消逝的乐音——中国古代乐器鉴思录. 成都：四川教育出版社，1998.
[87] 冯文慈著. 中外音乐交流史. 长沙：湖南教育出版社，1998.
[88] 天水麦积山石窟艺术研究所编. 中国石窟：天水麦积山. 北京：文物出

版社，1998.
[89] 云冈石窟文物保管所编著 . 中国石窟：云冈石窟 . 北京：文物出版社，1991.
[90] 敦煌研究院，甘肃省博物馆编著 . 武威天梯山石窟 . 北京：文物出版社，2000.
[91]《中国音乐文物大系》总编辑部编著 . 中国音乐文物大系・甘肃卷 . 郑州：大象出版社，1998.
[92] 张前著 . 中日音乐交流史 . 北京：人民音乐出版社，1999.
[93]《中国音乐文物大系》总编辑部编著 . 中国音乐文物大系・山西卷 . 郑州：大象出版社，2000.
[94] 中国画像石全集编辑委员会编 . 中国画像石全集，1—8 卷 . 山东：山东美术出版社，郑州：河南美术出社，2000.
[95]《中国音乐文物大系》总编辑部编著 . 中国音乐文物大系・山东卷 . 郑州：大象出版社，2001.
[96] 敦煌研究院主编 . 敦煌石窟全集・音乐画卷 . 上海：同济大学出版社，2016.
[97] 孙兴宪撰 . 贾三强点校 . 北梦琐言 . 北京：中华书局，2002.
[98] 赵维平著 . 中国古代音乐文化东流日本的研究 . 上海：上海音乐学院出版社，2004.
[99] 黄大同主编 . 尺八古琴考 . 上海：上海音乐学院出版社，2005.
[100] 赵维平著 . 中国与东亚诸国的音乐文化流动——赵维平音乐文集 . 上海：上海音乐学院出版社，2006.
[101]《中国音乐文物大系》总编辑部编 . 中国音乐文物大系Ⅱ・湖南卷 . 郑州：大象出版社，2006.
[102]《中国音乐文物大系》总编辑部编 . 中国音乐文物大系Ⅱ・内蒙古卷 . 郑州：大象出版社，2007.
[103] 王谠著 . 王云五主编 . 唐语林 . 北京：商务印书馆，1935.
[104] 王水照编 . 历代文话（第二册）. 上海：复旦大学出版社，2007.

[105]《中国音乐文物大系》总编辑部编．中国音乐文物大系Ⅱ·河北卷．郑州：大象出版社，2008.
[106] 云冈石窟研究院编．云冈石窟．北京：文物出版社，2008.
[107] 陈久金编著．中朝日越四国历史纪年表．北京：群言出版社，2008.
[108] 杨曾文著．日本佛教史．北京：人民出版社，2008.
[109]《中国音乐文物大系》总编辑部编．中国音乐文物大系·北京卷．郑州：大象出版社，1999.
[110]《中国音乐文物大系》总编辑部编．中国音乐文物大系Ⅱ·江西卷 续河南卷．郑州：大象出版社，2009.
[111] 林克仁．中国箫笛史．上海：上海交通大学出版社，2009.
[112] 毕沅．续资治通鉴．北京：中华书局，2010.
[113]《中国音乐文物大系》总编辑部编．中国音乐文物大系Ⅱ·广东卷．郑州：大象出版社，2010.
[114]《中国音乐文物大系》总编辑部编．中国音乐文物大系Ⅱ·福建卷．郑州：大象出版社，2011.
[115] 孙以诚编著．中国尺八考——中日尺八艺术研究．杭州：西泠印社出版社，2011.
[116] 赵维平著．中国与东亚音乐的历史研究．上海：上海音乐学院出版社，2012.
[117] 王小盾著．中国音乐文献学初阶．北京：北京大学出版社，2013.

二、辞书

[1] 陈冰机编著．福建南音及其指谱．北京：中国文联出版公司，1985.
[2] 方以智著．通雅．北京：中国书店，1990.
[3] 李昉等撰．太平御览．北京：中华书局，2000.
[4] 中华乐器大典．北京：民族出版社，2002.
[5] 中国艺术研究院音乐研究所，《中国音乐词典》编辑部．中国音乐词典．北京：人民音乐出版社，1985.

[6] 纪昀等撰．四库全书．北京：线装书局，2007.
[7] 许慎撰．徐铉等校．说文解字．上海：上海古籍出版社，2007.
[8] 管锡华译注．尔雅．北京：中华书局，2014.
[9] 扬雄撰．郭璞注．方言．北京：中华书局，2019.
[10] 王应麟辑．玉海．江苏：广陵书社，2016.

三、论文

[1] 饶文心．尺八的前世今生（上）．音乐爱好者，2021（1）.
[2] 饶文心．尺八的前世今生（下）．音乐爱好者，2021（2）.
[3] 刘梦秋．论音乐纪录片《尺八·一声一世》的叙事表达．传媒论坛，2020（22）.
[4] 邵欢欢．胸中千古韵 一音而成佛——传统音乐纪录电影《尺八一声一世》观后．艺术与设计（理论），2020（7）.
[5] 王金璇．接受·改造·传承——再议日本现代尺八之渊源．中央音乐学院学报，2020（3）.
[6] 王磊．现代尺八之本体及文化传承研究．乌鲁木齐：新疆艺术学院，2020.
[7] 方晓阳，苏润青，巴达日乎．尺八内径精确测量方法研究．广西民族大学学报（自然科学版），2019（2）.
[8] 陶然．奏华夏之独韵——不该被国人遗忘的乐器之尺八．黄河之声，2019（1）.
[9] 邢万里．蓉城五月沐春风——易佳林尺八讲奏品鉴会有感．北方音乐，2018（7）.
[10] 刘祥焜．日本琴古流尺八本曲中的微分音乐汇及其与调式调性的关系．中国音乐学，2018（3）.
[11] 巴达日乎．尺八的传统制作技艺研究．广西民族大学学报（自然科学版），2018（2）.
[12] 三瓶糖．尺八．中华手工，2017（8）.
[13] 陈正生．泰始笛及吕才尺八复制的新举措．乐器，2017（4）.

[14] 陈正生 . 吕才“尺八”研究 . 南京艺术学院学报（音乐与表演），2017（2）.
[15] 王青 . 南音洞箫的历史与现状研究 . 江西科技师范大学学报，2017（1）.
[16] 远古的水草 . 听尺八去 . 思维与智慧，2017（1）.
[17] 王金旋 . 日本现代尺八起源新论——基于对《虚铎传记国字解》的思考 . 音乐研究，2016（6）.
[18] 武小菁 . 唐韩休墓乐舞壁画的文化诠释 . 交响（西安音乐学院学报），2016（4）.
[19] 习小林 . 论尺八音乐产业回归中国途中的复兴与逆复兴 . 职大学报，2016（2）.
[20] 万青，易佳林 . 修艺也修心 . 中华手工，2015（6）.
[21] 孙旸 . 转义融合：日本文学视域里的尺八形象 . 外语学刊，2015（4）.
[22] 栾凯 . 武满彻的管弦技法研究以《十一月的阶梯》为例 . 音乐创作，2015（4）.
[23] 柏杨 .G 调尺八与箫的频谱特征研究——从筒音的泛音规律看其音色区别（下）. 乐器，2014（12）.
[24] 金沪星 . 从古箫的复制看马融的《长笛赋》. 艺术教育，2014（8）.
[25] 谢佳音 . 日本器乐小故事 . 音乐生活，2014（7）.
[26] 王金旋 . 尺八：中日文化语境中的历史与变迁 . 上海：上海音乐学院，2014.
[27] 吴寒青 . 中日尺八比较研究——以乐谱与乐曲为例 . 温州：温州大学，2014.
[28] 唐珂 . 论参与二度模式系统的古汉语语法与修辞——以苏曼殊的诗作为例 . 中国比较文学，2013（4）.
[29] 习小林 . 尺八价格将何去何从？从音乐经济学角度首创性地研究乐器领域中的两个焦点问题 . 职大学报，2012（5）.
[30] 牟鑫，段克勤，严雪燕 . 浅谈日本传统音乐 . 剑南文学（经典教苑），2012（5）.
[31] 罗小凤 . 寻找“尺八”：卞之琳对古典诗传统的回望 . 广西师范学院学

报（哲学社会科学版），2012（4）.
[32] 商金林 . 以最庄重最热诚的态度引导中国文艺界——朱光潜主编天津《民国日报 · 文艺》考释 . 现代中文学刊，2012（1）.
[33] 赵亮 . 第六届世界音乐周："中日国际音乐研讨会"综述 . 中央音乐学院学报，2012（1）.
[34] 徐风琴 . 来宋日僧无本觉心与中日文化交流 . 杭州：浙江工商大学，2012.
[35] 任敬军 . 尺八文化在日本的传承与发展 . 外国问题研究，2011（2）.
[36] 韦勇军 . 长沙马王堆汉墓出土竹制横吹乐管器名三考 . 上海：上海师范大学，2011.
[37] 陈晓静 . 笛与篪的渊源 . 大众文艺，2010（23）.
[38] 王珣 . 中日尺八之比较研究 . 大众文艺，2010（16）.
[39] 赵一新 . 二十年徜徉，只为这一刻拈花微笑 . 观察与思考，2010（12）.
[40] 程桂林 . 日本的传统音乐与音乐的现代化 . 内蒙古民族大学学报，2010（6）.
[41] 俞飞 . 比较研究：洞箫与尺八 . 音乐创作，2010（4）.
[42] 汪岷 . 传自中国的几种日本传统乐器特点分析 . 太原师范学院学报（社会科学版），2010（4）.
[43] 刘筱湄，丁昕春 . 日本传统视听觉艺术的特点与形式 . 四川戏剧，2010（3）.
[44] 王金旋 . 南音洞箫是尺八吗？——为南音洞箫正名 . 中央音乐学院学报，2010（2）.
[45] 俞剑明 . 尺八 · 折扇 · 丹顶鹤 . 观察与思考，2009（24）.
[46] 杨雨轩，马文静 . 客观冷静中的历史再现——解析《南京！南京！》中的音乐 . 长春：电影文学，2009（17）.
[47] 康涛 . 传统与现代的契合：《天幻箫音》的艺术特色 . 人民音乐，2009（9）.
[48] 韩东 . 日本特色的乐器：尺八 . 企业家天地下半月刊（理论版），2009（3）.

[49] 吴鸿雅 . 南音乐器科技思想研究 . 自然辩证法通讯，2009（2）.

[50] 李玲 .《日本国志・礼俗志》校读札记 . 古籍整理研究学刊，2009（1）.

[51] 新碟荟萃 . 音响技术，2008（6）.

[52] 王鹤 . 论尺八与箫的异同 . 宁夏大学学报（人文社会科学版），2008（5）.

[53] 孟建军 . 乐器收藏是一辈子的事 . 乐器，2008（4）.

[54] 沈宓 . 尺八缘 . 中华手工，2008（3）.

[55] 王金旋 . 尺八的历史考察与中日尺八辨析 . 上海：上海音乐学院，2008.

[56] 郑荣达 . 正仓院尺八的初探：正仓院藏乐器研究之一 . 音乐艺术（上海音乐学院学报），2008（3）.

[57] 刘豪烜 . 东瀛"三曲". 世界文化，2008（1）.

[58] 赵一蓉 . 浅谈尺八的演变及现状 . 中国校外教育（理论），2007（11）.

[59] 王青 . 我国出土古笛的形制结构与演奏方法演变初探 . 艺苑，2007（8）.

[60] 吴鸿雅 . 论弦管尺八的传播、交流及其思想意义——弦管研究系列论文之四 . 自然辩证法通讯，2007（6）.

[61] 何晓玲 . 樱花欲放——访日印象 . 浙江林业，2007（5）.

[62] 接晔 . 日本传统音乐文化的教学 . 南京：南京师范大学，2007.

[63] 陈正生 . 谈谈（竖）笛、尺八和洞箫 . 乐器，2006（6）.

[64] 鲍世明 . 捡起历史碎片　唤醒城市记忆 . 城乡建设，2006（6）.

[65] 王青 . 古笛研究 . 武汉：武汉音乐学院，2006.

[66] 牛思聪 ."竹吟"——天籁之音享誉海外 . 对外大传播，2005（4）.

[67] 王巍 . 漫谈竹制管乐器 . 演艺设备与科技，2005（3）.

[68] 周仲康 . 恬静甘美声幽咽——箫箫 . 音乐生活，2005（3）.

[69] 王子初 . 此曲只应天上来　乐府东瀛遗正声——日本奈良正仓院唐传乐器巡礼 . 艺苑，2005（2）.

[70] 梅本红 . 洞箫・尺八小考 . 遵义师范学院学报，2005（1）.

[71] 耕生 . 玩古小百科 . 收藏界，2004（11）.

[72] 周颖 . 尺八的由来 . 日语知识，2004（11）.

[73] 周颖 . 三味线 . 日语知识，2004（10）.
[74] 王耀华 . 执着务实 积极推进——第五届中日音乐比较研究国际学术研讨会综述 . 人民音乐，2004（5）.
[75] 孟建军 . 杜次文的“十八般兵器”. 乐器，2004（5）.
[76] 德真 . 日本珍藏的我国唐代乐器 . 乐器，2004（4）.
[77] 应有勤 . 中日尺八一脉相承 . 交响（西安音乐学院学报），2004（3）.
[78] 王巍 . 世界竹乐奇观 . 世界竹藤通讯，2004（2）.
[79] 王巍 . 神奇竹乐（五）——日本尺八 . 乐器，2004（2）.
[80] 龙天然 . 洞箫 . 创作评谭，2004（1）.
[81] 蒋宁 . 中国笛箫文化 . 太原：山西大学，2004.
[82] 孟建军 . 王巍的竹乐器收藏 . 乐器，2003（10）.
[83] 庄壮 . 敦煌壁画上的吹奏乐器 . 交响（西安音乐学院学报），2003（4）.
[84] 陈正生 . 笛律与古代定音乐器制作 . 黄钟，2003（1）.
[85] 一苇 .“尺八”是哪国乐器 . 文史杂志，2003（1）.
[86] 陈正生 . 羌笛研究 . 乐器，2002（5）.
[87] 童春燕 .“尺八”小考 . 泉州师范学院学报，2002（3）.
[88] 何满子 . 中国古代笛史札记 . 南京师范大学文学院学报，2002（3）.
[89] 徐元勇，杨桂香 . 中日尺八兴衰刍议 . 音乐探索，2002（2）.
[90] 洪阳 . 羌笛已随杨柳去 尺八犹传古乐声 . 福建艺术，2001（4）.
[91] 王建欣 . 中日尺八之比较研究 . 音乐研究，2001（3）.
[92] 孟凡夏 . 悠悠“尺八”情 . 文化交流，2001（2）.
[93] 俞飞 . 洞箫与尺八的来历以及异同和应用 . 安徽新戏，2002（1）.
[94] 朱清泉 . 中国古代笛属乐器的历史研究 . 开封：河南大学，2004.
[95] 袁静芳 . 中国传统音乐文化中的洞箫艺术 . 音乐研究，2000（1）.
[96] 荣政 . 舞阳骨笛吹奏方法初探——兼谈“筹”与舞阳骨笛的比较 . 黄钟，2000（A1）.
[97] 陈其翔 . 舞阳贾湖骨笛研究 . 音乐艺术，1999（4）.
[98] 盛秧 . 春雨楼头尺八箫——尺八源：流辩 . 艺术科技，1999（4）.

[99] 孙以诚.中日尺八交流研讨会综述.音乐研究，1999（4）.
[100] 谭渭裕.笛、箫、尺八改革系列简介.乐器，1999（3）.
[101] 常青."会社员"基本用语例解（二十六）.日语知识，1999（2）.
[102] 孙以诚.日本尺八与杭州护国仁王禅寺.中央音乐学院学报，1999（1）.
[103] 田卫平.日本音响器材店唱片店实录.视听技术，1999（1）.
[104] 李晋源.中国洞箫音乐文化研究.北京：中央音乐学院，2002.
[105] 陈正生.法隆寺藏笛确系尺八.交响（西安音乐学院学报），1998（1）.
[106] 岳文.根在中国 花开海外——介绍古老的吹奏乐器尺八和几首尺八曲.视听技术，1996（7）.
[107] 周洲.不应忘却的"寻觅"——民族器乐六重奏《寻觅》简析.人民音乐，1996（6）.
[108] 刘正国.笛乎 筹乎 龠乎——为贾湖遗址出土的骨质斜吹乐管考名.音乐研究，1996（3）.
[109] 陈正生.南音洞箫不是我国唐代流传到日本的尺八.中国音乐，1996（2）.
[110] 曾遂今.中国笛文化[续].乐器，1996（1）.
[111] 陈建中.诗歌翻译中的模仿和超模仿.外语教学与研究，1995（1）.
[112] 曾遂今.中国笛文化.乐器，1995（4）.
[113] 傅湘仙.中日尺八考（续）.艺术探索，1995（1）.
[114] 刘健群.富有哲理的学艺谚语.日语知识，1994（8）.
[115] 马殿泉.中国笛制古今谈.乐器，1994（4）.
[116] 傅湘仙.中日尺八考.艺术探索，1994（1）.
[117] 秋吉久纪夫，何少贤.卞之琳《尺八》一诗的内蕴.新文学史料，1993（4）.
[118] 陈正生.唐代尺八同汉笛的关系.中国音乐，1993（1）.
[119] 刘继红.扶桑游乐海 琴韵如兰馨.人民音乐，1991（7）.
[120] 金克木.新诗·旧俗.读书，1991（5）.
[121] 孙星群.福建南音乐器探究.音乐学习与研究，1991（2）.
[122] 方万勤.卞之琳现代诗三首论析.江汉大学学报（社会科学版），1990（1）.
[123] 富（木坚）康，卞东，周广平.日本民乐乐团——迎接该团成立

二十五周年．星海音乐学院学报，1990（1）．

[124] 吉川英史，龚材．日本的音乐思想——近世为中心．黄钟，1990（1）．

[125] 岸边成雄，席臻贯．大佛开眼式（中）——正仓院的乐器．交响（西安音乐学院学报），1989（3）．

[126] 曹林娣．《启颜录》及其遗文．苏州大学学报（哲学社会科学版），1989（C1）．

[127] 李正伦．“塩梅”与“尺八”．日语学习与研究，1989（2）．

[128] 王子初．笛源发微．中国音乐，1988（1）．

[129] 林克仁．箫声中的思索．人民音乐，1987（11）．

[130] 俊文，刘忆．萧衍与“四通”“十二笛”．南京艺术学院学报（音乐与表演版），1987（1）．

[131] 解志熙．言近旨远　寄托遥深——《断章》《尺八》的象征意蕴与历史沉思．名作欣赏，1986（3）．

[132] 傅世毅．中国南音学术讨论综述．福建论坛（人文社会科学版），1985（4）．

[133] 陈正生．箫笛制作、研究中的几个问题．中国音乐，1985（2）．

[134] 陈强岑．“尺八”的改进．中国音乐，1985（1）．

[135] 日本音乐风情．音乐爱好者，1984（4）．

[136] 徐星平．日本日中友好琴尺八演奏会访华团在杭交流演出．人民音乐，1983（12）．

[137] 王耀华．春满武夷．人民音乐，1983（8）．

[138] 王大浩．“尺八”的改革探索．乐器，1983（6）．

[139] 石应宽．并未失传的古乐器——尺八．音乐爱好者，1983（1）．

[140] 鲁松龄．一件在本土开花，在异域结果的乐器　简谈“尺八”．中国音乐，1981（3）．

[141] 修怡．日本民族乐器．乐器，1980（2）．

[142] 孟桂良．易县碑目．考古，1937（6）．

参考文献

一、中国史籍、著书

［1］李焘．续资治通鉴长编［M］．杭州：浙江书局，1881.
［2］林霁秋．泉南指谱重编［M］．石印本影印．上海：文瑞楼书庄，1921.
［3］司马光．资治通鉴．［M］．北京：胡三省，音注．中华书局，1956.
［4］毕沅．续资治通鉴［M］．北京：中华书局，2010.
［5］中国音乐研究所．信西古乐图［M］．北京：音乐出版社，1959.
［6］林谦三．东亚乐器考［M］．钱稻孙，译．北京：音乐出版社，1962.
［7］张廷玉等．明史［M］．北京：中华书局，1974.
［8］刘昫．旧唐书［M］．北京：中华书局，1975.
［9］欧阳修，宋祁．新唐书［M］．北京：中华书局，1975.
［10］刘仁庆．中国古代造纸史话［M］．北京：轻工业出版社，1978.
［11］木宫泰彦．日中文化交流史［M］．胡锡年，译．北京：商务印书馆，1980.
［12］伊庭孝．日本音乐史［M］．郎樱，译．北京：人民音乐出版社，1982.
［13］吴钊．中国古代乐器［M］．北京：文物出版社，1983.
［14］脱脱等．宋史［M］．北京：中华书局，1985.
［15］中央民族学院少数民族文学艺术研究所．中国少数民族乐器志［M］．北京：新世界出版社，1986.
［16］礼记·乐记［M］．北京：人民文学出版社，1986.
［17］刘昫．旧唐书［M］// 景印文渊阁四库全书·正史类．台北：台湾商务

印书馆，1986.
［18］杜佑 . 通典［M］// 景印文渊阁四库全书・正史类 . 台北：台湾商务印书馆，1986.
［19］王定保 . 唐摭言［M］// 景印文渊阁四库全书・小说家类一 . 台北：台湾商务印书馆，1986.
［20］赞宁 . 宋高僧传［M］// 景印文渊阁四库全书・释家类 . 台北：台湾商务印书馆，1986.
［21］李昉 . 太平广记［M］// 景印文渊阁四库全书・小说家类二 . 台北：台湾商务印书馆，1986.
［22］欧阳修 . 新唐书［M］// 景印文渊阁四库全书・正史类 . 台北：台湾商务印书馆，1986.
［23］陈旸 . 乐书［M］// 景印文渊阁四库全书・乐类 . 台北：台湾商务印书馆，1986.
［24］释惠洪 . 石门文字禅［M］// 景印文渊阁四库全书・别集类二 . 台北：台湾商务印书馆，1986.
［25］沈括 . 梦溪笔谈［M］// 景印文渊阁四库全书・杂家类三 . 台北：台湾商务印书馆，1986.
［26］朱胜非 . 绀珠集［M］// 景印文渊阁四库全书・杂家类五 . 台北：台湾商务印书馆，1986.
［27］曾慥 . 类说［M］// 景印文渊阁四库全书・杂家类五 . 台北：台湾商务印书馆，1986.
［28］江少虞 . 事实类苑［M］// 景印文渊阁四库全书・杂家类五 . 台北：台湾商务印书馆，1986.
［29］王钦若等 . 册府元龟［M］// 景印文渊阁四库全书・类书类 . 台北：台湾商务印书馆，1986.
［30］高承 . 事物纪原［M］// 景印文渊阁四库全书・类书类 . 台北：台湾商务印书馆，1986.
［31］王应麟 . 玉海［M］// 景印文渊阁四库全书・类书类 . 台北：台湾商务

印书馆，1986.
［32］计有功 . 唐诗纪事［M］// 景印文渊阁四库全书 · 诗文评类 . 台北：台湾商务印书馆，1986.
［33］葛胜仲 . 丹阳词［M］// 景印文渊阁四库全书 · 词曲类 . 台北：台湾商务印书馆，1986.
［34］刘辰翁 . 须溪四景诗集［M］// 景印文渊阁四库全书 · 别集类三 . 台北：台湾商务印书馆，1986.
［35］罗愿 . 新安志［M］// 景印文渊阁四库全书 · 地理类三 . 台北：台湾商务印书馆，1986.
［36］洪迈 . 容斋随笔 · 四笔卷［M］// 景印文渊阁四库全书 · 杂家类二 . 台北：台湾商务印书馆，1986.
［37］王应麟 . 困学纪闻［M］// 景印文渊阁四库全 · 书杂家类 . 台北：台湾商务印书馆，1986.
［38］释普济 . 五灯会元［M］// 景印文渊阁四库全 · 书释家类 . 台北：台湾商务印书馆，1986.
［39］脱脱 . 辽史［M］// 景印文渊阁四库全书 · 正史类 . 台北：台湾商务印书馆，1986.
［40］马端临 . 文献通考［M］// 景印文渊阁四库全书 · 政书类 . 台北：台湾商务印书馆，1986.
［41］陶宗仪 . 说郛［M］// 景印文渊阁四库全书 · 杂家类五 . 台北：台湾商务印书馆，1986.
［42］富大用 . 古今事文类聚新集［M］// 景印文渊阁四库全书 · 子部 . 台北：台湾商务印书馆，1986.
［43］何良俊 . 何氏语林［M］// 景印文渊阁四库全书 · 小说家类一 . 台北：台北商务印书馆，1986.
［44］王世贞 . 弇州四部稿［M］// 景印文渊阁四库全书 · 别集类五 . 台北：台湾商务印书馆，1986.
［45］偶桓 . 乾坤清气［M］// 景印文渊阁四库全书 · 总集类 . 台北：台湾商

务印书馆，1986.
［46］徐溥．明会典［M］// 景印文渊阁四库全书・政书类一．台北：台湾商务印书馆，1986.
［47］袁华．耕学斋诗集［M］// 景印文渊阁四库全书・别集类五．台北：台湾商务印书馆，1986.
［48］朱诚泳．小鸣稿［M］// 景印文渊阁四库全书・别集类五．台北：台湾商务印书馆，1986.
［49］杨慎．丹铅余录［M］// 景印文渊阁四库全书・杂家类二．台北：台湾商务印书馆，1986.
［50］方以智．通雅［M］// 景印文渊阁四库全书・杂家类二．台北：台湾商务印书馆，1986.
［51］彭大翼．山堂肆考［M］// 景印文渊阁四库全书・类书类．台北：台湾商务印书馆，1986.
［52］梁国治．钦定国子监志［M］// 景印文渊阁四库全书・职官类一．台北：台湾商务印书馆，1986.
［53］乾隆官修．续文献通考［M］// 景印文渊阁四库全书・政书类．台北：台湾商务印书馆，1986.
［54］弘历官修．皇朝文献通考［M］// 景印文渊阁四库全书・政书类．台北：台湾商务印书馆，1986.
［55］允禄官修．皇朝礼器图式［M］// 景印文渊阁四库全书・政书类．台北：台湾商务印书馆，1986.
［56］秦蕙田撰．五礼通考［M］// 景印文渊阁四库全书・礼类五．台北：台湾商务印书馆，1986.
［57］允禄官修．御制律吕正义后编［M］// 景印文渊阁四库全书・乐类．台北：湾北商务印书馆，1986.
［58］毛奇龄．皇言定声录［M］// 景印文渊阁四库全书・乐类．台北：台湾商务印书馆，1986.
［59］胡彦升．乐律表微［M］// 景印文渊阁四库全书・乐类．台北：台湾商

务印书馆，1986.

［60］官修．御定渊鉴类函［M］// 景印文渊阁四库全书类・书类．台北：台湾商务印书馆，1986.

［61］官修．御定骈字类编［M］// 景印文渊阁四库全书类・书类．台北：台湾商务印书馆，1986.

［62］官修．御定分类字锦［M］// 景印文渊阁四库全书类・书类．台北：台湾商务印书馆，1986.

［63］陈元龙．格致镜原［M］// 景印文渊阁四库全书类・书类．台北：台湾商务印书馆，1986.

［64］官修．御定佩文韵府［M］// 景印文渊阁四库全书类・书类．台北：台湾商务印书馆，1986.

［65］吴绮．林蕙堂全集［M］// 景印文渊阁四库全书・别集类六．台北：台湾商务印书馆，1986.

［66］官修．御定全唐诗［M］// 景印文渊阁四库全书・总集类．台北：台湾商务印书馆，1986.

［67］朱彝尊．明诗综［M］// 景印文渊阁四库全书・总集类．台北：台湾商务印书馆，1986.

［68］陈焯．宋元诗会［M］// 景印文渊阁四库全书・总集类．台北：台湾商务印书馆，1986.

［69］顾嗣立．元诗选［M］// 景印文渊阁四库全书・总集类．台北：台湾商务印书馆，1986.

［70］郑方坤．全闽诗话［M］// 景印文渊阁四库全书・诗文评类．台北：台湾商务印书馆，1986.

［71］孙默．十五家词［M］// 景印文渊阁四库全书・词曲类．台北：台湾商务印书馆，1986.

［72］郑振铎．中国古代版画丛刊（三）［M］．上海：上海科学技术出版社，1988.

［73］中国艺术研究院音乐研究所．中国音乐史图鉴［M］．北京：人民音乐

出版社，1988.
[74] 方以智 . 通雅 [M] . 北京：中国书店，1990.
[75] 龙门文物保管所，北京大学考古系 . 中国石窟：龙门石窟 [M] . 北京文物出版社，1991.
[76] 李林甫等 . 唐六典 [M] . 陈仲夫，点校 . 北京：中华书局，1992.
[77] 中国艺术研究院音乐研究所 . 中国乐器图鉴 [M] . 济南：山东教育出版社，1992.
[78] 孟庆枢 . 日本近代文学思潮与中国现代文学 [M] . 长春：时代文艺出版社，1992.
[79] 金家翔 . 中国古代乐器百图 [M] . 合肥：安徽美术出版社，1994.
[80] 方建军 . 中国古代乐器概论（远古—汉代）[M] . 西安：陕西人民出社，1996.
[81] 李纯一 . 中国上古出土乐器综论 [M] . 北京：文物出社，1996.
[82] 王勇，上原昭一 . 中日文化交流史大系 · 艺术卷 [M] . 杭州：浙江人民出版社，1996.
[83] 王勇，中西进 . 中日文化交流史大系 · 人物卷 . [M] . 杭州：浙江人民出版社，1996.
[84]《中国音乐文物大系》总编辑部 . 中国音乐文物大系 · 河南卷 [M] . 郑州：大象出版社，1996.
[85]《中国音乐文物大系》总编辑部 . 中国音乐文物大系 · 四川卷 [M] . 郑州：大象出版社，1996.
[86]《中国音乐文物大系》总编辑部 . 中国音乐文物大系 · 陕西卷　天津卷 [M] . 郑州：大象出版社，1996.
[87]《中国音乐文物大系》总编辑部 . 中国音乐文物大系 · 新疆卷 [M] . 郑州：大象出版社，1996.
[88]《中国音乐文物大系》总编辑部 . 中国音乐文物大系 · 湖北卷 [M] . 郑州：大象出版社，1996.
[89] 郑祖襄 . 中国古代音乐史学概论 [M] . 北京：人民音乐出版社，1998.

[90] 李昉等 . 太平御览 [M] . 北京：中华书局，2000.
[91] 王子初 . 荀勖笛律研究 [M] . 北京：人民音乐出版社，1995.
[92] 曾遂今 . 消逝的乐音——中国古代乐器鉴思录 [M] . 成都：四川教育出版社，1998.
[93] 冯文慈 . 中外音乐交流史 [M] . 长沙：湖南教育出版社，1998.
[94]《中国音乐文物大系》总编辑部 . 中国音乐文物大系・甘肃卷 [M] . 郑州：大象出版社，1998.
[95] 张前 . 中日音乐交流史 [M] . 北京：人民音乐出版社，1999.
[96]《中国音乐文物大系》总编辑部 . 中国音乐文物大系・山西卷 [M] . 郑州：大象出版社，2000.
[97] 三木稔 . 日本乐器法 [M] . 王燕樵，龚林，译 . 北京：人民音乐出版社，2000.
[98]《中国音乐文物大系》总编辑部 . 中国音乐文物大系・山东卷 [M] . 郑州：大象出版社，2001.
[99] 敦煌研究院 . 敦煌石窟全集・音乐画卷 [M] . 上海：同济大学出版社，2016.
[100] 孙兴宪 . 北梦琐言 [M] . 贾三强，点校 . 北京：中华书局，2002.
[101] 中华乐器大典 [M] . 北京：民族出版社，2002.
[102] 中国艺术研究院音乐研究所，《中国音乐词典》编辑部 . 中国音乐词典 [M] . 北京：人民音乐出版社，1985.
[103] 赵维平 . 中国古代音乐文化东流日本的研究 [M] . 上海：上海音乐学院出版社，2004.
[104] 黄大同 . 尺八古琴考 [M] . 上海：上海音乐学院出版社，2005.
[105] 孟昭毅，李载道 . 中国翻译文学史 [M] . 北京：北京大学出版社，2005.
[106] 赵维平 . 中国与东亚诸国的音乐文化流动——赵维平音乐文集 [M] . 上海：上海音乐学院出版社，2006.
[107]《中国音乐文物大系》总编辑部 . 中国音乐文物大系Ⅱ・湖南卷 [M] .

郑州：大象出版社，2006.

［108］《中国音乐文物大系》总编辑部．中国音乐文物大系Ⅱ·内蒙古卷［M］．郑州：大象出版社，2007.

［109］纪昀等．四库全书［M］．北京：线装书局，2007.

［110］王向远．王向远著作集（第四卷）［M］．银川：宁夏人民出版社，2007.

［111］王水照．历代文话（第二册）［M］．上海：复旦大学出版社，2007.

［112］《中国音乐文物大系》总编辑部．中国音乐文物大系Ⅱ·河北卷［M］．郑州：大象出版社，2008.

［113］云冈石窟研究院．云冈石窟［M］．北京：文物出版社，2008.

［114］《中国音乐文物大系》总编辑部．中国音乐文物大系·北京卷［M］．郑州：大象出版社，1999.

［115］《中国音乐文物大系》总编辑部．中国音乐文物大系Ⅱ·江西卷　续河南卷［M］．郑州：大象出版社，2009.

［116］林克仁．中国箫笛史［M］．上海：上海交通大学出版社，2009.

［117］《中国音乐文物大系》总编辑部．中国音乐文物大系Ⅱ·广东卷［M］．郑州：大象出版社，2010.

［118］《中国音乐文物大系》总编辑部．中国音乐文物大系Ⅱ·福建卷［M］．郑州：大象出版社，2011.

［119］孙以诚．中国尺八考——中日尺八艺术研究［M］．杭州：西泠印社出版社，2011.

［120］赵维平．中国与东亚音乐的历史研究［M］．上海：上海音乐学院出版社，2012.

［121］王小盾．中国音乐文献学初阶［M］．北京：北京大学出版社，2013.

二、日文文献

［1］豊原統秋．体源抄［M］．東京：日本古典全集刊行会，1933.

［2］森克己．日宋文化交流の諸問題［M］．東京：刀江書院，1950.

［3］小西甚一．日本文学史［M］．東京：弘文堂，1953.

[4] 鈴木俊 . 中国史 [M]. 東京：山川出版社，1954.

[5] 木宮泰彦 . 日華文化交流史 [M]. 東京：冨山房，1955.

[6] マルコ・ポーロ . 東方見聞録 [M]. 愛宕松男訳注 . 東京：平凡社，1970.

[7] 栗原廣太 . 尺八史考 [M]. 東京：竹友社，1975.

[8] 久松潜一 . 日本文学史 [M]. 東京：至文堂，1977.

[9] 中村宗三 . 本歌謡研究資料集成第三巻 [M]. 東京：勉誠社，1980.

[10] 木幡吹月 . 虛鐸傳記国字解 [M]. 山本守秀，解注 . 東京：日本音楽社，1981.

[11] 上野堅實 . 尺八の歴史 [M]. 東京：キョウワ出版，1983.

[12] 小西甚一 . 日本文藝史 [M]. 東京：講談社，1985.

[13] 吉田輪童 . 尺八史譚 [M]. 東京：日本音楽社，1987.

[14] 中西進，周一良 . 中文化交流史叢書 [M]. 東京：大修館書店，1995.

[15] 中西進，周一良 . 日中文化交流史叢書 [M]. 東京：大修館書店，1995—1998.

[16] 小島晋治 . 大正中国見聞録集成 [M]. 東京：ゆまに書房，1999.

[17] 鈴木貞美等 . 日本文芸史 表現の流れ・近現代 [M]. 東京：河出書房新社，2005.

[18] 山口正義 . 尺八史概説 [M]. 東京：出版芸術社，2005.

三、英文文献

[1] CASANO S. From Fuke Shū to Uduboo：Zen and the Transnational Flow of the Shakuhachi Tradition to the West [M]. Manoa：University of Hawaii，2001.

[2] KEISTER J. Seeking authentic experience：Spirituality in the Western appropriation of Asian music [J]. The World of Music，2005（3）：35-53.

[3] DEEG M. Komusō and "Shakuhachi-Zen"：from Historical Legitimation to the Spiritualisation of a Buddhist denomination in the Edo Period [J]. Japanese Religions，2007，32：7-38.

[4] WALKER S. The spirit of design： notes from the shakuhachi flute [J]. International Journal of Sustainable Design，2009，1（2）： 130-144.

[5] STROTHERS S R. Shakuhachi in the United States： Transcending Boundaries and Dichotomies [D]. Bowling Green：Bowling Green State University，2010.

[6] BUNTE J. A player's guide to the music of Ryo Noda： Performance and preparation of "Improvisation I" and "Mai" [M]. University of Cincinnati，2010.

[7] FUCHIGAMI R H，OSTERGREN E A. Shakuhachi： de arma de combate e ferramenta religiosa a instrumento musical [J]. OPUS，2010，16（1）： 127-147.

[8] SAKAMOTO M. Takemitsu and the influence of " Cage Shock"： Transforming the Japanese ideology into music [M].Ann Arbor：Proquest，Umi Dissertation Publishing，2011.

[9] DESCHÊNES B. The interest of Westerners in Non-Western music [J]. World of Music，2010，52（1–3）： 69-79.

[10] KOOZIN T. Parody and Ironic Juxtaposition in Toru Takemitsu's Music for the Film，Rising Sun（1993）[J]. Journal of Film Music，2010，3（1）： 65.

[11] DAY K. Zen Buddhism and music： spiritual shakuhachi tours to Japan [M]. Berlin：Springer Netherlands，2015.

[12] BROWNING J. Assembled landscapes：the sites and sounds of some recent shakuhachi recordings [J]. Journal of Musicology，2016，33（1）： 70-91.

[13] BROWNING J. Mimesis stories： composing new nature music for the shakuhachi [J].Ethnomusicology Forum，2017，26（2）： 171-192.

[14] STROTHES S R. Virtual shakuhachi with dai-shihan Michael Chikuzen Gould： Shakuhachi learning before and during the pandemic [J]. Perfect Beat，2021，21（1）： 81-86.